高等职业教育校企合作“互联网 + ”创新型教材
“十三五”江苏省高等学校重点教材
（编号：2018 - 2 - 073）

Android 应用开发入门

（基于 Android Studio 开发环境、任务驱动式）

第 2 版

主　编　余永佳　解志君
副主编　周　伟　顾　婷
参　编　何　谐　倪楚涵　翟世臣
主　审　睢碧霞

机械工业出版社

如何让编程初学者能够更顺利地掌握 Android 编程？这是本书力图解决的问题。本书将 Android 编程基础知识进行了划分，融合在多个任务的实施过程中，通过【任务简介⇒任务分析⇒支撑知识⇒任务实施⇒任务评价⇒任务小结】逐步递进，引导读者在完成一个个 Android 应用程序的同时，轻松掌握每个应用的支撑知识点。每个任务的支撑知识中，除了讲解重要的知识点以外，还通过范例代码演示如何运用该知识点。如果是刚接触编程不久，又希望尽快进入 Android 编程世界的读者，本书无疑是最好的助手。

本书可作为高等职业院校电子信息类相关专业的教材，也可作为从事 Android 开发、编程等相关人员的参考用书。

为方便教学，本书配有电子课件、课后习题答案、微课视频（以二维码的形式嵌入）、模拟试卷及答案等教学资源，凡选用本书作为授课教材的教师，均可通过电话（010-88379564）或 QQ（3045474130）咨询。

图书在版编目（CIP）数据

Android 应用开发入门：基于 Android Studio 开发环境、任务驱动式 / 余永佳，解志君主编. -- 2 版. 北京：机械工业出版社，2024. 12. --（高等职业教育校企合作“互联网+”创新型教材）. -- ISBN 978-7-111-77236-1

Ⅰ. TN929. 53

中国国家版本馆 CIP 数据核字第 2024AF5111 号

机械工业出版社（北京市百万庄大街 22 号　邮政编码 100037）
策划编辑：曲世海　　责任编辑：曲世海　王宗锋
责任校对：贾海霞　李　杉　　封面设计：马精明
责任印制：常天培
北京机工印刷厂有限公司印刷
2025 年 1 月第 2 版第 1 次印刷
184mm×260mm · 19 印张 · 470 千字
标准书号：ISBN 978-7-111-77236-1
定价：59. 00 元

电话服务　　网络服务
客服电话：010-88361066　机　工　官　网：www. cmpbook. com
010-88379833　机　工　官　博：weibo. com/cmp1952
010-68326294　金　书　网：www. golden-book. com
封底无防伪标均为盗版　机工教育服务网：www. cmpedu. com

前言

编写初衷：

编写本书之前，Android 已经是当下主流移动终端的操作系统。已出版的各类 Android 编程书籍，有的详细罗列了 Android 相关知识，类似于工具书，有的以一个综合的 Android 应用为主题，学习过程较长，适合编程初学者的书籍偏少。

本书根据党的二十大精神，以“为党育人、为国育才、立德树人”为己任，坚决贯彻“以学生为中心”的教学理念，采取自主讨论、自主探究、合作学习等新的教学模式，全面培养学生的道德品质、职业素养和知识技能。

本书将 Android 开发中最基础的知识整理出来，分布到任务的实施过程中，通过任务驱动的方式引导读者学习。几个任务的规模和难度阶梯性递增，符合编程开发的学习规律；任务涵盖了 Android 的工具和游戏开发内容，具有一定的趣味性，能够很好地吸引读者；每个任务又分为任务分析、支撑知识、任务实施、任务评价等子过程，手把手地带领读者完成 Android 的应用开发。在本书的指导下，读者一定能够轻松地完成属于自己的 Android 应用，同时掌握 Android 开发的基本知识和技能。

主要内容：

本书通过任务驱动的方式对 Android 编程的基础知识进行了讲解，知识的学习与任务的实施得到了很好的结合。各任务包含的知识点如下：

- 任务一：Android 简介、Android Studio 开发环境的搭建。
- 任务二：Android 工程结构、Android 的常用组件和布局。
- 任务三：Toast、Dialog、Notification、Option Menu、Spinner 组件、调试、日志。
- 任务四：线程、ProgressBar 组件、CheckBox 组件、Activity 的生命周期、SharedPreferences 数据存储。
- 任务五：ListView 组件、Adapter、GridView 组件、多媒体编程。
- 任务六：自定义组件、绘图、SQLite 数据库。

适合读者：

- 开设 Android 课程的高职高专、中职中专院校师生。
- 有一定 Java 编程基础，希望从事 Android 开发的读者。
- 正在寻找能够手把手地指导 Android 编程的书籍的读者。

阅读指南：

为了让本书中每个 Android 任务都能够顺利地实施，本书按照以下几个环节对任务进行了划分：

- 【学习目标】：通过学习目标，读者将知道应该具备哪些知识和技能。
- 【任务简介】：对即将要实施的任务进行简单的说明，读者可以知道将要做什么。
- 【任务分析】：对即将要实施的任务进行整体分析，整理出必备的知识点。
- 【支撑知识】：对完成任务所必备的知识点进行详细的讲解。以组件讲解为例，一般先进行简要的介绍，然后对相关的属性、方法、监听器进行说明，对于重要的方法会提供示例代码，最后通过一个简单的范例说明如何运用该控件。
- 【任务实施】：在具备了知识技能后，通过整体分析、界面布局、编码实现等步骤，带领读者完成任务。对于比较复杂的任务（如任务六），还将任务划分为子任务逐步实现。任务实施环节中，涵盖了所有实现细节，读者只要耐心地跟随就一定能够完成任务。
- 【任务评价】：根据任务评价表对任务完成情况进行评价，以便读者根据评价结果进行改进。
- 【任务小结】：每次任务完成后对该任务涉及的重要知识点、技能点进行回顾。
- 【课后习题】：对每次任务所涵盖的重要知识点以问答题、选择题、填空题的方式进行测试，检测读者的学习情况，当读者发现还有知识不清楚的时候，可以继续回到【支撑知识】环节去学习。
- 【拓展训练】：如果希望 Android 应用更加美观、更加个性化，拓展训练会提示如何实现更佳的效果。
- 【试一试】：根据当前的知识点，布置一个小小的思考题或实践任务，让读者能够更加充分地理解和运用知识点。
- 【提示】：针对当前的知识点或者任务，给出一些提示信息，有助于读者理解知识、完成任务。

勘误支持：

由于编者水平有限，书中难免会出现一些疏漏，恳请读者批评指正，我们将不胜感激。如果您有任何疑问或者建议，欢迎发送邮件至邮箱 3045474130@qq.com，我们将第一时间回复您。

致谢：

本书由余永佳、解志君担任主编，周伟、顾婷担任副主编，何谐、倪楚涵、翟世臣参与了本书的编写工作。眭碧霞教授对本书进行了整体构思，设计了递进式的任务驱动编写风格，并对本书涵盖的知识点准确性、任务的合理性进行了指导和审核。苏州科大讯飞教育科技有限公司翟世臣对教材大纲和任务案例等提出了宝贵意见，在此表示感谢。机械工业出版社的编辑对本书进行了细致的编审，给予了很多专业建议。

感谢一直陪伴、支持我们的家人、同事和朋友！

编　者

二维码索引

目　录

任务一　Android Studio 开发环境的搭建

学习目标

【知识目标】

■ 了解 Android 的历史和版本。

■ 了解 Android 的四层体系架构。

■ 掌握 Android Studio 开发环境的安装和配置方法。

■ 掌握创建 Android 工程的方法。

■ 掌握创建 Android 虚拟机的方法。

【能力目标】

■ 能够独立安装和配置 Android Studio 的开发环境。

■ 能够使用 Android Studio 创建 Android APP 项目。

■ 能够独立创建和配置 Android 虚拟机。

■ 能够在 Android 虚拟机上运行 Android APP 程序。

【重点、难点】 Android Studio 开发环境的安装配置方法、解决安装过程中的各种问题。

【素质目标】

■ 通过下载、安装、配置 Android 开发环境，培养学生主动通过网络、图书文献、互相交流等途径搜集资料、筛选信息、阅读文档并解决实际问题的基本技术素养。

任务简介

本任务我们将向 Android 说一声“Hello”，首先将讲解 Android 的历史由来，然后带领大家安装配置 Android Studio 开发环境，并创建第一个 Android 的应用程序，最后在虚拟机上运行该应用程序。

任务分析

Android 为了不断完善用户体验和提高程序员的开发效率，一直在推出 Android 的新版本，早期安装 Android 的开发环境是基于 Eclipse + ADT + SDK 的开发环境，需要下载很多组件并配置很多参数，但是随着 2013 年 Google 公司推出了 Android Studio 集成开发工具，Android 开发进入了 Android Studio 时代，程序员只需要下载安装包，根据提示一步一步安装和配置即可。

支撑知识

在实施任务之前我们需要充分认识 Android 这个基于移动端的智能操作系统，对它的前世今生有个了解，并且了解 Android 操作系统的一些特点。另外，还需要认识 Android Studio 开发环境，为任务实施做好铺垫。

- Android 的历史。
- Android 的架构。
- Android Studio 集成开发工具。

一、Android 的历史

Android 是一种基于 Linux 内核的自由且开放源代码的操作系统。有别于传统的 Windows 操作系统，Android 操作系统主要使用于移动设备，如智能手机、平板计算机、智能电视、车载设备。Android 的中文名为“安卓”。截至 2023 年，Android 在智能手机操作系统市场中份额占比达 60% 以上，仍是智能手机的主流操作系统。在 Andriod 智能终端市场，小米、VIVO、OPPO、魅族、三星、索尼等品牌耳熟能详，如图 1-1 所示。不得不说的是，中国的手机品牌占据了 Android 终端市场的重要份额。

图 1-1　智能终端和品牌

2003 年，Andy Rubin 等人创建 Android 公司；2005 年 Google 公司收购 Android 后，继续开发运营 Android 系统；2008 年 Google 推出了 Android 的最早版本 Android 1.0；2009 年 Google 公司推出了 Android1.5，从这个版本开始，Android 的后续版本绝大部分使用“甜品”

的英文来命名。随着 Android 的不断升级，越来越多的“甜品”（Android 版本）被 Google 公司陆续推出，而每个 Android 的版本都有一个可爱的“甜品”名称，让我们来认识认识它们吧。

如表 1-1 所示，Android 版本号是我们平时熟知的编号，而 API 编号是 Android 开发者所使用的 SDK 编号，它与版本号有着对应关系。程序员在开发 Android APP 时，经常需要接触到 API 编号。

表 1-1　Android 各版本的信息

Android 版本号	API 编号	代号	图标
Android 1. 5	API Level 3	Cupcake（纸杯蛋糕）	
Android 1. 6	API Level 4	Donut（甜甜圈）	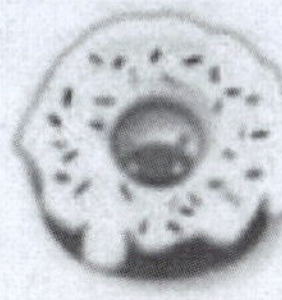
Android 2. 0 ~ 2. 1	API Level 5 ~ 7	Eclair（巧克力泡芙）	
Android 2. 2	API Level 8	Froyo（冷冻酸奶）	
Android 2. 3	API Level 9 ~ 10	Gingerbread（姜饼）	
Android 3. 0 ~ 3. 2	API Level 11 ~ 13	Honeycomb（蜂巢）	
Android 4. 0	API Level 14 ~ 15	Ice Cream Sandwich（冰淇淋三明治）	

（续）

Android 版本号	API 编号	代号	图标
Android 4. 1 ~ 4. 3	API Level 16 ~ 18	Jelly Bean（果冻豆）	
Android 4. 4 Android 4. 4W	API Level 19 API Level 20	KitKat（奇巧巧克力）	
Android 5. 0 ~ 5. 1	API Level 21 ~ 22	Lollipop（棒棒糖）	
Android 6. 0	API Level 23	Marshmallow（棉花糖）	
Android 7. 0 ~ 7. 1	API Level 24 ~ 25	Nougat（牛轧糖）	
Android 8. 0 ~ 8. 1	API Level 26 ~ 27	Oreo（奥利奥）	
Android P Android 9. 0	API Level 28	Pie（派）	
Android 10	API Level 29	Q	从 Android10 开始 Android 取消了甜点命名
Android 11	API Level 30	R	无
Android 12	API Level 31	S	无

每个版本都会有很多更新，解决一些问题，Android 3.0 就针对平板计算机实现了优化，而 Android 4.0 则使用了全新 UI，Android 8.0 聚焦重点是电池续航能力、速度和安全，本书将基于 Android P（API Level 28）指导读者进行 Android APP 的开发。

二、Android 的架构

Android 的层次架构非常清晰，不同层次采用不同技术完成不同任务，从下向上大体可以分为四层，如图 1-2 所示。

- Linux 内核（Linux Kernel）：基于 Linux 内核，内核为上层系统提供了安全、内存管理、线程管理、网络协议栈和驱动模型等系统服务。
- 系统库（Libraries）：系统库基于 C/C ++ 本地语言实现，通过 JNI 接口向应用程序框架层提供编程接口，Android 平台的本地库主要包括标准 C 系统库、多媒体库、SGL 图形引擎、OpenGL ES 引擎、SQLite、WebKit 等。
- 应用框架层（Application Framework）：应用框架层为开发者提供了一系列 Java API 接口，包括图形用户界面组件 View、SQLite 数据库相关的 API、Service 组件等。
- 应用程序层（Applications）：Android 平台中的应用程序包括邮件客户端、通讯录、短消息、日历、浏览器和联系人等各式各样的应用程序。

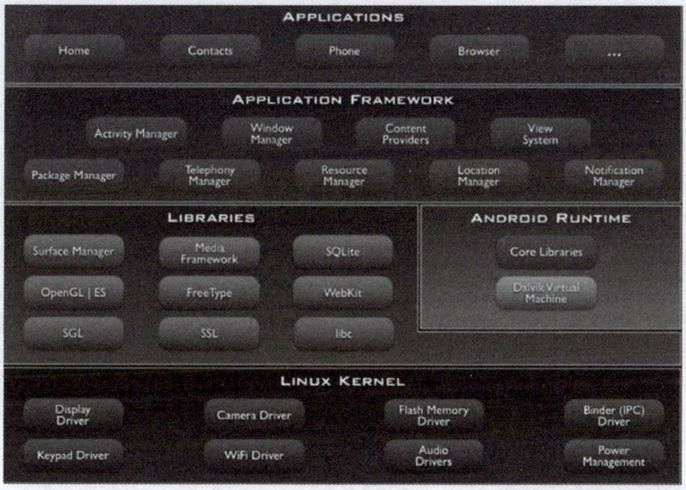

图 1-2　Android 四层架构

对于普通开发者来讲，所要做的工作就是调用应用框架层提供的 Java API 接口，设计应用程序层的应用，本书很少涉及 Linux 内核层和系统库层。

三、Android 开发环境介绍

由于 Android 的应用框架层使用的是 Java 语法，所以 Android 的开发环境需要依赖 Java 开发包（Java Development Kit，JDK），早期 Android 开发是基于 Eclipse 集成环境，需要同时安装以下组件：

- Java 开发包（JDK）。
- Eclipse 开发工具。

- Android 开发工具插件（Android Development Tools，ADT）。
- Android 软件开发包（Android Software Development Kit，Android SDK）。

2013 年 5 月 16 日，在 Google I/O 大会上，Google 公司推出新的 Android 集成开发环境——Android Studio，并对开发者控制台进行了改进。经过多次版本更迭，目前最主流的 Android 开发环境就是 Android Studio。本书将基于 Android Studio 3. 1. 2 进行讲解。

将 Android Studio 开发环境安装好就可以开始编程了，但许多人会问一个问题，Android APP 的开发是否一定要购买 Android 的移动终端？答案是不需要，因为Android Studio 提供的终端虚拟机可以模拟各种 Android 移动终端的运行，应用程序开发、调试及运行均可以在虚拟机上进行。

任务实施

下面我们将逐步演示 Android Studio 集成开发环境的安装，并创建 Android 项目和虚拟机，将第一个 Android APP 运行到 Android 虚拟机上。整个安装过程大体分为三个阶段，即 Android Studio 的安装、创建 Android 项目并编译通过、创建 Android 虚拟机并运行 APP。由于整个过程涉及网络下载，所以在安装之前请确保计算机可以正常访问网络。

一、Android Studio 的安装

1. 下载 Android Studio

为了方便中国开发者，Android Studio 建立了中文社区，我们可以从该社区网站（www. android-studio. org）上轻松获取安装文件。如图 1-3 所示，该网页提供了分别适用于 Windows 操作系统（64 位和 32 位）、Mac 操作系统、Linux 操作系统的安装文件，你需要根据自己计算机的操作系统情况，选择对应的版本进行下载。

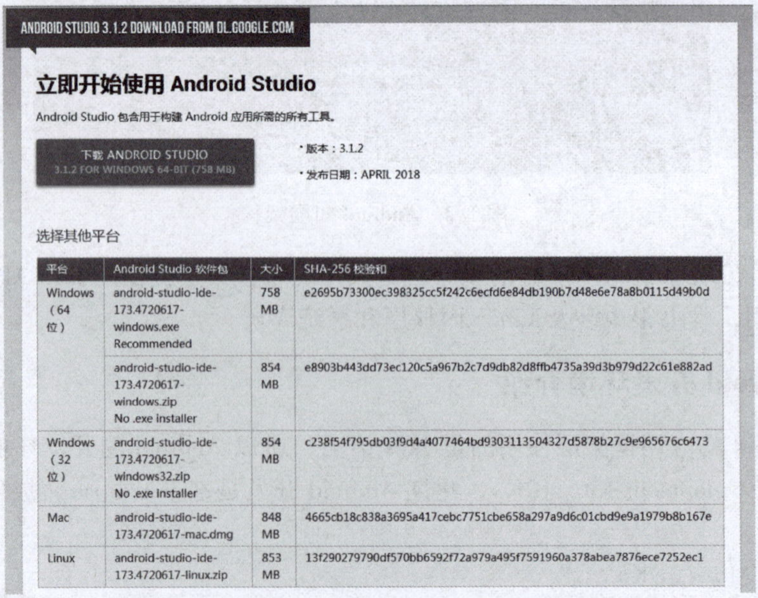

图 1-3　Android Studio 下载页面

如果你的计算机是 Windows 64 位操作系统，可以直接单击页面上方【下载 ANDROID STUDIO】的绿色按钮，就会获得到一个 exe 格式的安装文件。

2. 安装 Android Studio

执行 exe 安装文件，如图 1-4 所示，根据提示逐步单击【Next】按钮即可完成安装。需要特别注意的是，在第二个页面中请勾选 Android Virtual Device 选项，该选项将安装 Android 虚拟机的相关文件。

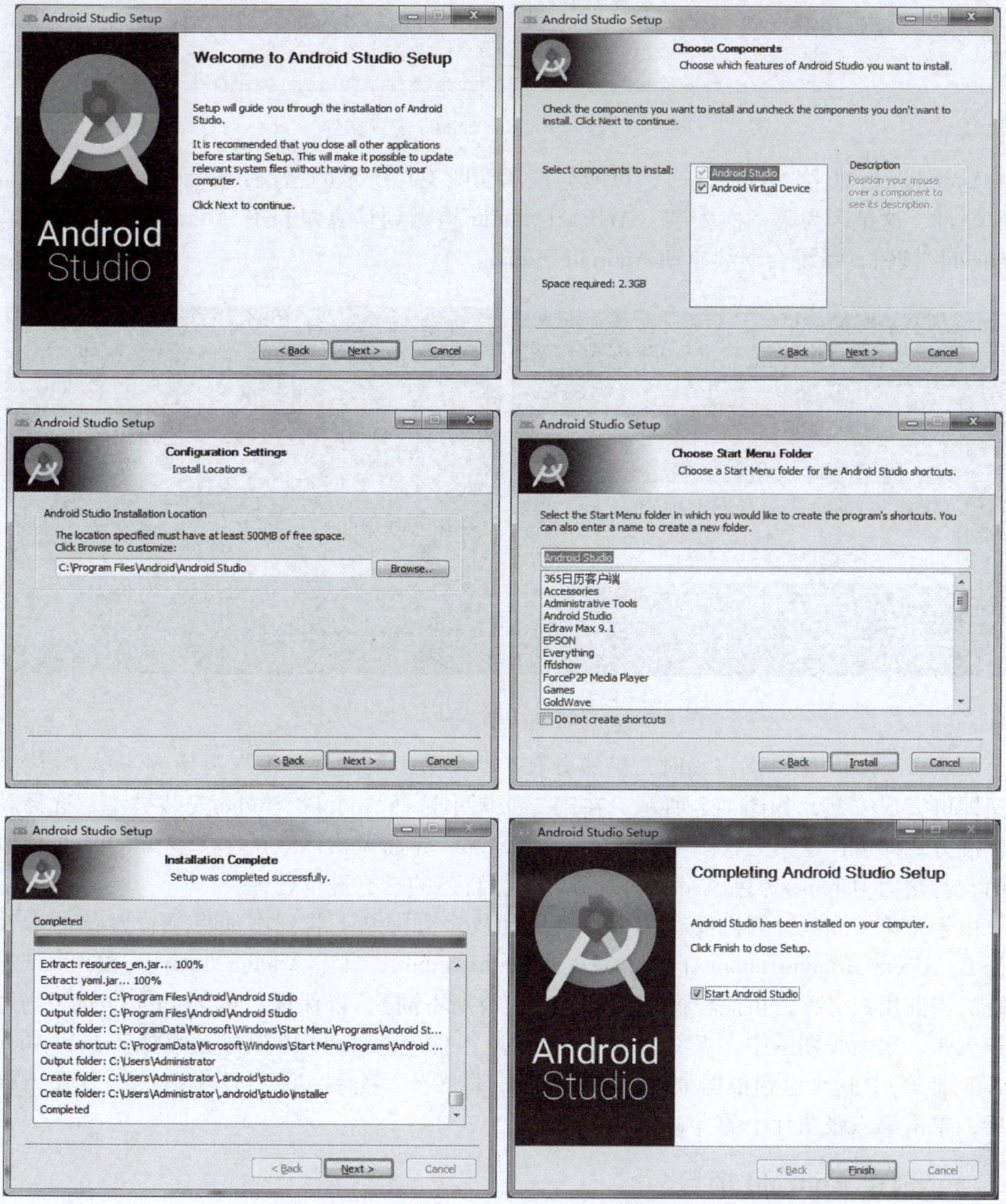

图 1-4　Android Studio 的安装图示

安装完毕后，默认会启动 Android Studio 开发环境，如果是第一次安装，启动时需要进行相关配置。如图 1-5 所示，系统会提示是否需要导入 Android Studio 的配置文件，如果第一次安装可以选择不导入，直接单击【OK】按钮，系统将使用默认配置。

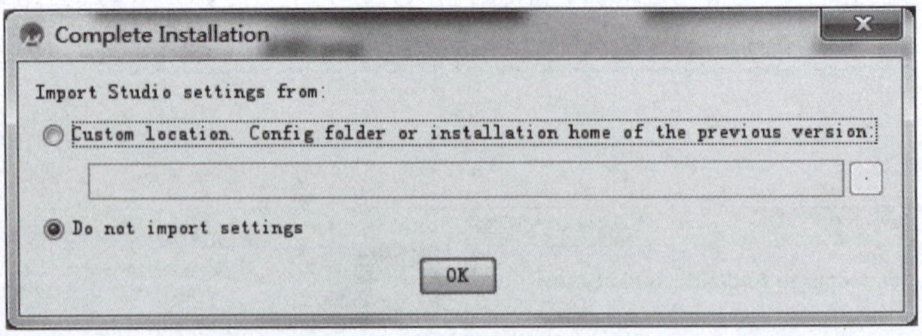

图 1-5　导入 Android Studio 配置文件

Android Studio 第一次启动时，可能会提示如图 1-6 所示的错误，显示无法访问 Android SDK 插件，这是因为第一次安装，Android Studio 检测到计算机没有 Android SDK 包。单击【Cancel】按钮，系统会继续启动 Android Studio。

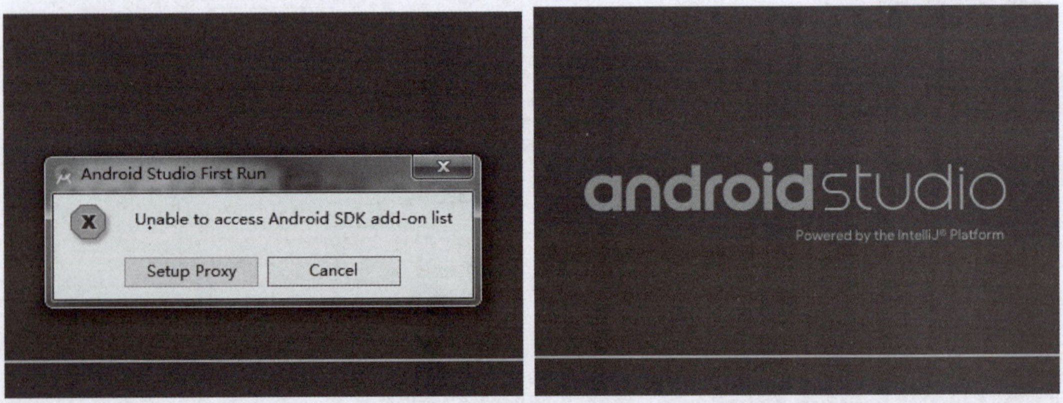

图 1-6　提示无法访问 Android SDK 插件

Android Studio 第一次启动时，仍然会有一些参数需要配置，根据提示逐步单击【Next】按钮即可完成安装，如图 1-7 所示。在第二张图中选择 Android Studio 安装类型，选择默认的标准方式即可；在第三张图中选择 Android Studio 界面风格，默认左侧为 IntelliJ 灰色风格界面，右侧为 Darcula 黑色风格界面，可以根据自己的喜好进行选择。

由于系统检测到计算机没有 SDK，会自动从官方网站下载到本地目录（默认的本地目录为 C:\Users\Administrator\AppData\Local\Android\Sdk，其中 Administrator 是 Windows 操作系统的当前用户名称，可能根据个人安装环境有所不同），以保证后续 Android 的正常开发。如第五张、第六张图示中，系统正在下载 SDK 组件（Android 虚拟机、编译工具、Android SDK 工具等），这个过程根据个人的网络情况，需要十多分钟到几十分钟不等，SDK 下载完毕后，单击第六张图片中的【Finish】按钮。

二、创建 Android 项目

完成 Android Studio 配置后，我们即将进入 Android APP 开发的世界。如图 1-8 所示，系

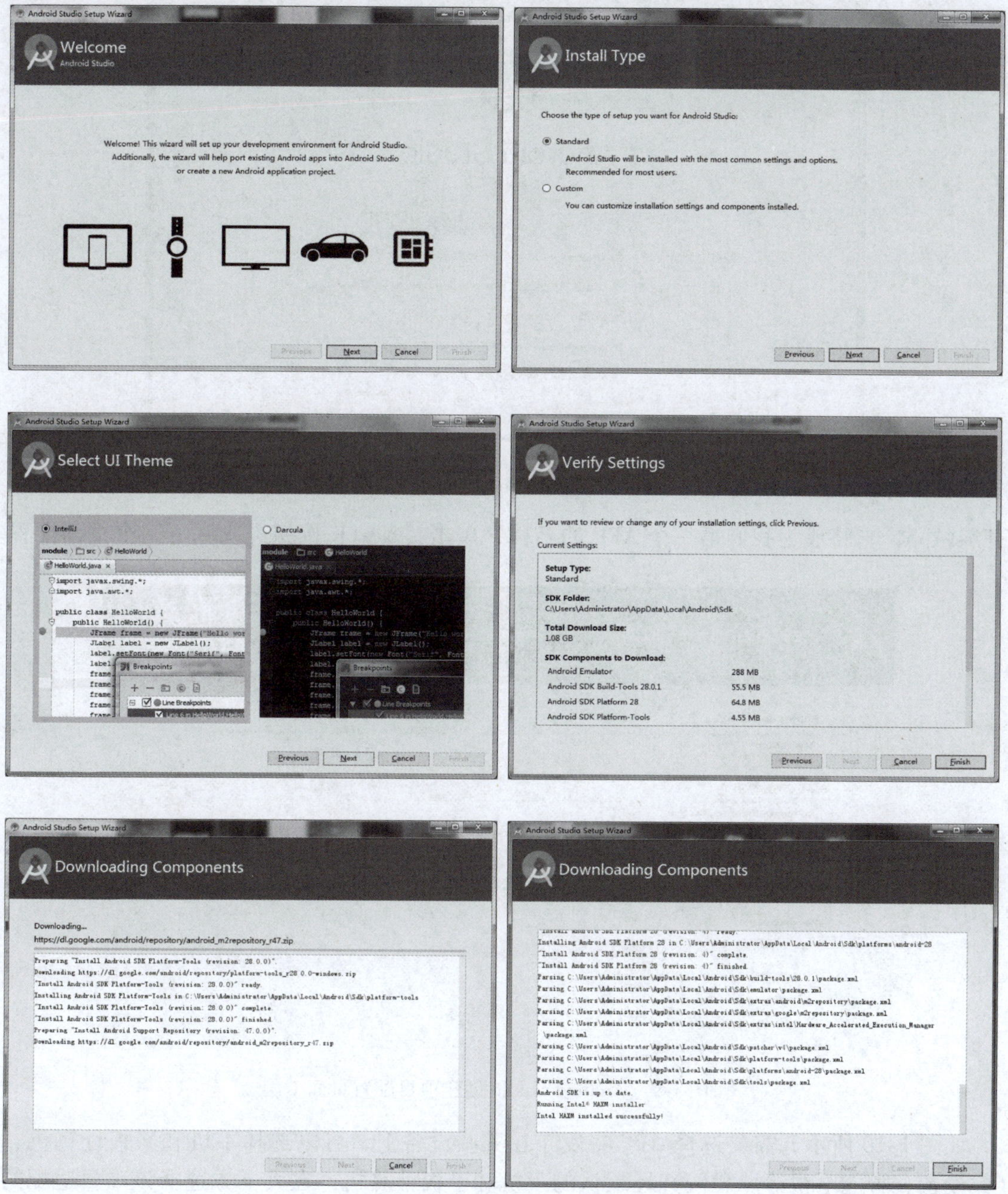

图 1-7　Android Studio 第一次启动的配置图示

统将会提示你创建一个新的 Android Studio 项目，也可以打开一个已经存在的项目。我们选择第一个选项，新建 Android Studio 项目。

下面进行新建项目的参数配置，如图 1-9 所示，需要输入应用程序的名称（Application name）；公司的域名（Company domain）使用默认选项即可，该选项将决定这个 APP 的包名；也可以设置该项目存放的目录（Project location）。我们可以修改应用程序的名称，如

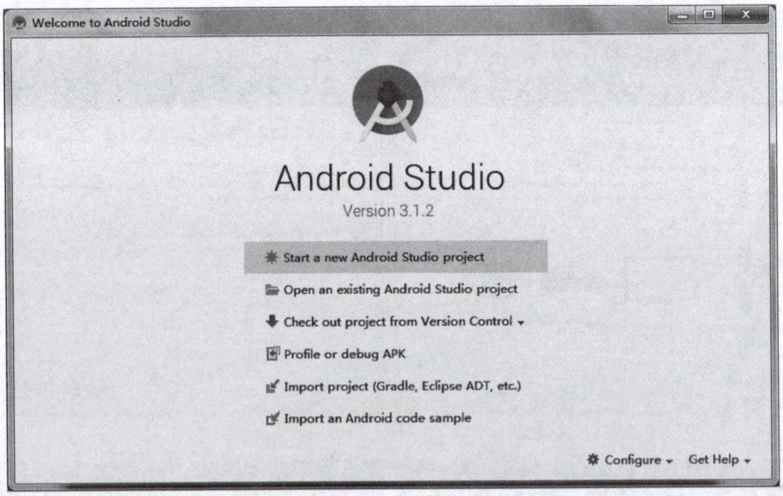

图 1-8 Android Studio 创建项目界面

MyFirstApp，它将成为我们第一个 APP 的名称，单击【Next】按钮进入到下一个页面配置。

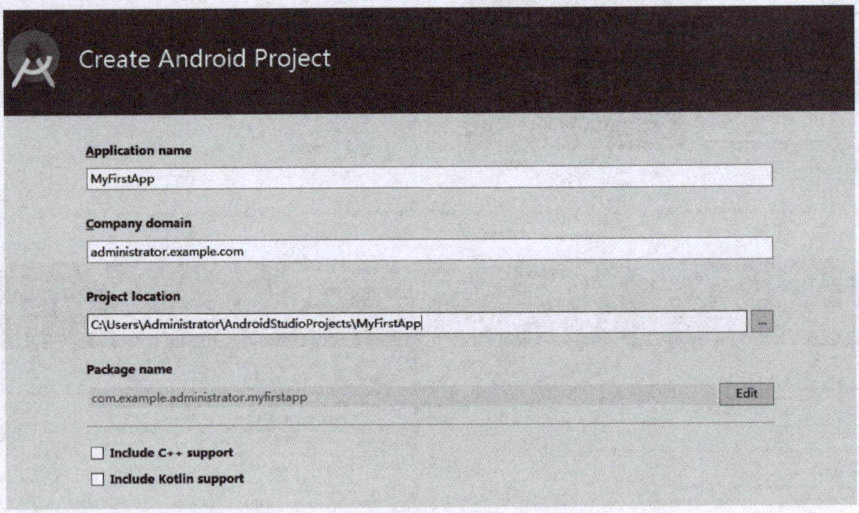

图 1-9 Android Studio 创建项目配置页面 1

如图 1-10 所示，需要选择 APP 将发布在哪些设备上，可以选择手机和平板计算机、可穿戴设备、智能电视等。我们选择默认的手机和平板计算机，在其下方选择该项目适配的最低 Android 版本，默认为 API 15：Android 4.0.3（IceCreamSandwich），选择默认选项即可，这意味着第一个 APP 可以安装在 Android 4.0.3 以及更新的 Android 版本的手机或者平板计算机上，但是无法安装在比 Android 4.0.3 旧的版本（如 Android 3.0）的手机或者平板计算机上，单击【Next】按钮进入到下一个页面配置。

如图 1-11 所示，需要增加一个界面到新建的 Android 项目中，在 Android 开发中，界面称为 Activity，我们选择默认的 Empty Activity 即可，然后单击【Next】按钮进入到下一个页面配置。

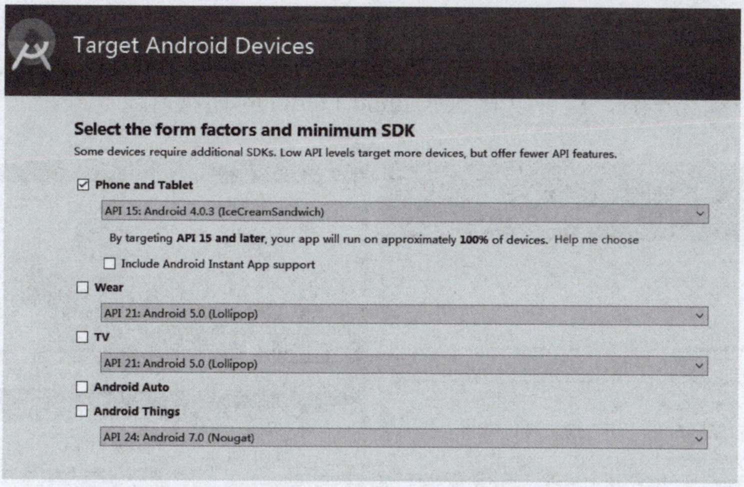

图 1-10　Android Studio 创建项目配置页面 2

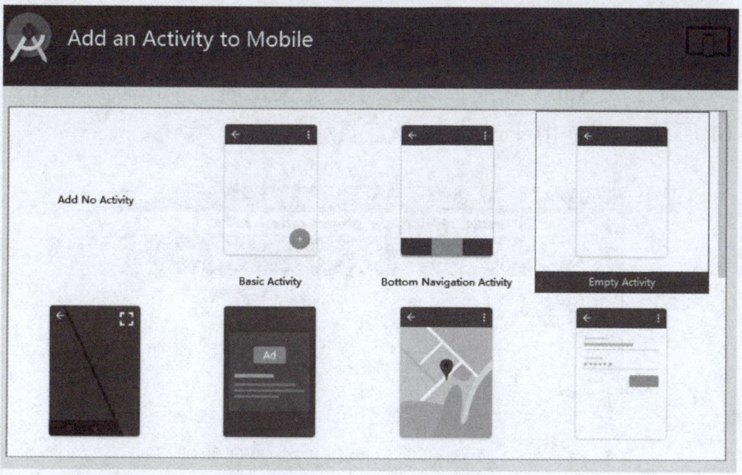

图 1-11　Android Studio 创建项目配置页面 3

在图 1-12 中，需要为之前添加的 Activity 设置名称，在 Android 中一个 Activity 可以对应一个布局文件（Layout），可以使用默认的 Activity 和布局名称，最后单击【Finish】完成新建项目的配置。

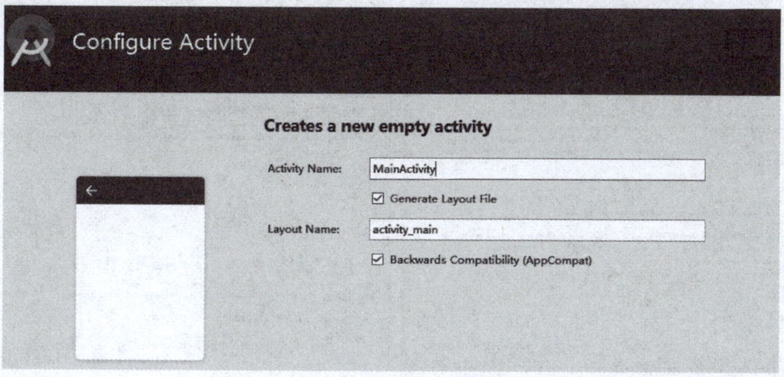

图 1-12　Android Studio 创建项目配置页面 4

如果是第一次创建 Android 项目，系统会检测到还需要一些组件才能编译项目，会自动上网下载所需组件（其中包括 Android Studio 集成开发环境用到的构建工具——Gradle），如图 1-13 所示。下载完毕后，就可以看到 Android Studio 的真容了。

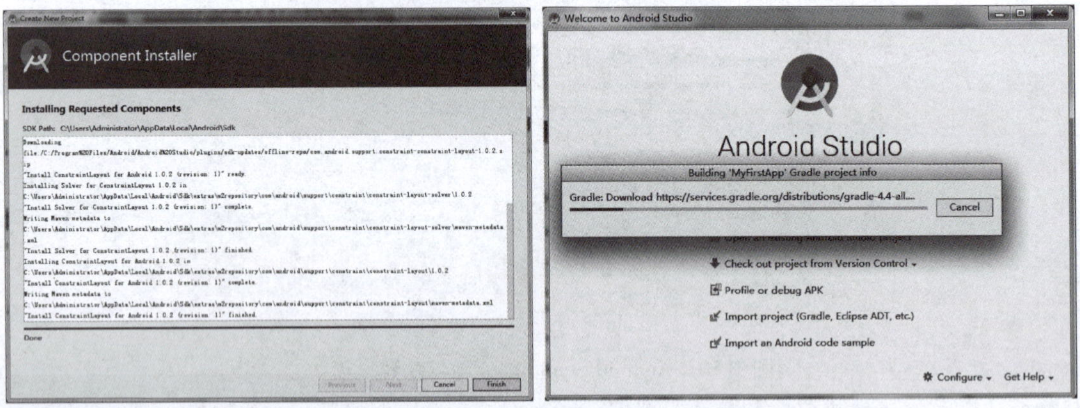

图 1-13　第一次创建项目时下载所需的组件

系统会自动编译新建的 Android 项目，此时可能会出现“Failed to find Build Tools”的错误提示，如图 1-14 所示，这是由于缺少编译工具引起的。

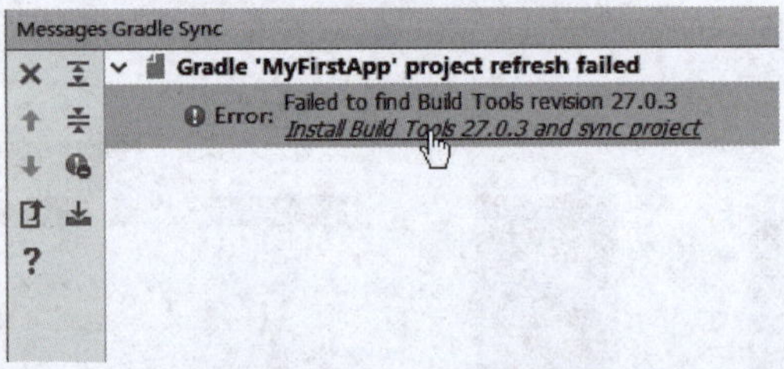

图 1-14　第一次创建项目时可能会遇到的编译错误

单击下方的 Install Build Tools 27. 0. 3 and sync project，会弹出 Android SDK Build Tools 的界面。如图 1-15 所示，选择 Accept 接受协议，单击【Next】按钮会自动下载安装工具。

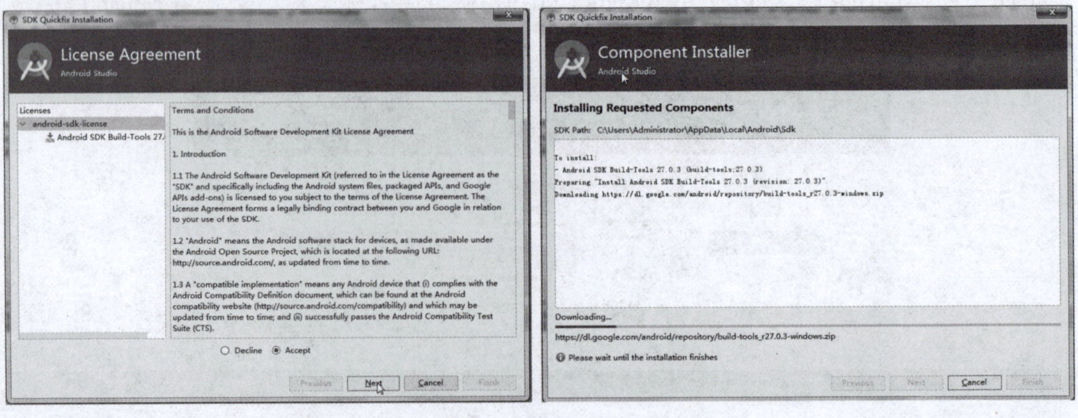

图 1-15　安装 Android SDK Build Tools

工具下载并安装完成后，Android Studio 会重新编译，完毕后出现如图 1-16 所示的成功界面。

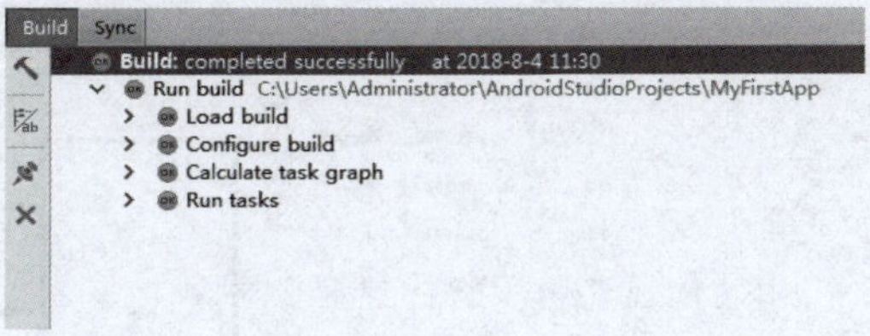

图 1-16　安装 Build Tools 后重新编译成功

三、创建 Android 虚拟机并运行 Android 项目

Android 项目编译成功后，单击工具栏上的运行按钮或者【Run 菜单⇒Run'app'菜单项】，系统会弹出对话框，让你选择项目部署的目标设备，如图 1-17 所示，当前没有任何设备和虚拟机可以选择，此时可以单击 Create New Virtual Device 创建 Android 虚拟机。

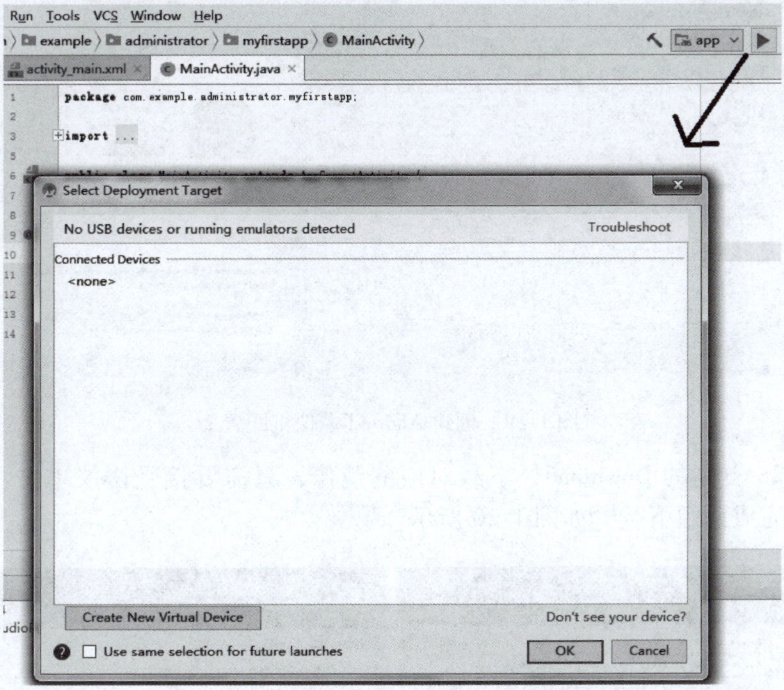

图 1-17　运行 Android 项目并选择部署设备

创建 Android 虚拟机界面中，如图 1-18 所示，可以选择模拟器的 Android 终端型号，我们选择 Nexus 6 手机型号，然后单击【Next】按钮进入到下一个页面配置。

继续进行 Android 虚拟机配置，如图 1-19 所示，需要选择虚拟机所使用的系统镜像，可以看到所推荐的系统镜像包括 API Level 22～28，但是请注意，第一次安装时所有的系统镜像名称右侧都显示 Download，这表示本地并没有该版本的 Android 虚拟机镜像，需要从网络上下载。

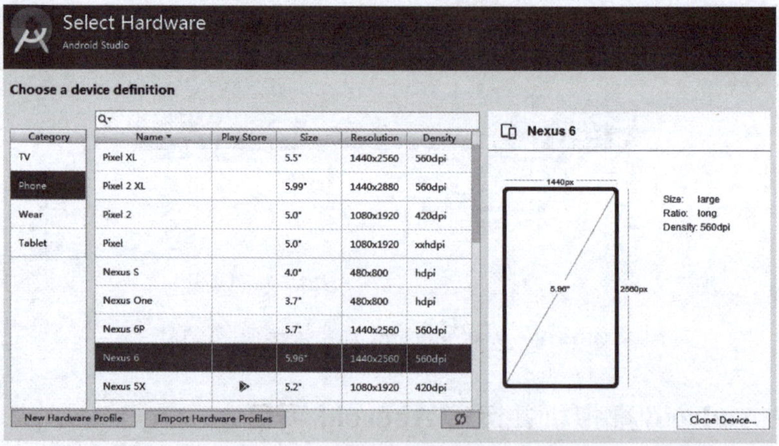

图 1-18　创建 Android 虚拟机配置 1

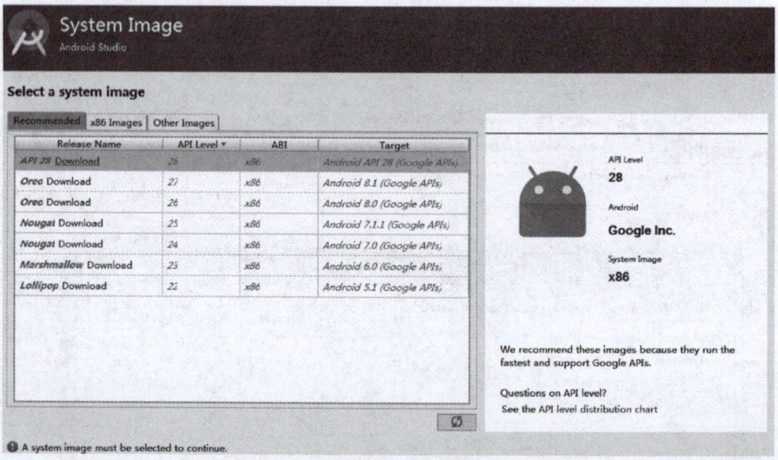

图 1-19　创建 Android 虚拟机配置 2

单击 API 28 右侧的 Download，下载对应的镜像，只需要接受协议单击【Next】按钮，系统就会自动完成镜像下载，如图 1-20 所示。

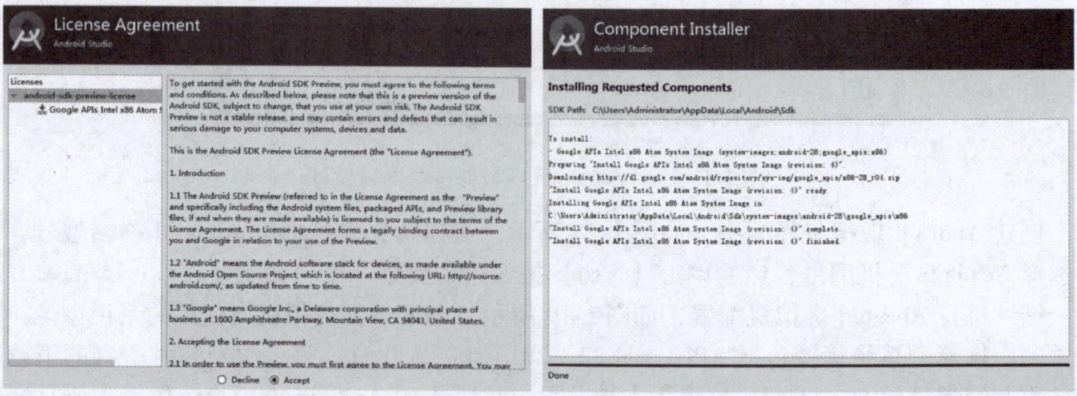

图 1-20　创建 Android 虚拟机配置 3

下载完毕后回到 Android 虚拟机创建的界面，如图 1-21 所示，可以看到 API 28 镜像右侧的 Download 消失了，这代表本地已经有了该版本的虚拟机镜像文件，可以直接使用了。选择 API 28 镜像，单击【Next】按钮进入到下一步配置。

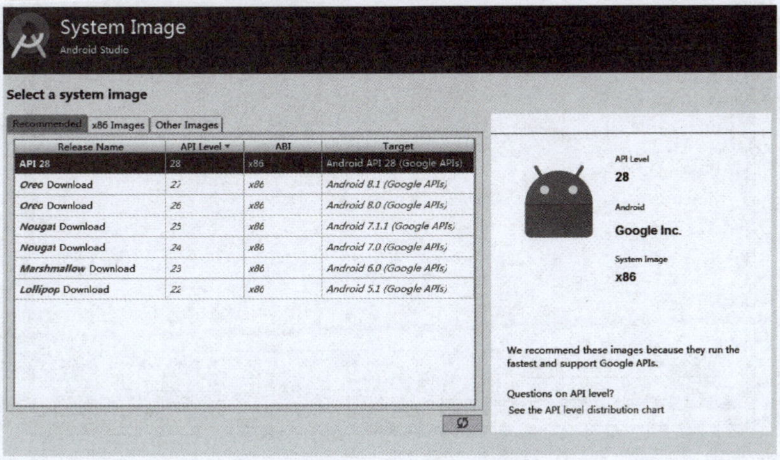

图 1-21　创建 Android 虚拟机配置 4

如图 1-22 所示，可以配置虚拟机的参数，如虚拟机的名称（AVD Name）、虚拟机显示分辨率、虚拟机的 Android 版本、虚拟机是水平还是垂直显示以及其他高级设置（Advanced Settings）。单击【Show Advanced Settings】，可以进行高级参数配置，其中虚拟机默认内存配置为 1536MB，也就是 1.5GB，如果计算机内存配置有限，建议降低该配置为 1024MB 或 512MB。

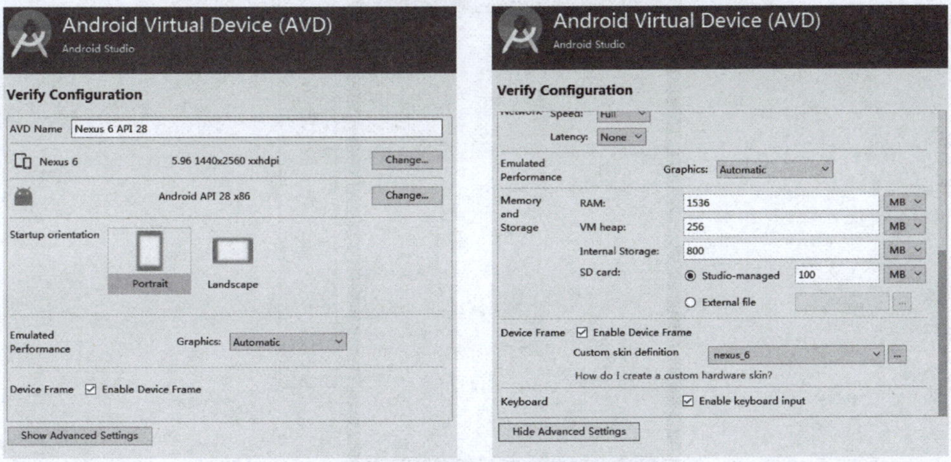

图 1-22　创建 Android 虚拟机配置 5

完成虚拟机的配置和创建后，继续回到项目运行时选择目标部署的对话框，如图 1-23 所示，可以看到在可选择的虚拟机（Available Virtual Devices）下方已经出现了 Nexus 6 API 28 这个虚拟机。选择该虚拟机，单击【OK】按钮即可。

此时系统将加载该 Android 虚拟机，经过一段时间的运行，将有一个模拟 Nexus 6 终端

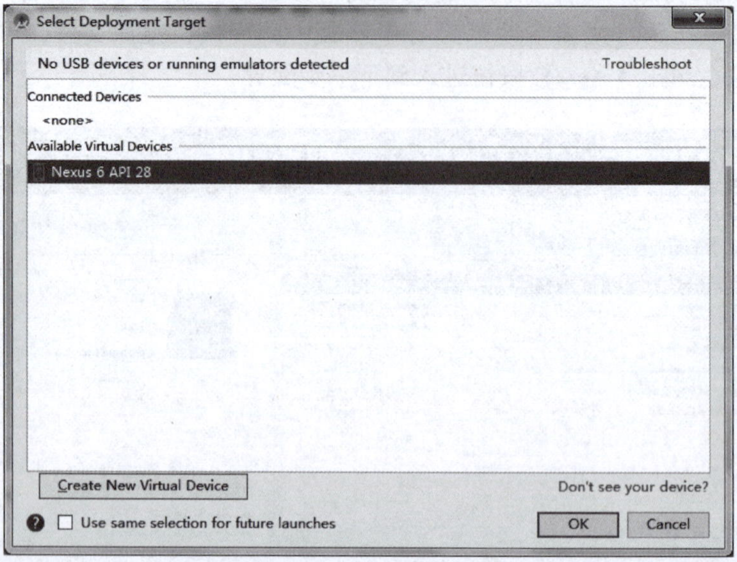

图 1-23　运行 Android 项目并选择部署设备

的虚拟手机出现在计算机屏幕上，这就是 Android 虚拟机，如图 1-24 所示。Android 虚拟机的操作最大限度地模仿了真实的终端操作，提供了终端的大部分功能，如设置、上网、音量控制、电源开关、回退、返回桌面等操作。

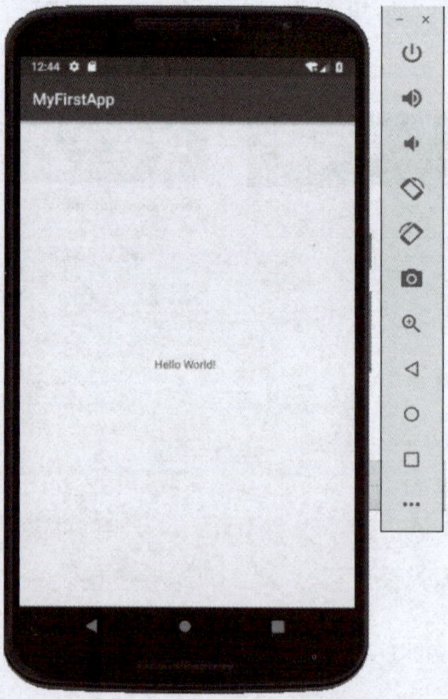

图 1-24　运行中的 Android 虚拟机

这样 Android 开发环境就算基本搭建成功了，安装成功后，请大家留意几个目录：

C:\Users\Administrator\.android：该目录存放 Android 虚拟机及其相关文件。

C:\Users\Administrator\. gradle：该目录存放 Android Studio 构建工具 Gradle 的相关文件，打开该目录进入 wrapper\dists 子目录，可以看到已经下载好的 Gradle 各个版本文件，如 gradle-4. 4-all 就是目前所用的 Gradle 工具。

C:\Users\Administrator\AppData\Local\Android\Sdk：该目录存放了很多重要的 Android 相关文件，在该目录下可以看到 platforms、system-images 子目录，这两个子目录存放了已经下载的 Android 各版本 SDK 文件和镜像；platform-tools 子目录存放了 Android 不同平台的相关工具；tools 子目录下存放了 Android 开发工具。

四、常见错误的解决方法

1. 启动虚拟机出错：Emulator Process finished with exit code 0

这种错误常发生在 Intel 内核的计算机中，安装 Android Studio 后，第一次创建 Android 虚拟机并启动时，Android 虚拟机无法启动，在 Android Studio 下方的 Event Log 窗口，显示如图 1-25 所示的错误。其中有一条信息非常重要，即 Incompatible HAX module version 3，requires minimum version 4。原因是 Intel HAXM（Intel 内核硬件加速执行管理器）的版本过旧，需要安装更高版本的驱动。

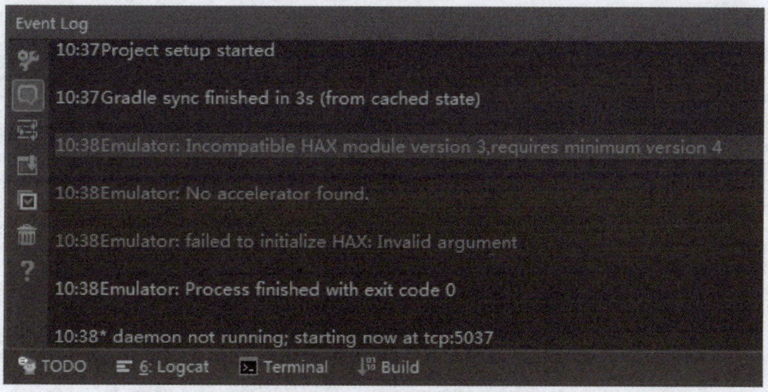

图 1-25 Android 虚拟机启动失败

解决的办法是单击 Android Studio 的【File 菜单⇒Settings... 菜单项】，弹出如图 1-26 所示的系统配置对话框，在对话框左侧单击【Appearance&Behavior⇒System Settings⇒Android SDK】，在右侧单击【SDK Tools】选项卡，在下方的列表中找到 Intel x86 Emulator Accelerator（HAXM installer）选项，勾选这个选项，然后单击对话框右下角的【APPLY】按钮，系统就会自动安装新版的 HAXM 插件。安装完毕后重新启动 Android Studio，即可成功启动 Android 虚拟机。

部分计算机在安装 Intel x86 Emulator Accelerator 时，会提示需要开启 BIOS 的 Intel Virtual Technology 选项（Intel 虚拟化技术）。首先重启计算机，按下快捷键进入 BIOS 设置，然后在 BIOS 设置界面中，将 Intel Virtual Technology 选项从 Disabled 设定为 Enabled，如图 1-27 所示。需要特别注意的是，每台计算机进入 BIOS 的快捷键和 BIOS 的设置界面有较大的区别，请通过网络搜索引擎来获取具体的操作方法。

2. 布局预览错误：Failed to load AppCompat ActionBar with unknown error

工程创建后，可以在开发环境左侧，打开工程 res 目录下 layout 子目录，其中是工程所

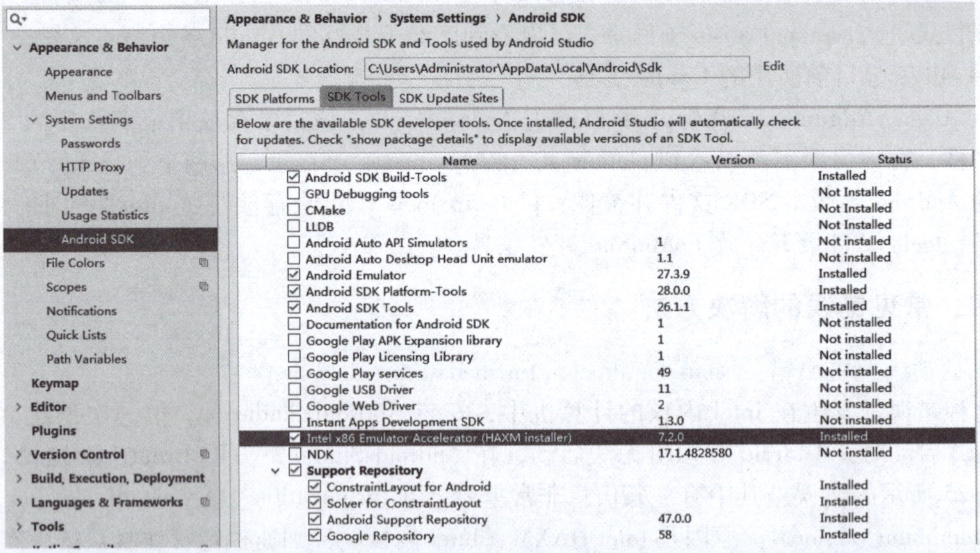

图 1-26　安装新版的 HAXM

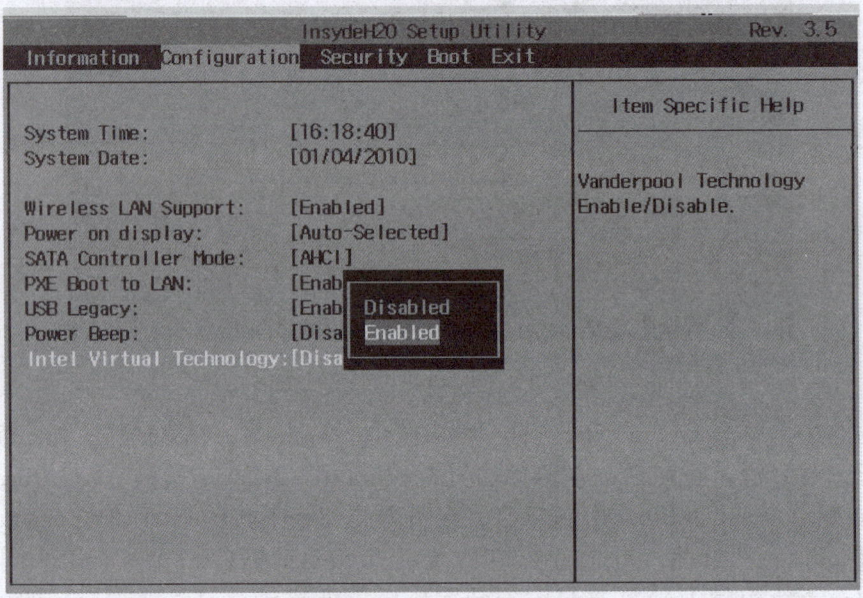

图 1-27　开启 BIOS 的 Intel Virtual Technology 选项

有界面的布局文件。双击某个布局文件后，可以在右侧视图下方，选择【Design】设计视图，方便预览界面和设计界面。但是很多计算机都无法看到界面的预览效果，如果仔细观察，会发现右上角有一个红色的感叹号按钮，单击后会显示布局加载的错误，如图 1-28 所示。

解决办法是在 Android Studio 左侧的工程窗口中，打开 res 目录下的 values 子目录，然后打开 styles. xml 文件，在默认的 APP 主题样式前加上“Base”。此时再次打开布局文件，就

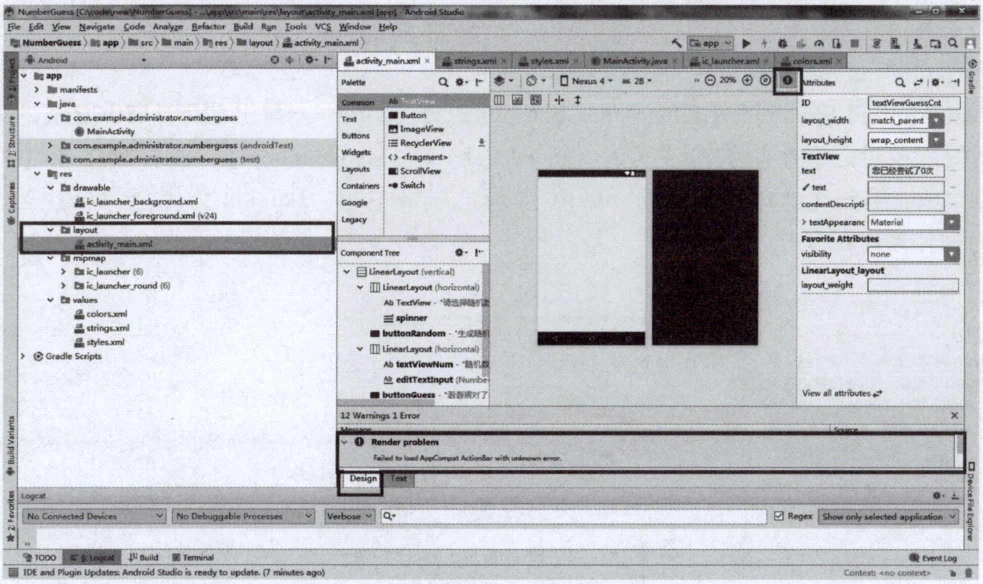

图 1-28　打开布局文件后无法预览

可以看到界面预览的效果，如图 1-29 所示。

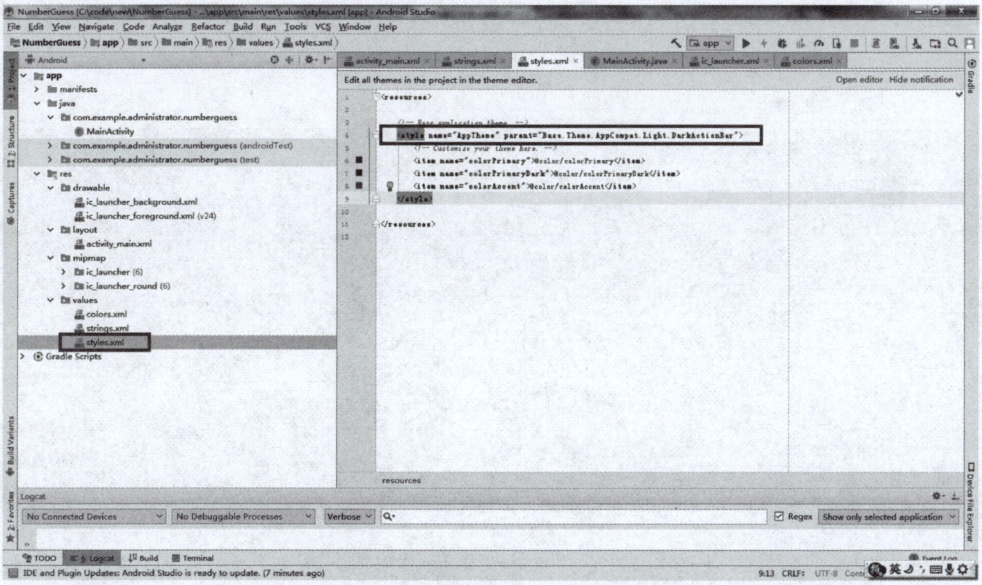

图 1-29　修改 styles. xml 中主题

修改前的样式：<style name = "AppTheme" parent = "Theme. AppCompat. Light. DarkActionBar">

修改后的样式：<style name = "AppTheme" parent = "Base. Theme. AppCompat. Light. DarkActionBar">

五、Android Studio 的常见设置

1. Android Studio 风格设置

单击 Android Studio 的【File 菜单⇒Settings...】菜单项，弹出如图 1-30 所示的系统配置对话框，在对话框左侧单击【Appearance&Behavior⇒Appearance】，在右侧单击【Theme】的下拉菜单，有三个选项，默认的 IntelliJ 为灰色风格主题，Darcula 为黑色风格主题，Windows 为操作系统的风格主题。

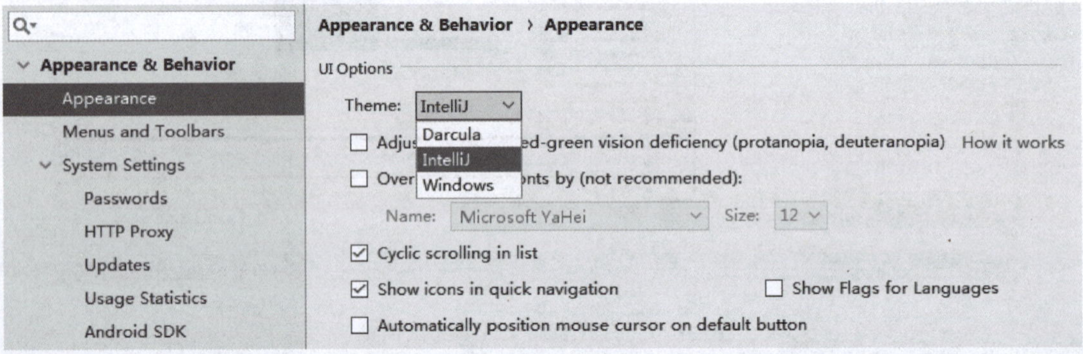

图 1-30　设置 Android Studio 主题样式

如果选择了 Darcula 风格，Android Studio 开发环境配色就切换为如图 1-31 所示的黑色风格。

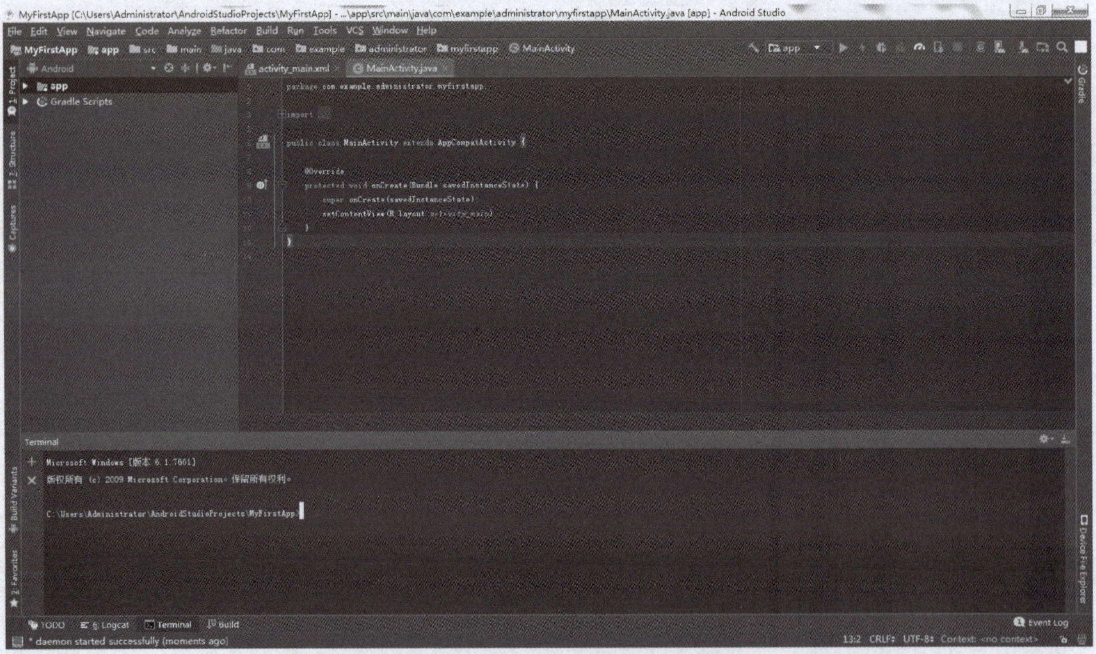

图 1-31　Darcula 黑色风格主题样式

2. Andriod Studio 字体设置

程序员经常希望将程序字体调整为自己习惯的字体显示。单击 Android Studio 的【File 菜单⇒Settings...】菜单项，弹出如图 1-32 所示的系统设置对话框，在对话框左侧上方可以直接输入 Font，会自动筛选出与字体相关的设置项，右侧页面中可以设置显示字体（Font）、字体大小（Size）等，程序员可以根据自己的喜好进行调整。

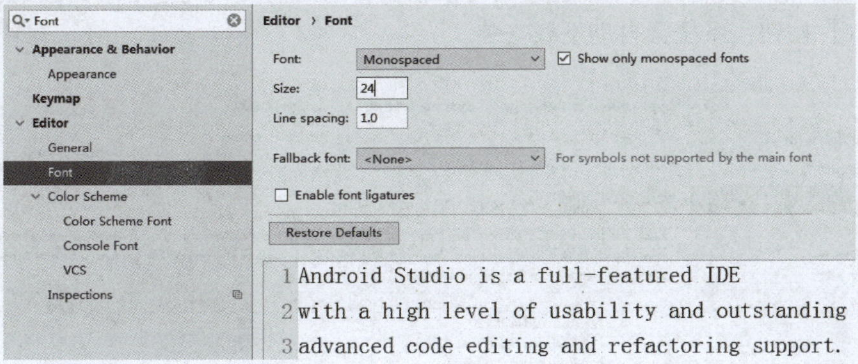

图 1-32　Android Studio 字体设置

3. 代码补全功能设置

Android Studio 为了方便程序员能够更快地编写代码，提供了代码补全（Code Completion）功能，也就是当输入代码的几个关键词时，Android Studio 会自动给出程序代码提示，大大提高了开发效率。

单击 Android Studio 的【File 菜单⇒Settings...】菜单项，弹出如图 1-33 所示的系统设置对话框，在对话框左侧上方可以直接输入 Code Completion，会自动筛选出相关的设置项，右侧 Case sensitive completion 有三种选项：

All：仅提示与输入的字符完全匹配的代码，这类似于 Windows 搜索中的精确匹配。

None：进行模糊匹配，提示与输入代码相接近的代码，对于初学者推荐使用这个设置。

First letter：默认选项，系统根据输入代码的首字母进行匹配和代码提示。

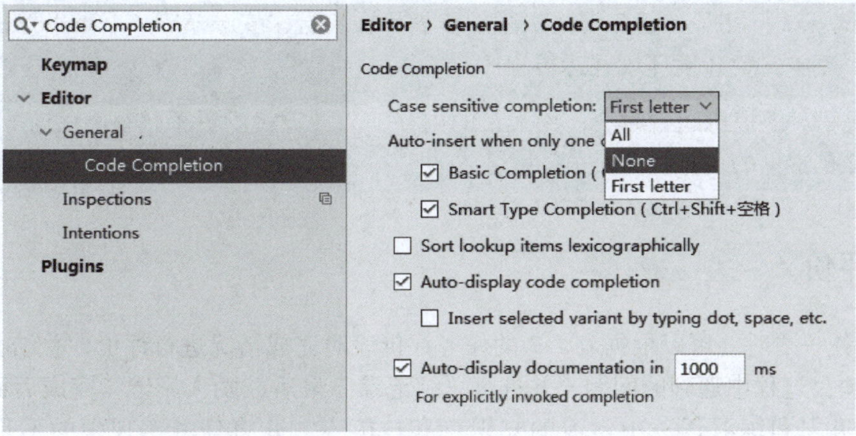

图 1-33　代码自动提示选项

4. Android SDK 下载

Android 提供了很多版本，在之前安装过程中我们安装了 Android API 28 版本，程序员也可以下载其他版本的 Android SDK。单击 Android Studio 的【File 菜单⇒Settings...】菜单项，弹出如图 1-34 所示的系统设置对话框，在对话框左侧上方可以直接输入 sdk，右侧会显示所有版本的 SDK Platforms。其中已经勾选的 Android API 28 代表已经下载安装好的，其他没有勾选的版本是未安装的版本。程序员可以根据自己的需要，勾选对应的版本，单击右下角的【Apply】按钮，系统会自动下载安装。

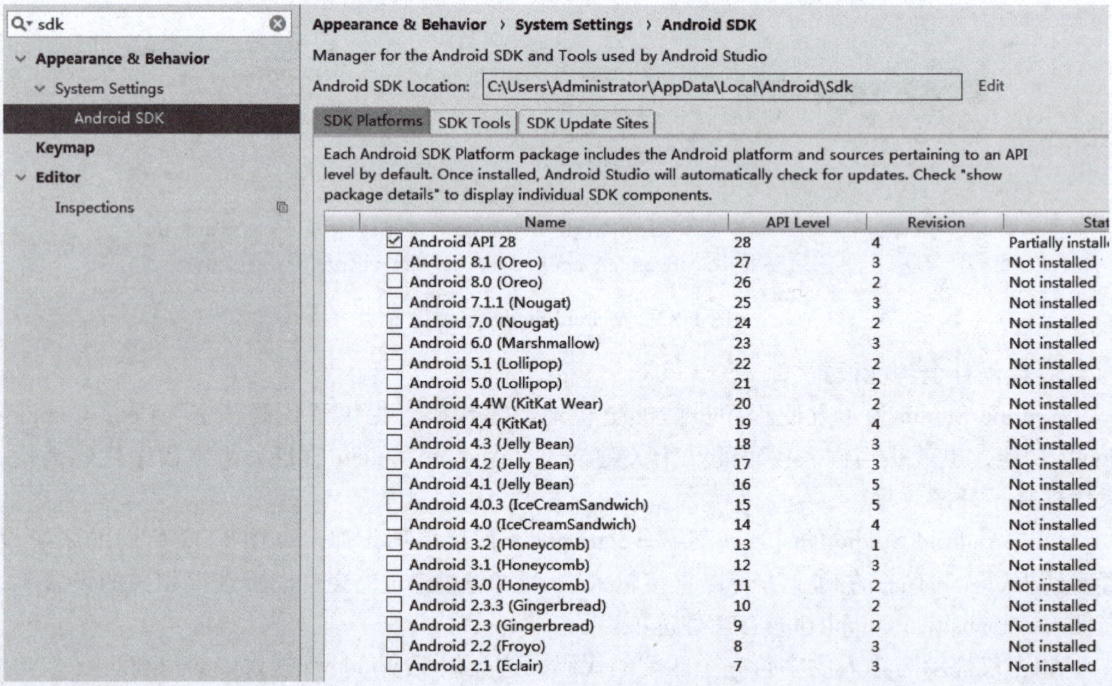

图 1-34　Android SDK 管理工具

【试一试】根据“任务实施”中的步骤，在一台未安装 Android Studio 开发环境的计算机上，逐步安装开发环境并运行程序。

【提示】虚拟机运行时会占用大量的内存，当计算机配置不是很高的时候，耐心等待一两分钟是常见的现象。

任务评价

完成任务一之后，可以根据表 1-2 的任务评价表对完成情况进行评价，总结在安装、创建 Android 项目过程中遇到的问题，并进行总结记录。最后鼓励大家继续完成后面的拓展任务，进一步巩固和练习任务中学习的知识点和技能点，并将任务实现中的不足之处进行改进。

表 1-2　任务评价表

评价内容	具体指标		完成情况（打分）
基础素养	资料搜索、筛选和整合能力（5 分）		
	计算机应用操作能力（5 分）		
专业知识	基础知识点的预学习情况（5 分）		
	课后习题的完成情况（20 分）		
技术技能	Android 开发组件的下载、安装及设置（20 分）		
	Android 项目的创建及运行（20 分）		
	问题解决（10 分）		
综合能力	任务报告编制能力（10 分）		
	沟通表达与团队协作（5 分）		
目标完成	完成★★	基本完成★☆	未完成☆☆
学习收获			
学习反思			

任务小结

Android 经过多年的发展具有了很多版本，本书的开发环境均基于 Android P（Android API 28）版本。Android 的四层架构非常重要，常接触的是最上方的两层架构（应用框架层、应用程序层），应用框架层使用的是 Java 语法，意味着学习 Android 开发之前具有 Java 开发基础是必要的。安装 Android Studio 的过程大体可以分为以下几个步骤：

- 下载 Android Studio。
- 根据提示安装 Android Studio，该过程需要从网络下载 SDK。
- 创建 Android 项目，如果是第一次安装，系统会自动从网络下载 Gradle 等插件，保证项目能够正常编译。
- 运行 Android 项目，如果是第一次安装，系统会提示你创建 Android 虚拟机，并从网络下载虚拟机的镜像文件。
- 最终 Android 虚拟机启动后，创建的 Android 项目编译后生成 APP 部署到虚拟机上。

课后习题

第一部分　知识回顾与思考

Android 的四层架构分别包括哪几层？分别起到什么作用？

第二部分　职业能力训练

一、单项选择题（下列答案中有一项是正确的，将正确答案填入括号内）

1. Android 四层架构中，应用框架层使用的是什么语法？（　　）

A. C B. C++ C. Java D. Android

2. Android四层架构中，系统库层使用的是什么语法？（ ）

A. C B. C++ C. Java D. Android

3. 应用程序员编写的Android应用程序，主要是调用（ ）提供的接口进行实现。

A. 应用程序层 B. 应用框架层

C. 应用视图层 D. 系统库层

4. Android Studio使用了很多组件，其中（ ）是用来构建项目工程的。

A. Gradle B. Android虚拟机

C. Build Tools D. Android SDK

二、填空题（请在括号内填空）

1. 在Android智能终端中有很多应用，如拍照、联系人管理，它们都属于Android的（ ）层。

2. 为了让程序员更加方便地运行调试程序，Android提供了（ ），可以方便地将程序运行其上，而不需要真实的移动终端。

三、简答题

1. 简述Android Studio开发环境安装的步骤。

2. 简述Android虚拟机创建和运行的步骤。

拓展训练

Android有非常多的版本，目前已经搭建了Android P（Android API 28）的开发环境和虚拟机，如果想搭建其他版本的开发环境，只需要利用Android Studio下载相关版本的SDK和Android虚拟机的镜像。

如果一切都顺利的话，可以试着创建一个其他版本的Android虚拟机，并运行一个程序试试，会发现不同版本的Android虚拟机界面并不相同。

【提示】可以参照“任务实施”中的“创建Android虚拟机并运行Android项目”和“Android Studio的常见设置”的“Android SDK下载”的内容，完成该任务。

任务二　星座查询工具的设计与实现

学习目标

【知识目标】

■ 了解 Android 工程的结构，掌握其中重要的目录和文件的作用。
■ 掌握 Android 的基础组件的使用方法。
■ 掌握组件的属性设定、方法调用、监听器创建。
■ 掌握 Android 的几种常见布局的使用。

【能力目标】

■ 能够在 Android 工程中添加字符串、图片等资源。
■ 能够在 XML 布局文件中创建组件并设定组件的基本属性。
■ 能够灵活组织多种组件实现简单的应用。
■ 能够灵活运用几种常见的布局使界面得体美观。

【重点、难点】 组件属性、控件方法、监听器的使用、布局的合理运用。

【素质目标】

■ 通过实现“星座查询工具”任务，让学生初步体验系统性、规范化地分析、设计、开发、调试 APP 软件任务的完整过程，培养学生软件开发的工程思维。
■ 培养学生规范化、标准化的代码编写习惯和规范化过程文档的书写习惯。

任务简介

本任务将制作一个运行在 Android 终端上的星座查询工具，通过输入姓名和出生日期，能够显示所属星座的图片和个性。

任务分析

本任务将要制作的 Android 星座查询工具的界面如图 2-1 所示，从图中可以看到该程序由几个部分组成，从上至下依次是姓名输入区域、日期选择区域、查询按钮、星座图片、星座说明文字，整个应用操作方法非常简单，在输入框中输入姓名，然后在日期选择组件中设定生日后，单击【查询】按钮，程序就会自动计算所属的星座，然后显示出星座图片和说明文字。

该任务界面中几个区域从上到下顺序排列，可以运用 Android 的垂直线性布局、相对布局或者约束布局实现，另外如果用户单击查询后显示的内容过长，超出了一个屏幕的范围，需要通过滚动条进行上下滚动，如图 2-1 所示，左侧为应用程序的初始状态，右侧为单击【查询】按钮屏幕滚动后的下半部分。整个应用使用到了多个组件，包括 EditText（输入框）、DatePicker（日期选择组件）、Button（按钮）、ImageView（图片）、TextView（文字）。

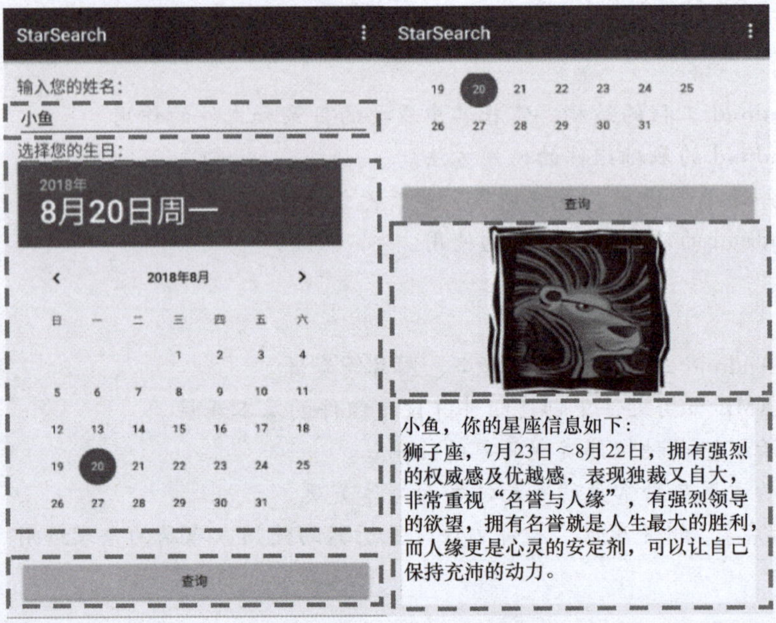

图 2-1　星座查询工具的界面

支撑知识

实施任务之前首先需要了解 Android 星座查询工具的功能，要做出这样一个简单的工具，需要学习以下知识：

- 如何创建几种基础的组件。
- 如何设定布局。
- 如何设定组件的属性。
- 如何调用组件的方法。
- 如何监听组件的事件。

一、Android 工程结构

学习组件和布局之前，必须先了解 Android 工程的结构，因为后续的内容经常需要操作 Android 工程的目录，如果对工程中的目录和文件不了解，操作就会非常费力。下面就以最简单的 HelloWorld 项目为例来介绍 Android Studio 中项目目录的 Android 视图和 Project 视图。

1. 项目目录（Android 视图）

打开 Android Studio 并创建项目后，在窗口的左上角默认打开的就是项目目录的 Android 视图，如图 2-2 所示。

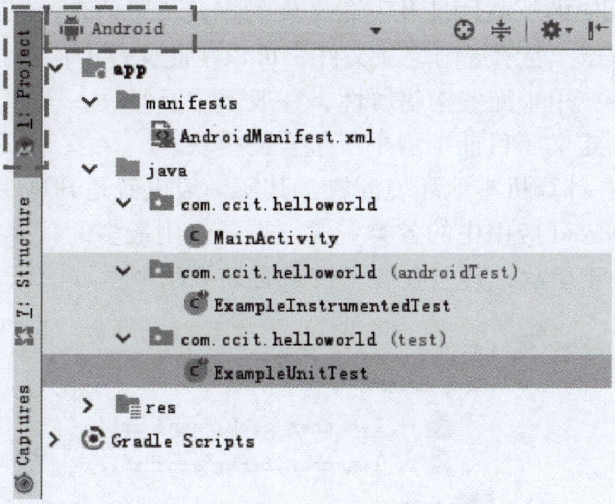

图 2-2　Android 视图下的目录结构

该视图包含了以下子目录：

● manifests 目录：该目录包含了 AndroidManifest. xml 文件，该文件非常重要，列出了应用程序的许多基本信息（应用程序名称、启动图标、应用的主题等），其中还包括程序使用到的各种权限（如打电话权限、互联网权限、SD 卡读写权限等），该文件还包括了程序中所使用到的各个 Activity、Service、BroadcastReceiver 以及 Content Provider 的注册信息。

● java 目录：该目录中存放的是需要编辑的 Java 源代码文件（如 MainActivity）以及用于项目测试的源代码文件。由于 Java 使用包来组织不同的 Java 源程序文件，所以可以看到 java 目录中包含的包对应的文件夹（如 com. ccit. helloworld）。

● res 目录：该目录中放置了程序的重要资源，而且包含很多子目录，由于该目录的重要性，后面会对该目录进行详细说明。

● Gradle Scripts：这个目录主要包含了与 Gradle 配置相关的一些脚本文件。Gradle 是 Android Studio 中所使用的项目构建开源工具，如图 2-3 所示，其中重要的文件有如下几个：

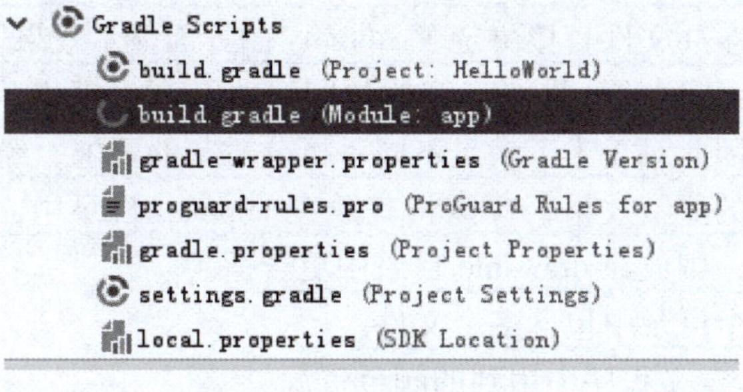

图 2-3　Gradle Scripts 目录

● build. gradle（Project）：用于整个项目的 Gradle 配置信息文件，里面包含了 gradle 的 android-library 插件的版本等信息。

● build. gradle（Module）：用于模块的 Gradle 配置信息文件，里面包含了模块的最小 SDK 版本、编译 SDK 版本以及目标 SDK 版本，还有所依赖的第三方库 jar 包等。

● gradle-wrapper. properties：若当前环境中未安装 Gradle，Android Studio 可以自动去下载。该文件保存了 Gradle 的下载地址及下载文件的存储位置信息。

● proguard-rules. pro：混淆规则定义文件，可以在此文件中添加自定义混淆规则。

● gradle. properties：用来配置构建属性，一般不需要修改。

● settings. gradle：定义了目前工程中所包含的模块。

● local. properties：计算机本地环境配置，其实一般也就是 SDK/NDK 路径。

res 目录存放了 Android 应用中的各类资源，也是使用最多的目录，下面详细介绍 res 目录。其目录结构如图 2-4 所示，其包含的子目录有如下几个：

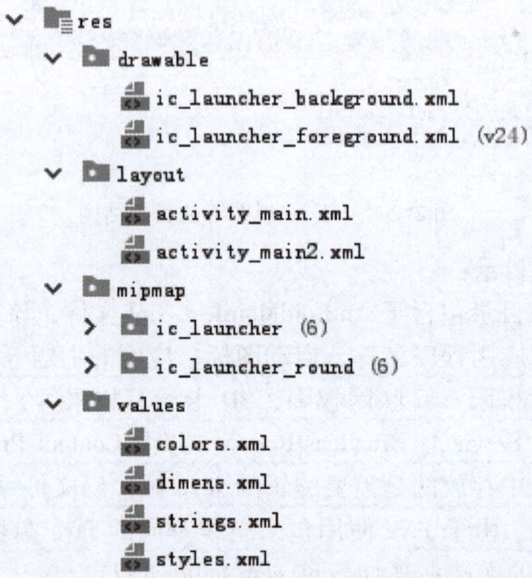

图 2-4　res 目录结构

● drawable 目录：该目录可以用来存放图片类型的 drawable 资源，也可以用来存放 xml 格式的 drawable 资源。

● layout 目录：该目录中存放的是项目所需要的界面布局文件，这些文件中可以添加组件、设定组件的属性，布局文件直接决定了 Activity 的界面显示效果。

● mipmap 目录：在不同的分辨率下缩放位图可能会产生锯齿状边缘，而 mipmap 技术帮助避免了这一现象。因此对于为了满足不同手机分辨率的要求，经常需要放大或缩小的图片资源，为了获得较好的渲染效果，应该将其放在 mipmap 目录中，而对于图片大小固定，不需要经常进行缩放的，则放在 drawable 目录中更合适。

● values 目录：这个目录中包含多个文件。

■ colors. xml：定义程序中用到的颜色资源。

■ dimens. xml：定义尺寸常量值。

■ strings. xml：定义字符串常量值。

■ styles. xml：定义程序的样式。

这些目录中经常需要修改的是 src 目录、res 目录，src 目录主要编辑代码，res 目录则是用来编辑各种资源的。比如当添加图片时需要用到 drawable 目录，当向 Activity 界面添加组件、修改组件属性时需要用到 layout 目录，而编辑菜单时使用 menu 目录，定义字符串常量时需要访问 values 目录。

需要注意的是，上面有些目录或文件在初始创建的 Android Studio 项目中是看不到的，比如 menu 目录、values 目录下的 dimens. xml 文件等，在初始创建的 Android Studio 项目中是没有这两种资源的，需要时可以手动添加。比如要添加 menu 目录，只需在 res 目录上右击，然后在弹出的菜单中依次选择 new、Android Resource Directory，弹出如图 2-5 所示的对话框，然后单击 Resource type 后的下拉箭头，选择 menu，单击【OK】按钮即可。接着可以继续在 menu 资源目录中创建 menu 资源文件，在 menu 目录上右击，在弹出的菜单中选择 Menu resource file，然后弹出如图 2-6 所示的对话框，在该对话框的 File name 框中输入文件名 menu，单击【OK】按钮即可。

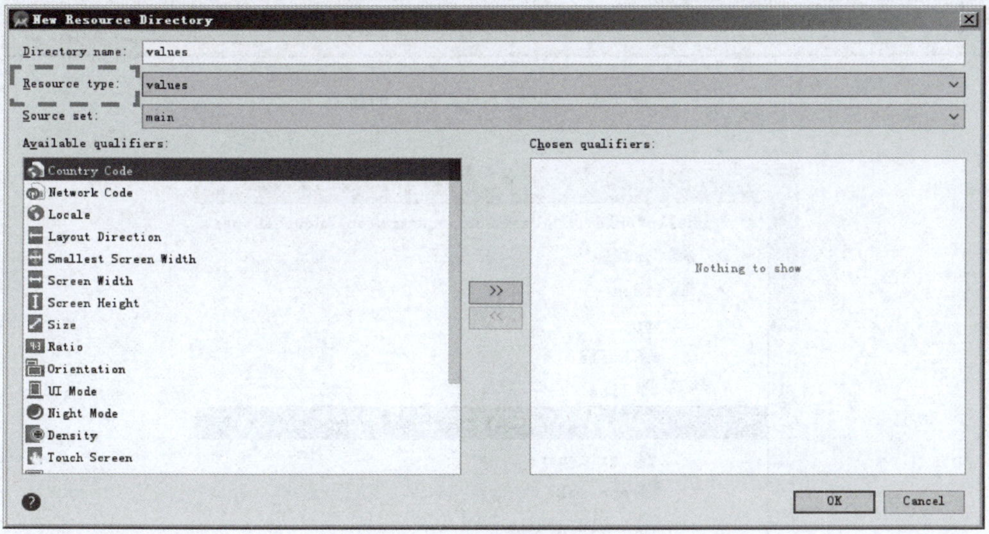

图 2-5　创建资源目录对话框

2. 项目目录（Project 视图）

单击 Android 视图右侧的下拉箭头，如图 2-7 所示，在弹出的下拉列表中选择 Project，即可进入项目目录 Project 视图。

该视图同样包含了许多的目录及文件，这里主要介绍如下几个：

● . gradle 目录：是 gradle 运行以后生成的缓存文件夹。

● . idea 目录：是 Android Studio 工程打开以后生成的工作环境配置文件夹，包括一些 Copyright 版权、编译信息、编码语言、运行配置、工作空间等配置。

● app 目录：是你的 application module，其中包含源码 src、编译生成的内容以及第三方库。具体来说，src 子目录包含了该项目的源程序文件；libs 子目录包含了项目编码中所使用到的第三方库 jar 包；build 子目录包含了项目编译后所生成的文件。系统生成的 R. java 位于 app/build/generated/source/r/项目包名/目录下，Java 源程序文件位于 app/src/main/java/项目包名/目录下，各类资源文件位于 app/src/main/res/目录下，AndroidManifest. xml 文件

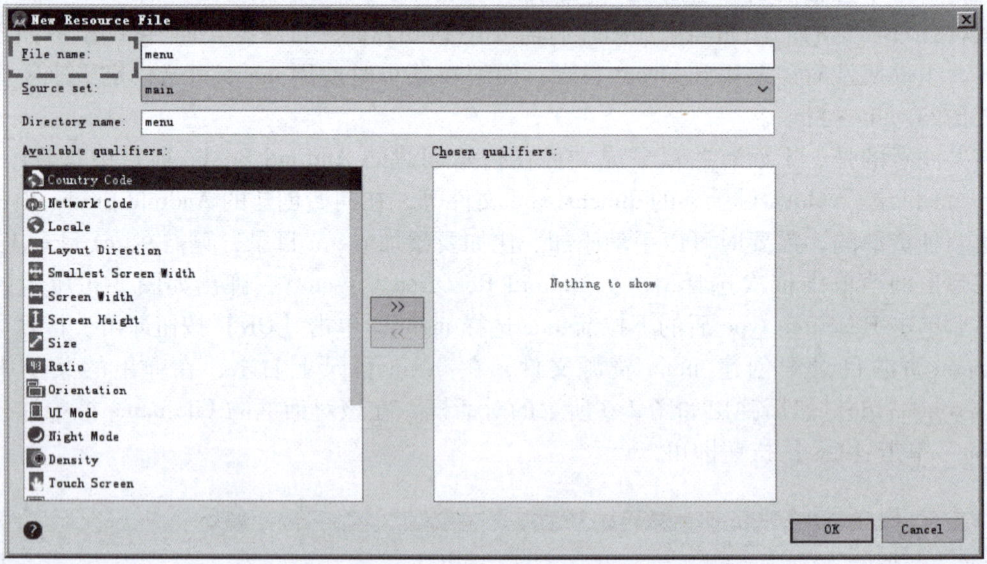

图 2-6　创建资源文件对话框

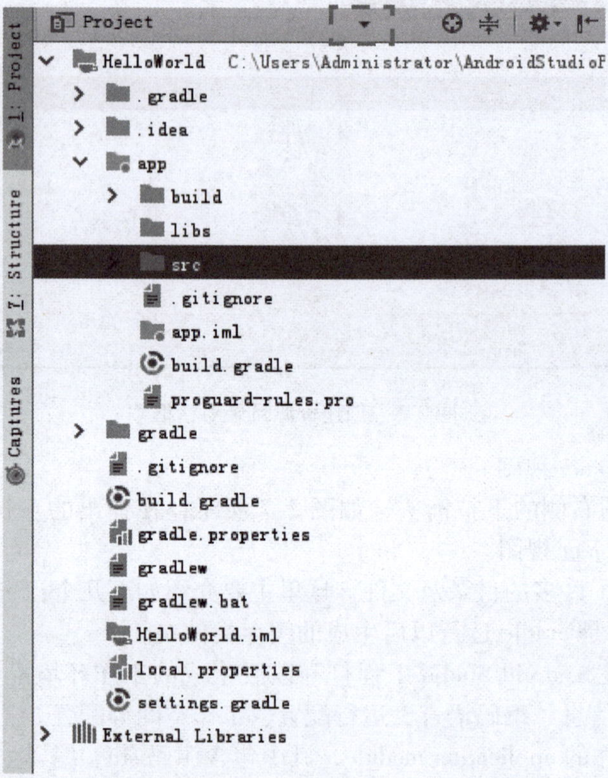

图 2-7　Project 视图下的目录结构

位于 app/src/main/目录下，最终的 apk 文件位于 app/build/outputs/apk 目录下。

- *.iml 文件：是 Android Studio 为每一个 Module 生成的配置文件，如编译文件夹路径、使用的 JDK 版本等。

- gradle 目录：包含 gradle-wrapper. jar 文件和 gradle-wrapper. properties 文件。
- . gitignore 文件：该文件配置 git 版本控制工具的忽略清单。
- gradlew 和 gradlew. bat 文件：是 gradle 任务的脚本命令。
- External Libraries：该目录包含了 Android Studio 运行所需要的外部库 jar 包。

3. 程序启动

Android 程序启动时首先会从 AndroidManifest. xml 文件中加载应用的配置信息，该文件中包含了很多程序启动的信息。

- <application>：该标签中有很多应用程序的属性设置。
  - ■ android:icon：应用程序的图标，Android 智能终端中看到的程序图标就是这个属性指定的。
  - ■ android:label：应用程序的名称。
- <activity>：该标签位于<application>标签下方，一个应用程序可以有多个 Activity，所以可能出现多个<activity>的标签，该标签也包含很多信息：
  - ■ android:name：该属性决定了这个 Activity 使用的是哪个类，如 com. ccit. helloworld. MainActivity。
  - ■ android:label：Activity 的名称，如果指定了 Activity 的名称，系统就会优先将<activity>标签下的 android:label 属性作为应用程序名称显示；如果<activity>标签下没有 android:label 属性，则会使用<application>下的 android:label 属性作为应用程序名称。
  - ■ <action android:name="android. intent. action. MAIN" />：程序存在多个 Activity 的时候，该属性决定了哪个 Activity 最先被启动。

```
<?xml version="1.0" encoding="utf-8"?>
<manifest xmlns:android="http://schemas.android.com/apk/res/android" package=
"com.ccit.helloworld">
    <application
        android:allowBackup="true"
        android:icon="@mipmap/ic_launcher"
        android:label="@string/app_name"
        android:roundIcon="@mipmap/ic_launcher_round"
        android:supportsRtl="true"
        android:theme="@style/AppTheme">
        <activity android:name=".MainActivity">
            <intent-filter>
                <action android:name="android.intent.action.MAIN" />
                <category android:name="android.intent.category.LAUNCHER" />
            </intent-filter>
        </activity>
```

```
    </application>
</manifest>
```

通过上述的讲解，Android 系统会从 AndroidManifest. xml 中解析出 MainActivity 最先启动，并找到 com. ccit. helloworld. MainActivity 这个类进行启动。MainActivity 类的父类是 AppCompatActivity，启动一个 Activity 时首先会调用该 Activity 类的 onCreate 这个方法。

```
protected void onCreate(Bundle savedInstanceState) {
    super. onCreate(savedInstanceState);
    setContentView(R. layout. activity_main);
}
```

该方法中优先调用父类的 onCreate 方法，然后将 Activity 需要显示的视图与 R. layout. activity_main 这个布局文件进行绑定，这个布局文件位于工程的 res \ layout 目录中。

```
<?xml version="1.0" encoding="utf-8"?>
<android. support. constraint. ConstraintLayout xmlns:android="http://schemas. android. com/
apk/res/android"
    xmlns:app="http://schemas. android. com/apk/res-auto"
    xmlns:tools="http://schemas. android. com/tools"
    android:layout_width="match_parent"
    android:layout_height="match_parent"
    tools:context=". MainActivity" >
    <TextView
        android:layout_width="wrap_content"
        android:layout_height="wrap_content"
        android:text="Hello World!"
        app:layout_constraintBottom_toBottomOf="parent"
        app:layout_constraintLeft_toLeftOf="parent"
        app:layout_constraintRight_toRightOf="parent"
        app:layout_constraintTop_toTopOf="parent" />
</android. support. constraint. ConstraintLayout>
```

这个布局文件描述了一个视图显示的布局和其中的组件。

- <ConstraintLayout>：说明这个视图采用约束布局，何为约束布局将在本次任务支撑知识的约束布局中讲解。
- <TextView>：在 <ConstraintLayout> 标签下存在一个 <TextView> 的标签，代表约束布局中包含了一个 TextView 组件（用来显示文字信息的组件），其中包含以下的信息：
    - android：layout_width：组件的宽度属性。
    - android：layout_height：组件的高度属性。
    - android：text：该文本组件需要显示的内容。
    - app：layout_constraintLeft_toLeftOf：组件的左约束属性。

- ■ app：layout_constraintRight_toRightOf：组件的右约束属性。
- ■ app：layout_constraintTop_toTopOf：组件的上约束属性。
- ■ app：layout_constraintBottom_toBottomOf：组件的下约束属性。

通过分析 R. layout. activity_main 这个文件就知道最先启动的 Activity 需要显示成什么样子，程序启动的大体流程如图 2-8 所示。

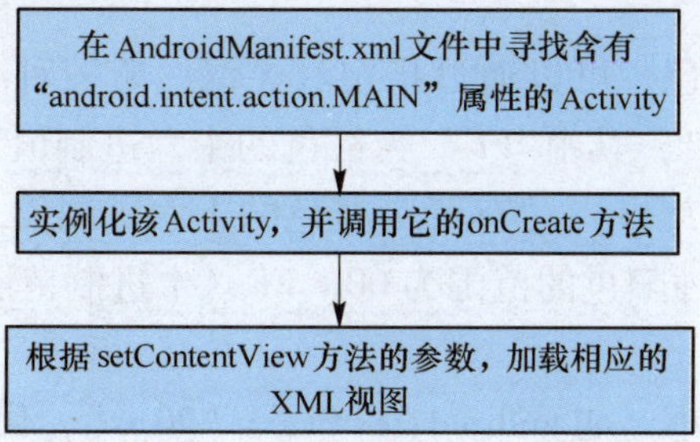

图 2-8　Android 程序启动流程图

二、TextView 组件

1. 简介

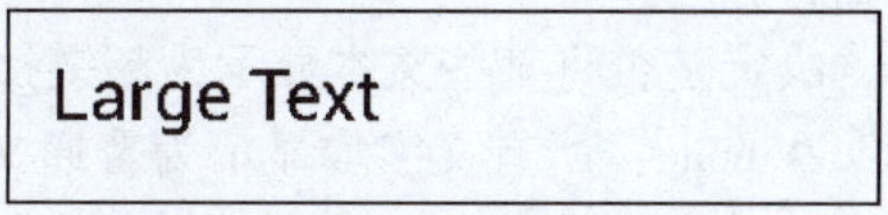

图 2-9　TextView 组件显示效果图

如图 2-9 所示，TextView 组件常被用来显示一段文字、电话号码、URL 链接、E-Mail 地址，可以称之为文本组件，通过在 Activity 所对应的 XML 布局文件中添加该组件、修改其属性，能够非常迅速地创建 TextView 组件。

2. 重要属性

在 Activity 所在的 XML 布局文件中，可以手动修改组件的属性，每个组件属性不尽相同，为此需要了解不同组件最常用的属性。

（1）android:id

定义组件的唯一标识 ID，如 android:id = "@+id/textView1"，代表该组件的 ID 为“textView1”，其中“+”代表新增一个“textView1”的 ID。以后也会见到这样的写法：android:id = "@android:id/tabhost"，没有“+”代表组件的 ID 为已经存在的“android:id/tabhost”，“android:”开头的 ID 代表是 Android 系统已经定义好的。

（2）android:layout_width

定义组件的宽度，一般可以设定为“wrap_content”或“match_parent”。

“wrap_content”代表组件的宽度根据需要显示的内容进行调整，显示的内容多则组件宽，显示的内容少则组件窄。

“match_parent”代表该组件的宽度需要扩充至其父组件的宽度。

当然有时还会看到“fill_parent”这个值，它是 Android 2.2 之前的属性值，Android 2.2之后已经使用“match_parent”代替了“fill_parent”，两者含义一致。

（3）android:layout_height

定义组件的高度，与 layout_width 使用方式类似。

(4) android:text

定义 TextView 的文本显示内容，可以直接指定其为某个字符串（如 android:text = "Hello Android"），也可以让它引用 res \ value \ strings. xml 字符串资源中的某个字符串（如引用名为“hello”的字符串资源，android:text = "@string/hello"，此时 TextView 将显示“hello”这个资源的内容）。

(5) android:textColor

定义 TextView 的文本颜色，可以通过指定红、绿、蓝三种颜色的值设定文本颜色，如 android:textColor = "#FF0B78"，其中“FF”为红色的十六进制值（十进制为 255），“0B”为绿色的十六进制值（十进制为 11），“78”为蓝色的十六进制值（十进制为 120），三种颜色用十六进制的方式指定，每种颜色的范围为 00 ~ FF（十进制范围为 0 ~ 255）。

(6) android:textSize

定义 TextView 的字体大小，如 android:textSize = "20px"，代表大小为 20 像素。

(7) android:maxLines

定义文本多行显示时，能够显示的最大行数，如 android:maxLines = "2"，代表 TextView 最多显示两行。

(8) android:autoLink

决定是否将某些文本显示为超链接的形式，有以下的设定值。

- none：所有文字均显示为普通文本形式，没有超链接。
- web：网站 URL 链接会显示为超链接的形式，单击之后可以浏览网页。
- email：E-Mail 地址会显示为超链接的形式，单击之后可以发送邮件。
- phone：电话显示为超链接的形式，单击之后可以拨号。
- map：地图地址显示为超链接的形式。
- all：网站 URL、E-Mail、电话、地图地址的内容均显示为超链接的形式。

需要特别说明的是，所有的组件都具有 android:id、android:layout_width、android:layout_height 属性，使用方法基本一致，之后的组件不再赘述。

3. 重要方法

通过修改 XML 属性能非常迅速地设定组件的样式，有时候需要通过调用组件的方法动态地修改组件的属性，这就要求对组件常用的方法有一定的了解。

(1) public final void setText(int resid)

功能：可以设定 TextView 的显示文字为某个字符串资源。

参数：resid 为字符串资源的 ID，如 R.string.hello。

示例：

```
TextView textview = (TextView) findViewById(R.id.text);
textview.setText(R.string.hello);
```

第一行代码使用到了 findViewById 这个方法，该方法是通过组件的 ID 获得组件的对象，这个示例中 R.id.text 是某个 TextView 组件的 ID，textview 是该 TextView 组件对象，R.string.hello 是某个字符串资源的 ID。

(2) public final void setText(CharSequence text)

功能：可以设定 TextView 的显示文字为参数给定的字符串。

参数：text 为字符串。

示例：

```
TextView textview = (TextView) findViewById(R.id.text);
textview.setText("Hello Android");
```

(3) public CharSequence getText()

功能：可以获得 TextView 组件的显示文本。

参数：无。

返回值：组件当前的显示字符串。

示例：

```
TextView textview = (TextView) findViewById(R.id.text);
String str = textview.getText().toString();
```

由于返回值为 CharSequence 类型，通过 toString 的方法将其转化为熟悉的 String 类型。

4. 使用范例

前面介绍了 TextView 组件的主要属性和方法，下面详细说明如何创建组件、设定属性和调用方法。打开 Activity 所对应的布局文件 res \ layout \ activity_main.xml，注意两个视图，一个是图形设计视图（Design），如图 2-10 所示，另一个是实际的 XML 文件视图（Text），如图 2-11 所示。

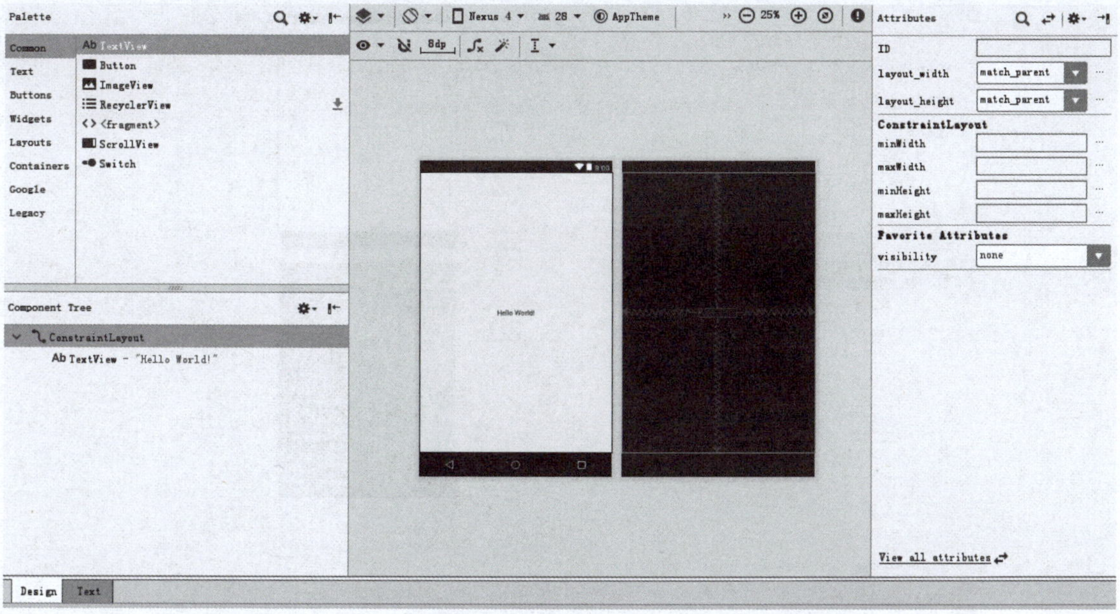

图 2-10　图形设计视图

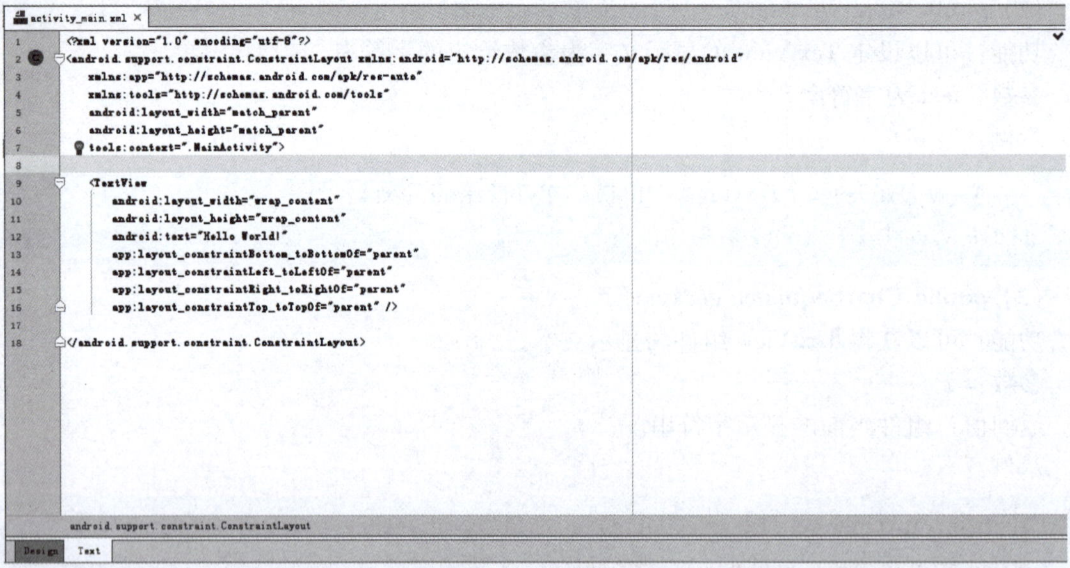

图 2-11　XML 文件视图

首先介绍如何在图形设计视图中创建一个组件，如图 2-12 所示，在左侧 Palette 面板中，单击 Common 或 Text 栏，可以看到右边有多种组件，其中第一个就是 TextView 组件，可以通过拖拉将其放到右侧的图形设计视图中。

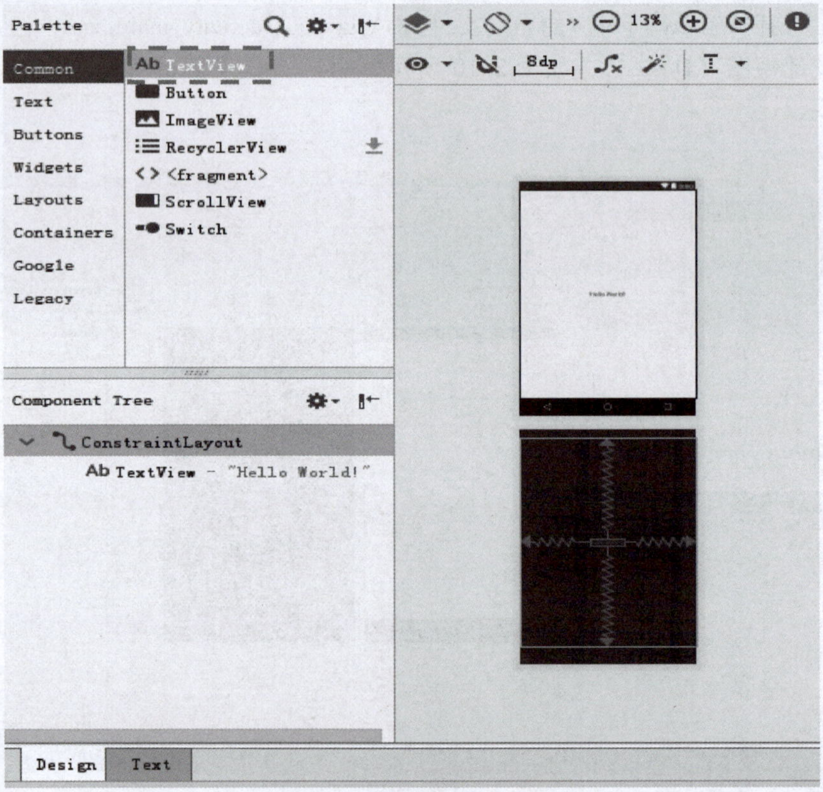

图 2-12　创建 TextView

此时再打开 XML 视图，XML 文件中已经自动添加了以下的信息，通过拖拉组件能够方便地实现组件的创建，但是有一定开发经验的人员更加习惯在 XML 文件中手动添加，这两种方式基本是等价的。

```
<TextView
    android:id="@+id/textView"
    android:layout_width="wrap_content"
    android:layout_height="wrap_content"
    android:text="TextView"
    tools:layout_editor_absoluteX="173dp"
    tools:layout_editor_absoluteY="291dp" />
```

完成创建后可以修改组件的属性，使其样式看上去更加美观，在图形设计视图的 Attributes 属性窗口中可以修改各种属性，如图 2-13 所示就是将 Text 属性修改为“Hello Android”，这种修改属性的方法本质上还是修改了 XML 文件。

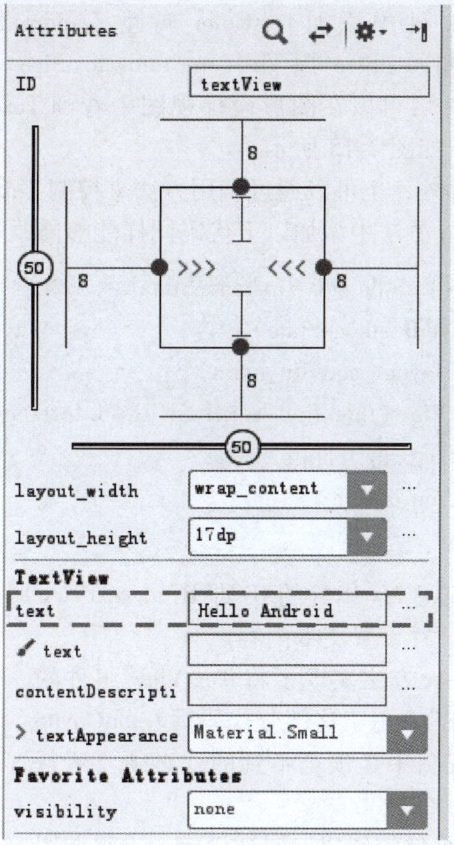

图 2-13　图形设计视图中修改属性

也可以通过修改 XML 文件的方式来实现属性修改，由于 XML 提供了非常好的提示功能，修改 XML 属性并不复杂。如图 2-14 所示，输入“android:te”后会弹出相应的提示框。

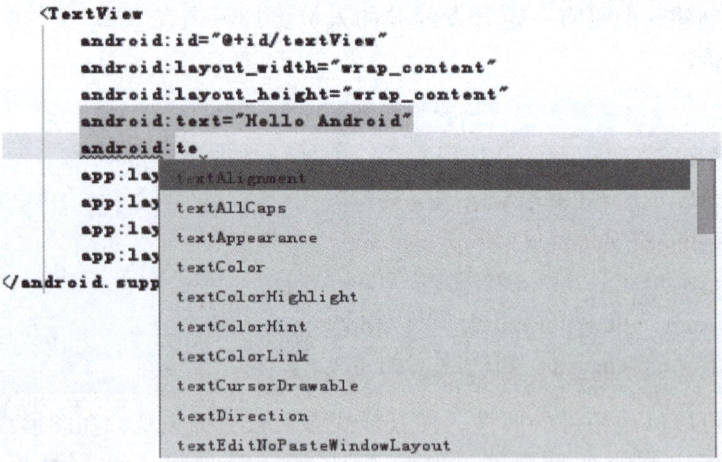

图 2-14　XML 文件视图中修改属性

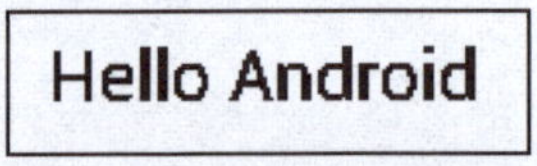

图 2-15　修改属性后的 TextView

利用提示框在 XML 文件中添加 textColor 属性（android：textColor = "#FF0000"）和 textSize 属性（android：textSize = "20px"），修改完 XML 文件后可以在图形设计视图中看到 TextView 显示的文字呈现红色，如图 2-15 所示。

除了可以设定 XML 属性外，也可以通过调用方法来控制 TextView，在 Activity 的 OnCreate 方法中添加以下代码同样能够修改 TextView 的显示文字。

```
protected void onCreate(Bundle savedInstanceState) {
        super.onCreate(savedInstanceState);
        setContentView(R.layout.activity_main);
        TextView t = (TextView)this.findViewById(R.id.textView1);
            //根据组件的 ID 获得组件的对象
        t.setText("你好,Android");
}
```

本段代码功能是根据 TextView 组件的 ID 即 R. id. textView1，通过 findViewById 方法获得组件的对象，赋值给变量 t，并设置文本内容。

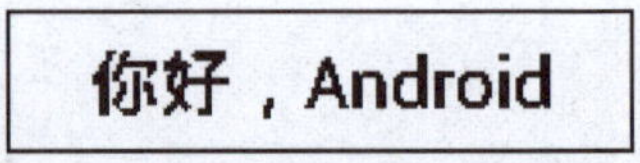

图 2-16　调用方法后程序运行效果

然后通过调用 t 的 setText 方法实现了将 TextView 组件的内容设定为“你好，Android”，由于这部分代码写在 onCreate 方法中，因此在图形设计视图中是预览不到的，必须要运行程序才能看到如图 2-16 所示的效果。

实际上 Android 中所有组件的创建、属性设定、方法调用都是类似的，以后其他组件不再赘述。

【试一试】新建一个 Android 工程，添加 TextView 组件，试试刚才讲过的属性和方法，特别试一试 autoLink 这个属性，看看能不能自动实现拨打某个手机号码的功能。

三、Button 组件

1. 简介

如图 2-17 所示，Button 组件一般被称为按钮组件，用户单击 Button 后一般会触发一系列处理。

2. 重要属性和方法

Button 的父类是 TextView，这就意味着刚才 TextView 的许多属性和方法，Button 均继承下来了，所以可以参照 TextView 组件的属性和方法。

3. 监听器

在 Android 的组件运用中，经常有这样的情况，需要监听组件发生的动作，如按钮被单击了、某个选项被选中了，我们称这样的动作为事件，一旦事件发生了，需要立即进行处理，比如计算器中就有非常多的按钮，如“=”按钮被单击后就需要进行运算。在 Android 中是通过监听器来完成对组件事件的监听处理的，一旦组件触发了某个事件，监听器就会立即做出反应，触发某段代码，如图 2-18 所示。

图 2-17　Button 组件显示效果图

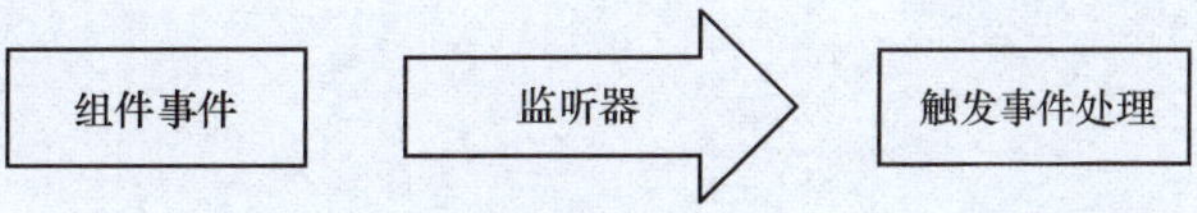

图 2-18　监听器机制

不同的组件有不同的事件，如 Button 组件，可以监听被单击的事件、被长时间按下的事件等，不同的事件对应不同的监听器，如单击监听器、长按监听器，要捕捉某个事件就一定要创建与之对应的监听器。用于设定 Button 组件的单击监听器的方法为

public void setOnClickListener（View. OnClickListener l）

功能：设置按钮的单击事件监听器。

说明：View. OnClickListener 是 View 类内的一个内部接口，抽象方法为 void onClick（View v），实际应用中需要一个类实现该接口并为该类创建一个对象，这个对象作为监听器，当按钮被单击时会触发监听器的 onClick 方法。

示例：创建监听器有多种方式，但是基本步骤都是先创建监听器，然后调用 setOnXXXListener 方法将该监听器与组件绑定。

方法 1：首先声明了 ButtonLis 类，该类实现了 View. OnClickListener 接口，然后创建了该 ButtonLis 的实例 btnlis，最后通过 setOnClickListener 方法将监听器与 button 按钮绑定。

```
class ButtonLis implements View.OnClickListener
{
    public void onClick(View v)
    {
        // TODO Auto-generated method stub
    }
}
```

```
ButtonLis btnlis = new ButtonLis( ) ;
//设置 OnClickListener
Button button = ( Button) findViewById( R. id. button1 ) ;
button. setOnClickListener( btnlis  ) ;
```

方法 2：通过匿名内部类的形式定义实现了 View. OnClickListener 接口的监听器类，实现 onClick 方法，并同时创建一个该接口类型的 buttonlis 监听器对象，然后通过 setOnClickListener 方法将监听器与 button 按钮绑定。方法 2 与方法 1 的区别在于，方法 2 没有独立地声明一个类来实现 View. OnClickListener 接口，而是将实现接口和实例化对象的处理合二为一。

```
View. OnClickListener buttonlis = new View. OnClickListener( )
{
    public void onClick( View v)
    {
        // TODO Auto-generated method stub
    }
};

Button button = ( Button) findViewById( R. id. button1 ) ;
//设置 OnClickListener
button. setOnClickListener( buttonlis) ;
```

方法 3：没有独立地创建方法 2 中 buttonlis 对象，而是直接将实例化对象和设定监听器的处理合二为一。方法 3 的代码最为简洁，在后续的编码中将较多地使用该方法。

```
Button button = ( Button) findViewById( R. id. button) ;
//设置 OnClickListener
button. setOnClickListener( new View. OnClickListener( ) {
    public void onClick( View v) {
    // 处理 Button 单击事件
    }} ) ;
```

4. 使用范例

创建项目 ButtonExample，然后删除原布局中的 TextView 组件，再将 Button 组件拖入 Design 视图下的布局中，接着为 Button 组件的上下左右边界分别添加约束，方法是分别拖动 Button 组件四个边界上的小圆圈至对应的布局边界即可，如图 2-19 所示。设置完成后 Button 组件将会位于布局的中央，其效果如图 2-20 所示。

在 Activity 中创建一个 Button 按钮，初始显示的文字为“Button”。在 MainActivity 类中声明一个 Button 的对象。

```
public class MainActivity extends AppCompatActivity {
    Button b;
}
```

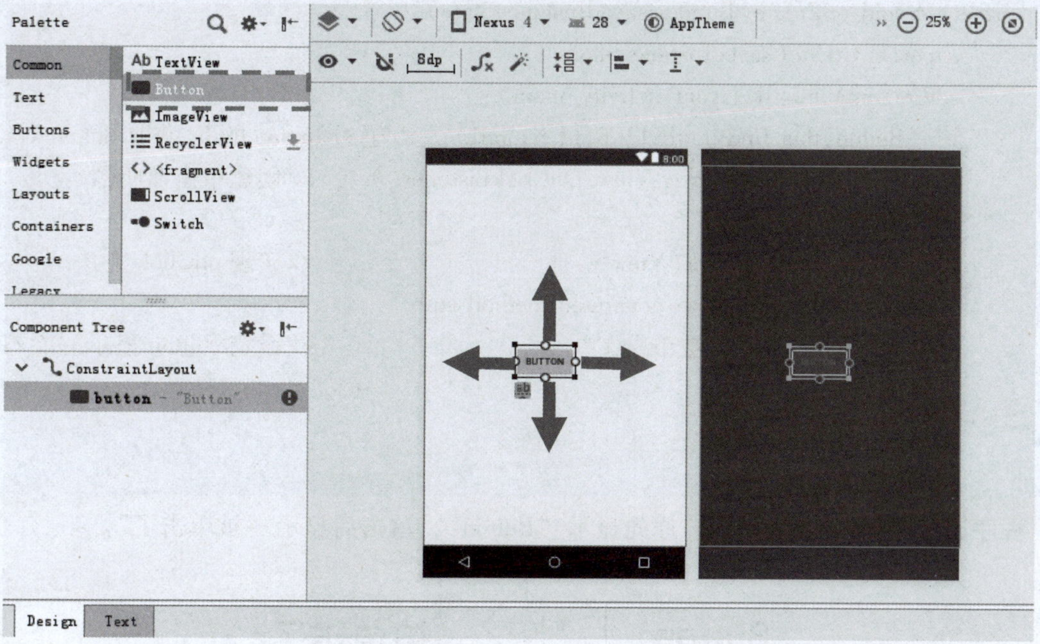

图 2-19　拖放 Button 组件

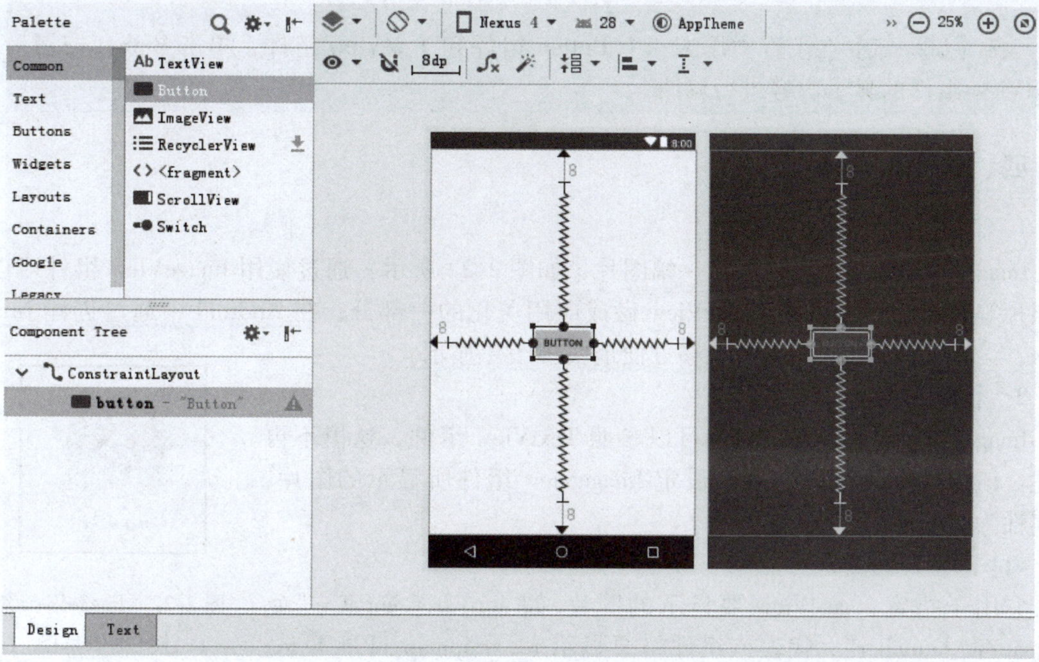

图 2-20　为组件添加约束效果图

然后在 onCreate 方法中创建单击监听器，当按钮被单击后，Button 按钮的文本修改为“被单击了”。

```
protected void onCreate(Bundle savedInstanceState) {
    super.onCreate(savedInstanceState);
    setContentView(R.layout.activity_main);
    b = (Button)this.findViewById(R.id.button1);   //通过 Button 的 ID 获取 Button 对象
    b.setOnClickListener(new View.OnClickListener() {   //创建单击监听器
        @Override
        public void onClick(View v) {                   //实现 onClick 方法
            // TODO Auto-generated method stub
            b.setText("被单击了");                      //设定 Button 显示的文本
        }
    });
}
```

程序运行后如图 2-21 所示，原先显示“Button”，单击后显示“被单击了”。

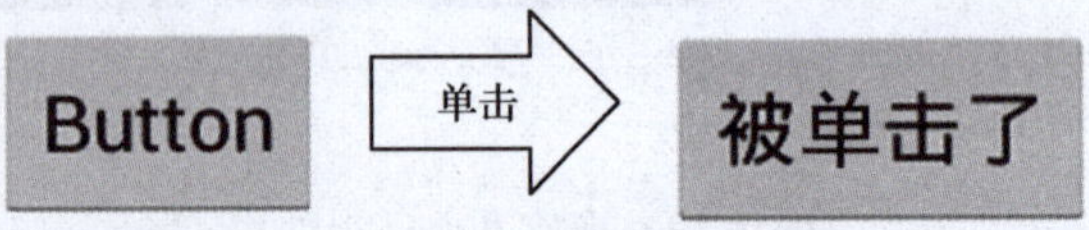

图 2-21　Button 组件运行效果图

【试一试】在工程中添加一个 Button 组件和 TextView 组件，单击 Button 按钮后将 TextView 组件的显示内容进行修改。

四、ImageView 组件

1. 简介

ImageView 组件被用来展示一幅图片，如图 2-22 所示，通过使用 ImageView 组件可以显示照片等素材，也可以将 ImageView 做成应用美化的一部分，在 Android 中通过创建 ImageView，设定其 srcCompat 属性能够方便地实现图片显示。

2. 重要属性

ImageView 组件有许多属性可以参照 TextView 组件，这里不再赘述。该组件有一个属性用于设定 ImageView 组件所显示的图片，该属性为

app:srcCompat

它用于指定 ImageView 要显示的图片，如 app:srcCompat = "@mipmap/ic_launcher"，代表该组件将要显示 res\mipmap 目录下 ic_launcher 这张图片。

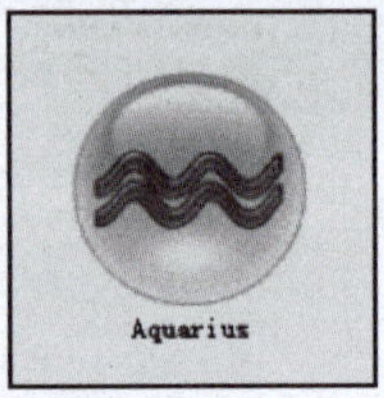

图 2-22　ImageView 组件显示效果图

3. 重要方法

通过修改 XML 属性可以设定 ImageView 显示的图片，但许多应用的图片是可以随着程序的运行而更新的，比如本任务的星座查询工具，用户单击【查询】按钮会根据输入的生

日显示所属星座的图片，此时仅仅通过 XML 属性就不能够完成，需要调用方法才能动态地更新图片。

（1）public void setImageResource(int resId)

功能：设定 ImageView 将显示的图片。

参数：resid 为图片资源的 ID，如 R. drawable. pic。

示例：

```
ImageView img = (ImageView)this.findViewById(R.id.imageView1);
img.setImageResource(R.drawable.stars);
```

（2）public void setImageBitmap(Bitmap bm)

功能：设定 ImageView 将显示的图片。

参数：bm 为位图对象。

4. 使用范例

创建一个应用，有两个 ImageView 组件，其中一个组件显示一幅图片，而另外一个 ImageView 将等比例缩放该图片。

首先，创建第一个 ImageView 组件，创建之前需要先准备好图片，将图片“stars. png”直接复制到工程的 res\drawable 文件夹中，然后会弹出一个如图 2-23 所示的对话框，单击【OK】按钮。此后在工程的 res\drawable 文件夹目录下将会出现一个 stars. png 的图片，如图 2-24 所示。最后系统会自动在 R. java 中添加一个以图片文件名为变量名的整型变量 R. drawable. stars，以后就可以通过这个 ID 来访问图片了。

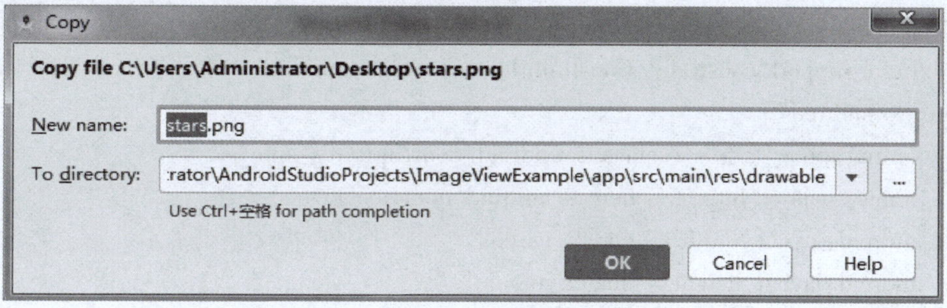

图 2-23　drawable 资源复制对话框

图 2-24　drawable 资源图片导入后效果

有了图片资源后，将 ImageView 组件拖到图形设计视图上，会弹出如图 2-25 所示的窗口，单击窗口中 Project 左侧的箭头，然后在下方列表中选择 stars 这个图片后单击【OK】，这样就完成了第一个 ImageView 组件的创建。然后要为组件添加上边和左边的约束，添加约束的方法与前面相同，这样组件将位于布局界面的左上角。用同样的方法可以创建第二个 ImageView 组件，将第二个 ImageView 组件的上方约束控点拖动到第一个 ImageView 组件下方的约束控点，这样第二个 ImageView 组件将位于第一个 ImageView 组件的下面。

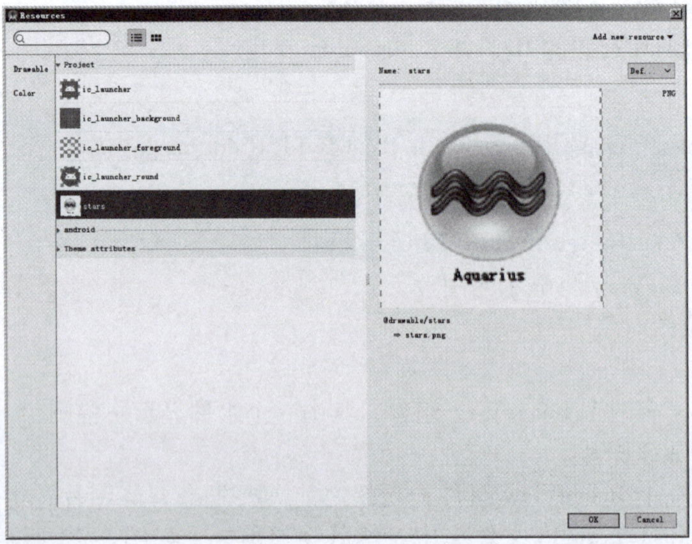

图 2-25　创建 ImageView 组件

创建完两个 ImageView 组件后，默认的 ID 应该分别为 R.id.imageView1 和 R.id.imageView2，XML 文件内容如下：

```
<?xml version="1.0" encoding="utf-8"?>
<android.support.constraint.ConstraintLayout xmlns:android="http://schemas.android.com/apk/res/android"
    xmlns:app="http://schemas.android.com/apk/res-auto"
    xmlns:tools="http://schemas.android.com/tools"
    android:layout_width="match_parent"
    android:layout_height="match_parent"
    android:paddingBottom="@dimen/activity_vertical_margin"
    android:paddingLeft="@dimen/activity_horizontal_margin"
    android:paddingRight="@dimen/activity_horizontal_margin"
    android:paddingTop="@dimen/activity_vertical_margin"
    tools:context=".MainActivity" >
    android:id="@+id/relativeLayout" >

    <ImageView
        android:id="@+id/imageView1"
        android:layout_width="wrap_content"
        android:layout_height="wrap_content"
```

```
        app:srcCompat = "@drawable/stars"
        app:layout_constraintTop_toTopOf = "parent"
        app:layout_constraintLeft_toLeftOf = "parent" />

    <ImageView
        android:id = "@+id/imageView2"
        android:layout_width = "wrap_content"
        android:layout_height = "wrap_content"
        android:srcCompat = "@drawable/stars"
        app:layout_constraintTop_toBottomOf = "@+id/imageView1"
        app:layout_constraintLeft_toLeftOf = "@+id/imageView1"
</android.support.constraint.ConstraintLayout>
```

ImageView1 目前已经能够显示一幅图片了，而 ImageView2 需要等比例显示 ImageView1 的图片，还需要在 onCreate 方法中添加以下处理。

```
protected void onCreate(Bundle savedInstanceState) {
    super.onCreate(savedInstanceState);
    setContentView(R.layout.activity_main);
    //从资源文件获得 Bitmap 对象
    Bitmap pic = BitmapFactory.decodeResource(getResources(),R.drawable.stars);
    //查询 Bitmap 的宽和高
    int w = pic.getWidth();
    int h = pic.getHeight();
    //缩放图片
    Bitmap scaled = Bitmap.createScaledBitmap(pic,200,200 * h/w,false);
    //获取 ImageView2 组件的对象
    ImageView image = (ImageView)findViewById(R.id.imageView2);
    //ImageView2 显示等比例缩放的图片
    image.setImageBitmap(scaled);
}
```

代码中首先通过 BitmapFactory 类的 decodeResource 方法从 R.drawable.stars 资源中获取了位图的信息，并保存在 pic 变量中，然后通过 pic 的 getWidth 和 getHeight 方法获取位图的宽度和高度。接着通过 Bitmap 类的 createScaledBitmap 方法创建了一个缩放的图片 scaled，该缩放图片的宽度为 200，高度则是通过计算获得的等比例高度。最后获取 ImageView2 组件的对象 image，通过调用 setImageBitmap 方法让其显示这张缩放的图片，程序的运行效果如图 2-26 所示。

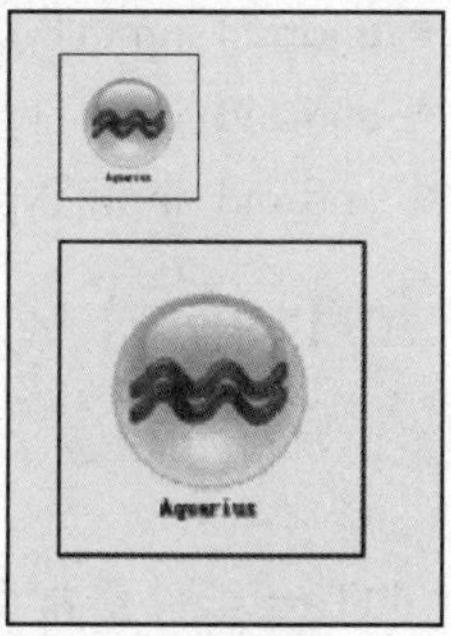

图 2-26　等比例缩放图片

【提示】图片文件名只能包含小写字母（a ~ z）、数字（0 ~ 9）、下划线（_ ）、点（. ）这些字符，所以不能出现大写字母、中文和其他标点，否则添加图片进行刷新后 Build 窗口会出现错误提示。而且图片的名称要以小写字母开头，如果以数字开头，系统自动产生资源 ID 时也会产生错误。

【试一试】在工程中添加一个 ImageView 组件和 Button 按钮，单击 Button 按钮后让 ImageView 显示一张照片。

五、EditText 组件

1. 简介

EditText 是一个非常重要的组件，可以说它是用户和 Android 应用进行数据交互的窗户，有了它用户就可以输入数据，然后 Android 应用就可以得到用户输入的数据，如图 2-27 所示。EditText 是 TextView 的子类，所以 TextView 的属性和方法同样存在于 EditText 中。

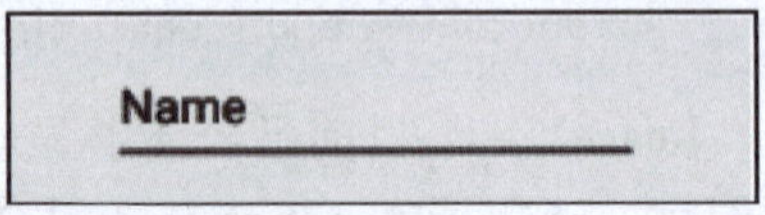

图 2-27　EditText 组件显示效果图

2. 重要属性

EditText 组件的多个属性也可以参照 TextView 组件，而 EditText 与 TextView 的不同之处在于 EditText 是用于用户输入数据的，下面介绍该组件的 inputType 属性：

android:inputType

这是父类 TextView 的属性，inputType 属性会影响 EditText 输入值时启动的虚拟键盘的类型，该属性有非常多的设定值，下面介绍其中常用的几个。

- android:inputType = "none"：无特别限定。
- android:inputType = "text"：输入普通字符。
- android:inputType = "textUri"：URI 格式。
- android:inputType = "textEmailAddress"：电子邮件地址格式。
- android:inputType = "textPassword"：密码格式。
- android:inputType = "number"：数字格式。
- android:inputType = "numberSigned"：有符号数字格式。
- android:inputType = "numberDecimal"：可以带小数点的浮点格式。
- android:inputType = "phone"：拨号键盘。
- android:inputType = "datetime"：日期、时间键盘。
- android:inputType = "date"：日期键盘。
- android:inputType = "time"：时间键盘。

【试一试】试试 inputType 的各种值，运行后看看不同值所启动的虚拟键盘有什么不同。

3. 重要方法

EditText 组件最常用的方法就是获取用户输入的信息，下面介绍用于获取用户输入的方法 getText()。

public Editable getText( )

功能：获得 EditText 组件中用户输入的信息。

返回值：内容字符串。

示例：

```
EditText t = (EditText)this.findViewById(R.id.editText1); //根据 ID 获得组件对象
String str = t.getText().toString();//获得信息后,通过 toString 将其转为 String 类型
```

4. 使用范例

创建一个应用，含有一个 EditText、一个 TextView、一个 Button。单击 Button 后，获取 EditText 的输入内容，将该输入内容显示在 TextView 组件上。

首先创建工程，将三个组件拖放在图形设计视图上并为组件设置适当的约束，最终的 XML 布局文件如下：

```
<?xml version="1.0" encoding="utf-8"?>
<android.support.constraint.ConstraintLayout xmlns:android="http://schemas.android.com/apk/res/android"
    xmlns:app="http://schemas.android.com/apk/res-auto"
    xmlns:tools="http://schemas.android.com/tools"
    android:layout_width="match_parent"
    android:layout_height="match_parent"
    android:paddingBottom="@dimen/activity_vertical_margin"
    android:paddingLeft="@dimen/activity_horizontal_margin"
    android:paddingRight="@dimen/activity_horizontal_margin"
    android:paddingTop="@dimen/activity_vertical_margin"
    tools:context=".MainActivity"
    android:id="@+id/relativeLayout2">
    <EditText
        android:id="@+id/editText1"
        android:layout_width="wrap_content"
        android:layout_height="wrap_content"
        android:hint="请输入文字"
        android:inputType="text"
        android:ems="10"
        app:layout_constraintTop_toTopOf="parent"
        app:layout_constraintLeft_toLeftOf="parent">
        <requestFocus />
    </EditText>
    <Button
        android:id="@+id/button1"
```

```
        android:layout_width = "wrap_content"
        android:layout_height = "wrap_content"
        android:text = "Button"
        app:layout_constraintTop_toBottomOf = "@ + id/editText1"
        app:layout_constraintLeft_toLeftOf = "@ + id/editText1" />
    <TextView
        android:id = "@ + id/textView1"
        android:layout_width = "wrap_content"
        android:layout_height = "wrap_content"
        android:text = "Large Text"
        android:textAppearance = "?android:attr/textAppearanceLarge"
        app:layout_constraintTop_toBottomOf = "@ + id/button1"
        app:layout_constraintLeft_toLeftOf = "@ + id/button1" />
</android.support.constraint.ConstraintLayout>
```

在 MainActivity 类中声明三个组件的对象：

```
public class MainActivity extends AppCompatActivity{
    Button btn;
    TextView text;
    EditText edit;
    …
}
```

然后在 onCreate 方法中实现功能：

```
    protected void onCreate(Bundle savedInstanceState) {
        super.onCreate(savedInstanceState);
        setContentView(R.layout.activity_main);

        text = (TextView)this.findViewById(R.id.textView1);
        edit = (EditText)this.findViewById(R.id.editText1);
        btn = (Button)this.findViewById(R.id.button1);
        btn.setOnClickListener(new View.OnClickListener() {
            @Override
            public void onClick(View v) {
                // TODO Auto-generated method stub
                String str = edit.getText().toString();
                text.setText(str);
            }
        });
    }
```

该方法中，首先通过 findViewByID 获取三个组件的对象，然后创建 Button 的单击监听器。在 onClick 方法中通过 EditText 的 getText 方法获得用户输入的字符串并保存在 str 变量中，然后通过 TextView 的 setText 方法将 str 设定给 TextView 显示。

完成编码后运行程序，如图 2-28 所示，无论 EditText 中输入什么内容，一旦单击了 Button 按钮，TextView 的内容也会发生变化。

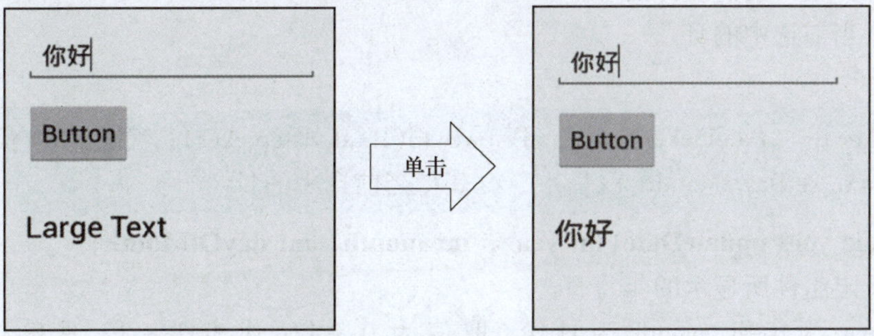

图 2-28　程序效果演示图

六、DatePicker 组件

1. 简介

DatePicker 从英文名称就可以看出来，是一个用来选择日期的组件。如图 2-29 所示，通过选择年、月、日，可以确定一个日期。该组件还提供一个监听器，用于监听用户修改日期的事件。

图 2-29　DatePicker 组件显示效果图

2. 重要属性

(1) android:startYear

定义该组件的起始年份，实际上就是该组件可以选择的最小的年份。

(2) android:endYear

定义该组件的结束年份，实际上就是该组件可以选择的最大的年份。

3. 重要方法

(1) public int getYear( )

功能：获得组件当前选择的年份。

返回值：当前选中的年份。

示例：

```
DatePicker d = (DatePicker)this.findViewById(R.id.datepicker); //根据 ID 获得组件对象
int year = d.getYear();          //获得当前选中的年份
```

(2) public int getMonth( )

功能：获得组件当前选择的月份。

返回值：当前选中的月份（返回值的范围为 0 ~ 11，代表 1 ~ 12 月份）。

示例：

```
DatePicker d = (DatePicker)this.findViewById(R.id.datepicker); //根据 ID 获得组件对象
int month = d.getMonth();                //获得当前选中的月份
```

（3）public int getDayOfMonth( )

功能：获得组件当前选择的日。

返回值：当前选中的日。

示例：

```
DatePicker d = (DatePicker)this.findViewById(R.id.datepicker); //根据 ID 获得组件对象
int day = d.getDayofMonth();               //获得当前选中的日
```

（4）public void updateDate(int year，int month，int dayOfMonth)

功能：设定组件所显示的年月日。

参数：year 为年份，month 为月份（取值为 0 ~ 11，代表 1 ~ 12 月份），dayOfMonth 为日。

示例：

```
DatePicker d = (DatePicker)this.findViewById(R.id.datepicker); //根据 ID 获得组件对象
d.updateDate(2018,8,21);               //设定组件显示指定的日期
```

**（5）public void init(int year,int monthOfYear,int dayOfMonth,
DatePicker.OnDateChangedListener onDateChangedListener)**

功能：初始化该组件的日期，并设定日期变化监听器。

参数：year 为年份，monthOfYear 为月份，dayOfMonth 为日，OnDateChangedListener 为日期变化监听器。

说明：该方法的第 4 个参数是用来监听组件的日期被用户修改的监听器，这一内容将在监听器中进行讲解。

4. 监听器

前面介绍了 Button 组件的单击监听器，DatePicker 是一个给用户选择日期的组件，当用户选择了日期，也就是组件上日期被修改的时候，需要及时进行处理，所以 DatePicker 组件提供了一个日期变化的监听器，该监听器为

DatePicker.OnDateChangedListener

功能：用于监听该组件所显示日期被修改的事件。

说明：DatePicker.OnDateChangedListener 是一个接口，抽象方法为 onDateChanged(DatePicker view，int year，int monthOfYear，int dayOfMonth)，这个抽象方法的四个参数有各自的含义，view 代表用户操作的那个 DatePicker 组件的对象，year 为当前选择的年份，monthOfYear 为当前选择的月份，dayOfMonth 为当前选择的日。

示例：与 Button 按钮的单击监听器设定方法不同的是，该组件的监听器是在 init 方法中一起设定的，所以需要一同指定年月日。

```
DatePickerdatePicker = (DatePicker) findViewById(R.id.datepicker);//获得组件的对象
//初始化组件的年月日(2018 年 11 月 1 日),并设定日期变化监听器
//当用户修改日期时,onDateChanged()被调用
datePicker.init(2018,10,1,new DatePicker.OnDateChangedListener()
{
    public void onDateChanged(DatePicker view,int year,
    int monthOfYear,int dayOfMonth)
        {
        //填写日期被修改后的处理
        }
});
```

5. 使用范例

下面将介绍另外一个与时间有关的组件 TimePicker，之后一起进行范例的练习。

七、TimePicker 组件

1. 简介

DatePicker 组件是用来选择日期的，TimePicker 组件则是用来选择时间的，两者常常配合起来使用。TimePicker 也提供一个监听器，可以监视用户修改时间的事件，如图 2-30 所示。

图 2-30　TimePicker 组件显示效果图

2. 重要方法

（1）public int getHour( )

功能：获得组件当前选择的小时。

返回值：当前选中的小时。

示例：

```
TimePickert = (TimePicker) this.findViewById(R.id.timepicker); //根据 ID 获得组件对象
int hour = t.getHour();          //获得当前选中的小时
```

（2）public int getMinute( )

功能：获得组件当前选择的分钟。

返回值：当前选中的分钟。

示例：

```
TimePicker t = (TimePicker)this.findViewById(R.id.timepicker); //根据 ID 获得组件对象
int min = t.getMinute();          //获得当前选中的分钟
```

（3）public void setHour （int hour）

功能：设定组件当前显示的小时。

参数：hour 为需要设定的小时。

示例：

```
TimePicker t = (TimePicker)this. findViewById(R. id. timepicker); //根据 ID 获得组件对象
t. setHour(9);//获得当前显示的小时为 9 小时
```

（4）public void setMinute(int minute)

功能：设定组件当前显示的分钟。

参数：minute 为需要设定的分钟。

示例：

```
TimePicker t = (TimePicker)this. findViewById(R. id. timepicker); //根据 ID 获得组件对象
t. setMinute(59);//获得当前分钟为 59 分钟
```

（5）public void setIs24HourView(boolean is24HourView)

功能：设定组件是否采用 24 小时制来显示。

返回值：false 代表采用 12 小时制，如图 2-31 所示，会有一个 am（上午）和 pm（下午）的选项。true 代表采用 24 小时制，则没有 am 和 pm 的选项，如图 2-32 所示。

图 2-31　12 小时制的 TimePicker 组件

图 2-32　24 小时制的 TimePicker 组件

示例：

```
TimePicker t = (TimePicker)this. findViewById(R. id. timepicker); //根据 ID 获得组件对象
t. setIs24HourView(true);           //组件采用 24 小时制
```

3. 监听器

和 DatePicker 类似，TimePicker 是给用户选择时间的，意味着经常需要监听用户修改时间的事件，所以该组件也提供了一个时间变化监听器，设定该监听器的方法为

public void setOnTimeChangedListener(
　TimePicker. OnTimeChangedListener onTimeChangedListener)

功能：用于监听该组件所显示时间被修改的事件，使用 TimePicker 类的 setOnTimeChangedListener()方法设定监听器。

说明：TimePicker. OnTimeChangedListener 是一个接口，抽象方法为 onTimeChanged (TimePicker view，int hourOfDay，int minute)，这个抽象方法的三个参数的含义为：view 代

表用户操作的那个 TimePicker 组件的对象，hourOfDay 为当前选择的小时，minute 为当前选择的分钟。

示例：与 DatePicker 不同的是，TimePicker 可以直接通过 setOnTimeChangedListener 方法设定监听器，而不需要同时进行时间的初始化。

```
TimePickertimePicker = (TimePicker)findViewById(R.id.timepicker);//获得组件的对象
//当用户修改时间时,OnTime Changed()被调用
timePicker.setOnTimeChangedListener(new TimePicker.OnTimeChangedListener() {
public void onTimeChanged(TimePicker view,int hourOfDay,int minute) {
    //填写时间被修改后的处理
    }
});
```

4. 使用范例

下面将创建一个 Android 应用，由 DatePicker、TimePicker、TextView 组件组成。运行程序后 DatePicker 显示系统当前的年月日，TimePicker 显示系统当前的时间，TextView 则通过文字的方式显示 DatePicker 和 TimePicker 当前所表示的年月日时分。当用户修改了 DatePicker 和 TimePicker 后，TextView 组件也会立即更新显示。

创建 Android 工程，含有一个 MainActivity，该 Activity 的 XML 布局文件如下，从上向下包含 TextView、DatePicker、TimePicker 三个组件，并且由于内容过多，一屏显示不全，所以使用了滚动视图 ScrollView。

```
<?xml version="1.0" encoding="utf-8"?>
<ScrollView xmlns:android="http://schemas.android.com/apk/res/android"
    xmlns:app="http://schemas.android.com/apk/res-auto"
    xmlns:tools="http://schemas.android.com/tools"
    android:id="@+id/ScrollView1"
    android:layout_width="match_parent"
    android:layout_height="match_parent"
    android:paddingBottom="@dimen/activity_vertical_margin"
    android:paddingLeft="@dimen/activity_horizontal_margin"
    android:paddingRight="@dimen/activity_horizontal_margin"
    android:paddingTop="@dimen/activity_vertical_margin"
    tools:context=".MainActivity" >
    <android.support.constraint.ConstraintLayout
        android:layout_width="match_parent"
        android:layout_height="match_parent" >
        <TextView
            android:id="@+id/textView1"
            android:layout_width="wrap_content"
            android:layout_height="wrap_content"
```

```
            android:text = "Large Text"
            android:textAppearance = "?android:attr/textAppearanceLarge"
            app:layout_constraintLeft_toLeftOf = "parent"
            app:layout_constraintTop_toTopOf = "parent"/>
        <DatePicker
            android:id = "@+id/datePicker1"
            android:layout_width = "wrap_content"
            android:layout_height = "wrap_content"
            android:endYear = "2015"
            android:startYear = "1970"
            android:calendarViewShown = "false"
            app:layout_constraintLeft_toLeftOf = "parent"
            app:layout_constraintTop_toBottomOf = "@+id/textView1"/>
        <TimePicker
            android:id = "@+id/timePicker1"
            android:layout_width = "wrap_content"
            android:layout_height = "wrap_content"
            app:layout_constraintLeft_toLeftOf = "parent"
            app:layout_constraintTop_toBottomOf = "@+id/datePicker1"/>
    </android.support.constraint.ConstraintLayout>
</ScrollView>
```

在 MainActivity 类中声明三个组件的对象：

```
public class MainActivity extends AppCompatActivity {
    DatePicker datePicker;
    TimePicker timePicker;
    TextView textView;
    …
}
```

由于程序一运行就要显示当前的年月日，所以在 MainActivity 类的 onCreate 方法中添加日期的初始化代码，在获取了当前年月日和时间后，对 DatePicker 和 TimePicker 进行设定。由于 TextView 也需要同步更新，所以调用了一个自定义的 updateTextView 的方法。特别需要注意的是，为了在用户修改了 DatePicker 和 TimePicker 时，能够及时更新 TextView 的显示，在 DatePicker 和 TimerPicker 的监听器中调用了 updateTextView 方法。

```
@Override
protected void onCreate(Bundle savedInstanceState) {
    super.onCreate(savedInstanceState);
    setContentView(R.layout.activity_main);
    datepicker = (DatePicker)this.findViewById(R.id.datePicker1);
```

```
        timepicker = (TimePicker)this.findViewById(R.id.timePicker1);
        textview = (TextView)this.findViewById(R.id.textView1);
        Calendar calendar = Calendar.getInstance();              //获取系统的日历
        int year = calendar.get(Calendar.YEAR);                  //根据日历获取当前的年份
        int month = calendar.get(Calendar.MONTH);                //根据日历获取当前的月份
        int day = calendar.get(Calendar.DAY_OF_MONTH);  //根据日历获取当前的日
        int hour = calendar.get(Calendar.HOUR);
        int minute = calendar.get(Calendar.MINUTE);              //获取当前时间
        datepicker.init(year, month, day, new DatePicker.OnDateChangedListener() {
            @Override
            public void onDateChanged(DatePicker view, int year, int monthOfYear,int dayOfMonth) {
                updateTextView();
            }
        });
        timepicker.setIs24HourView(false);
        timepicker.setCurrentHour(hour);
        timepicker.setCurrentMinute(minute);
        timepicker.setOnTimeChangedListener(new TimePicker.OnTimeChangedListener() {
            @Override
            public void onTimeChanged(TimePicker view, int hourOfDay, int minute) {
                updateTextView();
            }
        });
        updateTextView();
    }
```

updateTextView 的方法实际上非常简单，就是获取当前 DatePicker 和 TimePicker 所选择的日期和时间，然后通过字符串的处理后，显示在 TextView 组件上。

```
    public void updateTextView() {
        String str_hour = "", str_minute = "";
        int year = datepicker.getYear();
        int month = datepicker.getMonth() + 1;
        int day = datepicker.getDayOfMonth();
        int hour = timepicker.getHour();
        if(hour >= 12) hour = hour - 12;
        if(hour < 10) str_hour = "0" + hour;
        else str_hour = hour + "";
        int minute = timepicker.getMinute();
        if(minute < 10) str_minute = "0" + minute;
```

```
else str_minute = minute + "";
String str = Integer.toString(year) + "/" + Integer.toString(month) + "/" + Inte-
        ger.toString(day) + "     " + str_hour + ":" + str_minute;
textview.setText(str);
}
```

如图 2-33 所示，程序一运行就会出现当前的日期和时间，当用户修改了日期或时间后，TextView 组件也会及时更新显示。注意：该应用没有实现监视系统时间的功能，所以当系统时间发生变化时，组件不会显示最新的时间。

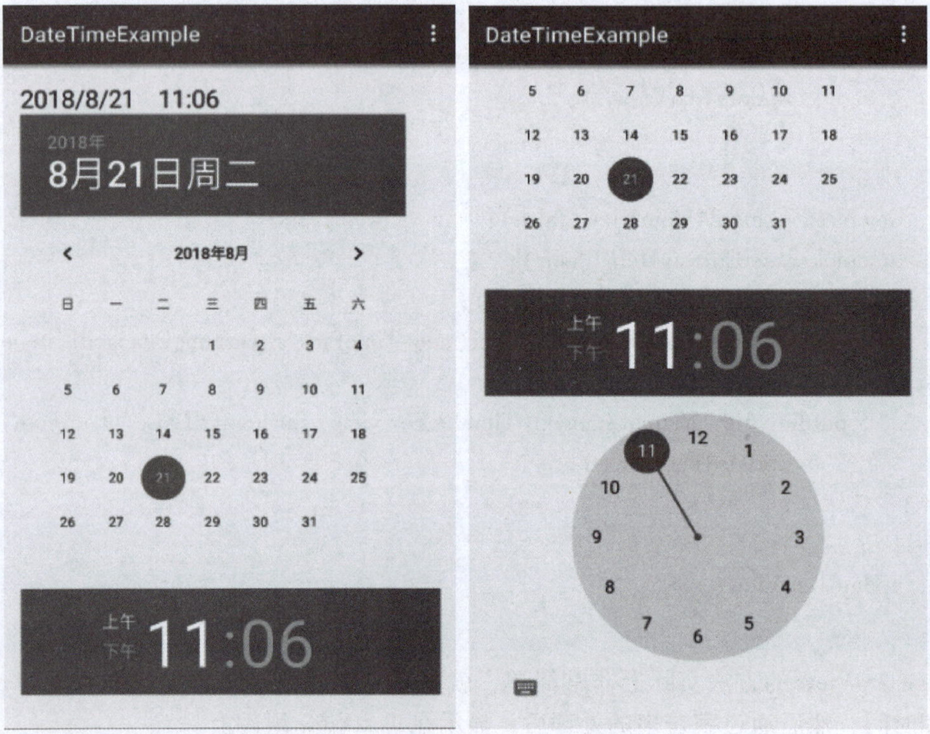

图 2-33 时间显示程序的运行效果

八、布局

学习了多种组件后，如何将这些组件美观地排放，就需要用到布局。有人将布局比喻为建筑里的框架，把组件比喻为建筑里的砖瓦。组件要按照布局的要求依次排列，组成了用户所看见的界面。现在，Android 推荐使用的是 ConstraintLayout（约束布局），其他的有以前经常使用的 FrameLayout（框架布局）、LinearLayout（线性布局）、AbsoluteLayout（绝对布局）、RelativeLayout（相对布局）和 TableLayout（表格布局）等，使用约束布局都可以实现相应的效果，故这里主要介绍约束布局。

1. ConstraintLayout（约束布局）

自从 Android Studio 2.3 开始，创建 Activity 时使用的默认布局就是 ConstraintLayout。它主要解决了传统布局存在的两个问题：

- 传统布局不适于进行可视化操作，主要通过编写 XML 布局文件进行。
- 传统布局 XML 文件嵌套层次过多，容易导致文件结构不清晰。

ConstraintLayout 通过为组件设置 Constraint（约束）来定位组件的位置，因此不需要多层次的嵌套。该布局提供了许多属性来控制组件的位置和对齐方式，灵活使用这些属性，可以实现需要的布局效果。

- 相对定位属性：
  - app:layout_constraintLeft_toLeftOf：将组件的左边界约束到参照组件的左边界，也就是组件与参照组件左对齐，如 app：layout_constraintLeft_toLeftOf = "parent" 或者 app:layout_constraintLeft_toLeftOf = "@ id/button01"，前者表示组件左边界与父组件左边界对齐，而后者表示组件左边界与 id 为 button01 的组件左边界对齐。
  - app:layout_constraintLeft_toRightOf：将组件的左边界约束到参照组件的右边界，即组件位于参照组件的右边。
  - app:layout_constraintRight_toLeftOf：将组件的右边界约束到参照组件的左边界，即组件位于参照组件的左边。
  - app:layout_constraintRight_toRightOf：将组件的右边界约束到参照组件的右边界，即组件与参照组件右对齐。
  - app:layout_constraintTop_toTopOf：将组件上边界约束到参照组件的上边界，即组件与参照组件上边界对齐。
  - app:layout_constraintTop_toBottomOf：将组件的上边界约束到参照组件的下边界，即组件位于参照组件的下边。
  - app:layout_constraintBottom_toTopOf：将组件的下边界约束到参照组件的上边界，即组件位于参照组件的上边。
  - app:layout_constraintBottom_toBottomOf：将组件下边界约束到参照组件的下边界，即组件与参照组件下边界对齐。
  - app:layout_constraintBaseline_toBaselineOf：将组件的基线约束到参照组件的基线，即组件与参照组件基线对齐。
  - app:layout_constraintStart_toStartOf：将组件的开始边界约束到参照组件的开始边界，即组件与参照组件开始边界对齐。
  - app:layout_constraintStart_toEndOf：将组件的开始边界约束到参照组件的结束边界，即组件位于参照组件结束边界一侧。
  - app:layout_constraintEnd_toStartOf：将组件的结束边界约束到参照组件的开始边界，即组件位于参照组件开始边界一侧。
  - app:layout_constraintEnd_toEndOf：将组件的结束边界约束到参照组件的结束边界，即组件与参照组件结束边界对齐。

为了适应书写方向从右至左的文本，一般定义组件的水平约束时使用上面最后的四个属性，最前面的四个属性仅适用于书写方向从左至右的文本，尽管这是目前大多数文字的书写方向。

组件之间的距离使用间距属性来定义。

- 间距属性：
  - android:layout_marginLeft：定义组件的左边距。
  - android:layout_marginRight：定义组件的右边距。
  - android:layout_marginTop：定义组件的上边距。
  - android:layout_marginBottom：定义组件的下边距。
  - android:layout_marginStart：定义组件的开始端边距。
  - android:layout_marginEnd：定义组件的结束端边距。

上面的属性中都没有出现与居中相关的属性，那么在约束布局中如何实现组件的水平或垂直居中，或是全居中？对于水平方向居中，只需要将组件的左右边界约束到父布局的左右边界即可。垂直方向居中，只需要将组件的上下边界约束到父布局的上下边界即可，那么对于全居中，则需要将组件的上下左右四个边界全部约束到父布局相应的边界上就可以了，其代码如下：

```
<TextView
    android:id = "@ + id/textView"
    android:layout_width = "wrap_content"
    android:layout_height = "wrap_content"
    android:text = "TextView"
    app:layout_constraintTop_toTopOf = "parent"
    app:layout_constraintRight_toRightOf = "parent"
    app:layout_constraintBottom_toBottomOf = "parent"
    app:layout_constraintLeft_toLeftOf = "parent" />
```

下面是一个用约束布局实现垂直线性布局的例子。

```
<?xml version = "1.0" encoding = "utf-8"?>
<android.support.constraint.ConstraintLayout xmlns:android = "http://schemas.android.com/apk/res/android"
    xmlns:app = http://schemas.android.com/apk/res-auto xmlns:tools = "http://schemas.android.com/tools"
    android:layout_width = "match_parent"
    android:layout_height = "match_parent"
    tools:context = ".MainActivity" >
    <TextView
        android:id = "@ + id/textView1"
        android:layout_width = "wrap_content"
        android:layout_height = "wrap_content"
        android:text = "Large Text"
        app:layout_constraintTop_toTopOf = "parent"
        app:layout_constraintLeft_toLeftOf = "parent"/>
    <Button
```

```
        android:id="@+id/button1"
        android:layout_width="match_parent"
        android:layout_height="137dp"
        android:layout_marginTop="8dp"
        android:text="Button"
        app:layout_constraintTop_toBottomOf="@+id/textView1"
        app:layout_constraintLeft_toLeftOf="parent"/>
    <TimePicker
        android:id="@+id/timePicker1"
        android:layout_width="wrap_content"
        android:layout_height="wrap_content"
        android:layout_marginTop="8dp"
        app:layout_constraintTop_toBottomOf="@+id/button1"
        app:layout_constraintLeft_toLeftOf="parent" />
    <Button
        android:id="@+id/button2"
        android:layout_width="190dp"
        android:layout_height="178dp"
        android:text="Button"
        app:layout_constraintTop_toBottomOf="@+id/timePicker1"
        app:layout_constraintLeft_toLeftOf="parent"/>
</android.support.constraint.ConstraintLayout>
```

上面的约束布局的效果如图2-34所示，其实就是一个垂直线性布局的效果。分析代码可以发现，为了实现这样的效果，将布局内每个组件的左边界都约束到了父布局的左边界，然后最上面那个组件的上边界约束到了父布局的上边界，其余组件的上边界都约束到了它上面的那个组件的下边界，这就实现了垂直线性布局的效果。所以使用约束布局是非常灵活的，不用多层次嵌套，只需要设置每个组件的约束属性就可以达到想要的效果。

图2-34　约束布局实现线性布局

2. FrameLayout（框架布局）

FrameLayout是最简单的一个布局，在这个布局中，整个界面被当成一块空白区域，所有的子组件都不能被指定位置，它们都放置在该区域的左上角，并且后面的子组件直接覆盖在前面的子组件之上，将前面的子组件部分或全部遮挡。

```
<FrameLayout xmlns:android="http://schemas.android.com/apk/res/android"
    xmlns:tools="http://schemas.android.com/tools"
    android:id="@+id/FrameLayout1"
    android:layout_width="match_parent"
    android:layout_height="match_parent"
    tools:context=".MainActivity" >
    <Button
        android:id="@+id/button1"
        android:layout_width="212dp"
        android:layout_height="117dp"
        android:text="Button1" />
    <Button
        android:id="@+id/button2"
        style="?android:attr/buttonStyleSmall"
        android:layout_width="wrap_content"
        android:layout_height="wrap_content"
        android:text="Button2" />
</FrameLayout>
```

如图 2-35 所示，框架布局内有两个组件分别是 Button1 和 Button2，Button1 声明在前，而 Button2 声明在后，后面的 Button2 会覆盖 Button1 的部分区域。

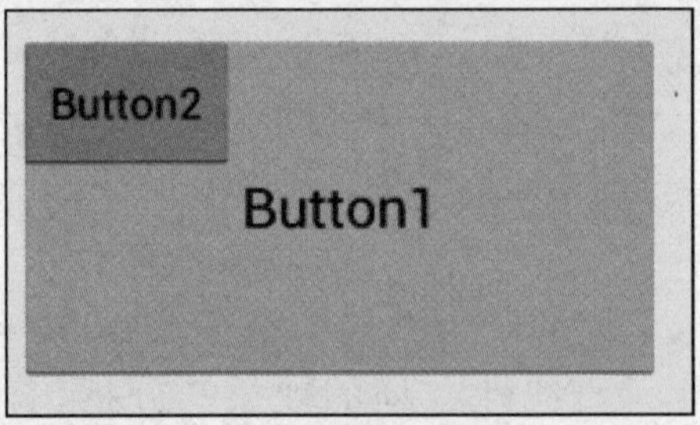

图 2-35　框架布局

3. LinearLayout（线性布局）

LinearLayout 线性地排列子组件，每一个子组件都位于前一个组件之后，线性布局有两个方向即垂直或者水平。用来控制线性布局方向的是 android:orientation 属性，其值为 horizontal 代表水平，vertical 代表垂直。

```
<LinearLayout xmlns:android="http://schemas.android.com/apk/res/android"
    xmlns:tools="http://schemas.android.com/tools"
    android:id="@+id/LinearLayout1"
    android:layout_width="match_parent"
    android:layout_height="match_parent"
    android:orientation="vertical"
    tools:context=".MainActivity" >
    <Button
        android:id="@+id/button1"
        android:layout_width="212dp"
```

```
            android:layout_height = "117dp"
            android:text = "Button1" />
        <Button
            android:id = "@+id/button2"
            style = "? android:attr/buttonStyleSmall"
            android:layout_width = "wrap_content"
            android:layout_height = "wrap_content"
            android:text = "Button2" />
    </LinearLayout>
```

上面的 XML 布局就是垂直方向的线性布局，所有组件从上向下排列互不遮挡，如图 2-36 所示，Button1 和 Button2 从上到下依次排开。

如果将刚才的 XML 文件中线性布局的 android:orientation 属性修改为“horizontal”，马上就变为了水平线性布局，运行后显示效果如图 2-37 所示。

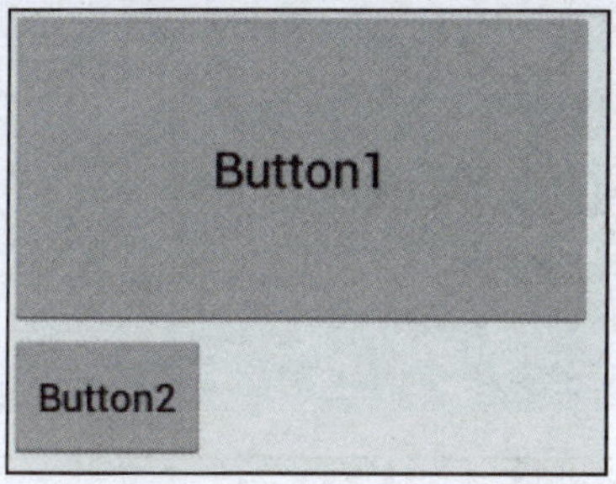

图 2-36　垂直线性布局

图 2-37　水平线性布局

4. AbsoluteLayout（绝对布局）

绝对布局中子组件的位置，由子组件的 android:layout_x 和 android:layout_y 属性决定。如图 2-38 所示，屏幕左上角为坐标原点（0，0），第一个 0 代表 x 坐标，向右移动此值增大，第二个 0 代表 y 坐标，向下移动此值增大。在此布局中的子组件可以相互重叠，并且组件可以摆放在任意位置。

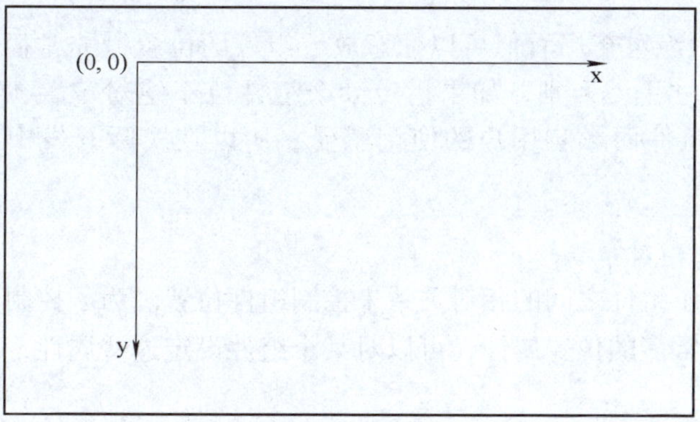

图 2-38　Android 布局的坐标系

```
<AbsoluteLayout xmlns:android="http://schemas.android.com/apk/res/android"
    xmlns:tools="http://schemas.android.com/tools"
    android:id="@+id/AbsoluteLayout1"
    android:layout_width="match_parent"
    android:layout_height="match_parent"
    tools:context=".MainActivity" >
     <Button
         android:id="@+id/button1"
         android:layout_width="212dp"
         android:layout_height="117dp"
         android:text="Button1" />
     <Button
         android:id="@+id/button2"
         android:layout_width="wrap_content"
         android:layout_height="wrap_content"
         android:layout_x="220dp"
         android:layout_y="84dp"
         android:text="Button2" />
</AbsoluteLayout>
```

上面的 XML 文件就是一个绝对布局，该布局中有 Button1 和 Button2 两个组件，两个组件之间没有任何联系，而是通过 android:layout_x 和 android:layout_y 指定其位置，需要说明的是 Button1 组件没有这两个属性，那么意味着它处于坐标系的原点，也就是屏幕的左上角位置，如图 2-39 所示。

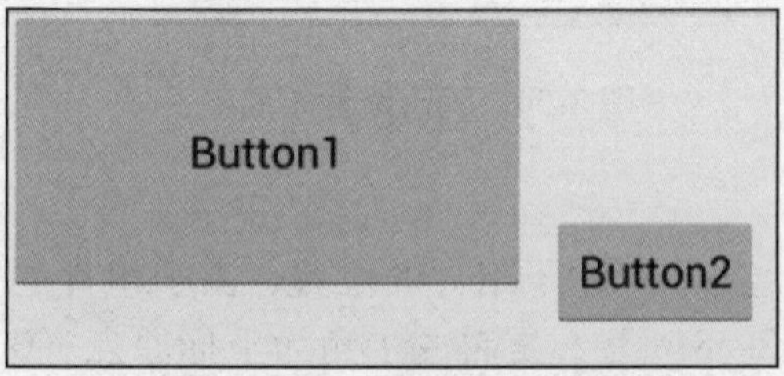

图 2-39　绝对布局

【提示】使用绝对布局看似可以任意放置组件的位置，非常简单方便，但是由于 Android 终端屏幕尺寸千差万别，如果指定某个组件位于绝对位置，很可能在屏幕较小的终端上看不到该组件而影响用户的使用感受，所以在实际开发中，通常不采用绝对布局。

5. RelativeLayout(相对布局)

相对布局按照各子组件之间的相对关系来控制组件位置。为了控制子组件之间的相互关系，该布局提供了非常多的位置属性，可以对某个组件设定这些属性，从而控制该组件的相对位置。

- 与引用组件的位置关系，该属性的值是所引用的组件 ID。
  - ■ android:layout_toLeftOf：该组件位于引用组件的左方，如 android:layout_toLeftOf

="@id/text_01",代表的是该组件将位于 text_01 组件的左侧。

■ android:layout_toRightOf：该组件位于引用组件的右方。

■ android:layout_above：该组件位于引用组件的上方。

■ android:layout_below：该组件位于引用组件的下方。

● 与引用组件的对齐关系，该属性的值是所引用的组件 ID。

■ android:layout_alignLeft：该组件与引用组件左侧对齐，如 android:layout_alignLeft ="@id/text_01"，代表的是该组件将与 text_01 组件的左侧对齐。

■ android:layout_alignRight：该组件与引用组件右侧对齐。

■ android:layout_alignTop：该组件与引用组件上方对齐。

■ android:layout_alignBottom：该组件与引用组件下方对齐。

■ android:layout_alignBaseline：该组件与引用组件基线对齐。

● 与父组件的位置关系，该属性的值为 true 和 false。

■ android:layout_alignParentLeft：该组件与父组件左侧对齐，如 android:layout_alignParentLeft =" true" 代表的是该组件将与父组件左侧对齐。

■ android:layout_alignParentRight：该组件与父组件右侧对齐。

■ android:layout_alignParentTop：该组件与父组件上方对齐。

■ android:layout_alignParentBottom：该组件与父组件下方对齐。

■ android:layout_centerInParent：该组件是否相对于父组件居中。

■ android:layout_centerHorizontal：该组件是否横向居中。

■ android:layout_centerVertical：该组件是否垂直居中。

```
<RelativeLayout xmlns:android="http://schemas.android.com/apk/res/android"
    xmlns:tools="http://schemas.android.com/tools"
    android:id="@+id/RelativeLayout1"
    android:layout_width="match_parent"
    android:layout_height="match_parent"
    tools:context=".MainActivity" >
    <TextView
        android:id="@+id/label"
        android:layout_width="fill_parent"
        android:layout_height="wrap_content"
        android:text="请输入信息" />
    <EditText
        android:id="@+id/entry"
        android:layout_width="fill_parent"
        android:layout_height="wrap_content"
        android:layout_below="@id/label" />
    <Button
```

```
            android:id = "@+id/ok"
            android:layout_width = "wrap_content"
            android:layout_height = "wrap_content"
            android:layout_alignParentRight = "true"
            android:layout_below = "@id/entry"
            android:layout_marginLeft = "10dip"
            android:text = "OK" />
        <Button
            android:layout_width = "wrap_content"
            android:layout_height = "wrap_content"
            android:layout_alignTop = "@id/ok"
            android:layout_toLeftOf = "@id/ok"
            android:text = "Cancel" />
    </RelativeLayout>
```

上面的 XML 中，TextView 组件没有设定任何布局属性，所以默认显示在布局的左上角；EditText 组件的 layout_below 属性表示它位于 TextView 组件的下方；而【OK】按钮的 layout_below 属性表示它位于 EditText 组件的下方，android:layout_marginLeft 属性说明它与左边有 10dip（dip:device independent plxels，设备独立像素）的间距，android:layout_alignParentRight 属性说明它与布局的右侧对齐，所以能够看到它靠右显示；【Cancel】按钮的 layout_alignTop 属性代表它与【OK】按钮的顶部齐平，layout_toLeftOf 属性代表它位于【OK】按钮的左侧，最终的显示效果如图 2-40 所示。

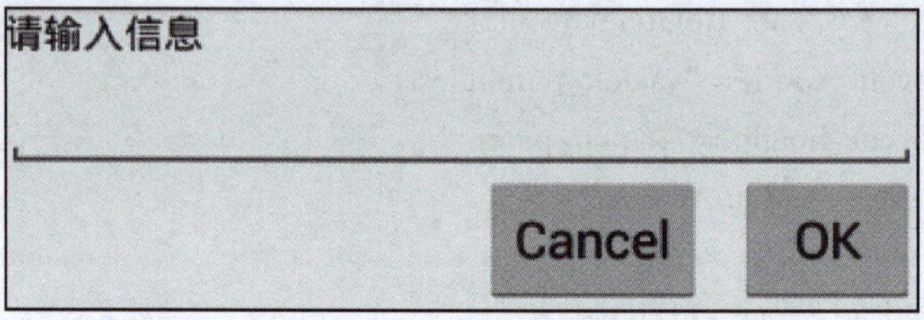

图 2-40　相对布局

6. TableLayout（表格布局）

表格布局实际上就是使用表格的方式显示子组件，该布局中可以包含多行，每行又可以包含多列。TableRow 代表一行，每行包含一个或者多个子组件。TableRow 是 LinearLayout 的子类，它的 android:orientation 属性值恒为 horizontal，所以 TableRow 中的子组件都是横向排列。并且 TableRow 的 android:layout_width 和 android:layout_height 属性值恒为 “match_parent” 和 “wrap_content”，所以 TableRow 的宽度永远填充父容器，而高度取决于其子组件的高度，这样的设计使得每个 TableRow 里的子组件都相当于表格中的单元格一样。

```xml
<TableLayout xmlns:android="http://schemas.android.com/apk/res/android"
    xmlns:tools="http://schemas.android.com/tools"
    android:id="@+id/TableLayout1"
    android:layout_width="match_parent"
    android:layout_height="match_parent"
    tools:context=".MainActivity" >
    <TableRow>
        <TextView android:text="Text1" />
        <TextView android:text="Text2" />
        <TextView android:text="Text3" />
    </TableRow>

    <TableRow>
        <TextView android:text="Text4" />
        <TextView android:text="Text5" />
    </TableRow>

    <TextView android:text="Text6" />
</TableLayout>
```

上面的 XML 中，表格布局含有两个 TableRow 和一个 Text6，它们从上到下依次排开。而第一个 TableRow 含有 Text1、Text2、Text3 三个组件，它们处于第一行；第二个 TableRow 含有 Text4 和 Text5 两个组件，它们处于第二行；Text6 独占第三行，最终的显示效果如图 2-41 所示。

图 2-41　表格布局

7. ScrollView(滚动视图)

由于移动终端的屏幕尺寸有限，经常会遇到在一个屏幕上无法将所有的组件或信息显示完整的情况，为了解决这样的问题，常常需要通过滚动视图来实现。

ScrollView 的父类是 FrameLayout，它拥有 FrameLayout 的特性，另外当 ScrollView 中拥有很多内容，屏幕无法显示完整时，会通过滚动条进行显示。特别需要注意的是，ScrollView 只支持垂直滚动。较常用的方法是首先将所要显示的组件按约束布局定义好，然后将其放在 ScrollView 中即可，这样当组件较多时会自动出现垂直方向的滚动条。

```xml
<?xml version="1.0" encoding="utf-8"?>
<ScrollView xmlns:android="http://schemas.android.com/apk/res/android"
    xmlns:app="http://schemas.android.com/apk/res-auto"
    xmlns:tools="http://schemas.android.com/tools"
    android:layout_width="match_parent"
    android:layout_height="match_parent" >
```

```
<android.support.constraint.ConstraintLayout
    android:id="@+id/linearLayout"
    android:layout_width="match_parent"
    android:layout_height="wrap_content" >
    <TextView
        android:id="@+id/textView1"
        android:layout_width="wrap_content"
        android:layout_height="wrap_content"
        android:text="Large Text"
        app:layout_constraintLeft_toLeftOf="parent"/>
    <Button
        android:id="@+id/button1"
        android:layout_width="match_parent"
        android:layout_height="137dp"
        android:layout_marginTop="8dp"
        android:text="Button"
        app:layout_constraintTop_toBottomOf="@+id/textView1"
        app:layout_constraintLeft_toLeftOf="parent"/>
    <TimePicker
        android:id="@+id/timePicker1"
        android:layout_width="wrap_content"
        android:layout_height="wrap_content"
        android:layout_marginTop="8dp"
        app:layout_constraintTop_toBottomOf="@+id/button1"
        app:layout_constraintLeft_toLeftOf="parent" />
    <Button
        android:id="@+id/button2"
        android:layout_width="190dp"
        android:layout_height="178dp"
        android:text="Button"
        app:layout_constraintTop_toBottomOf="@+id/timePicker1"
        app:layout_constraintLeft_toLeftOf="parent"/>
    <TextView
        android:id="@+id/textView2"
        android:layout_width="wrap_content"
        android:layout_height="wrap_content"
        android:text="Large Text"
        android:textAppearance="?android:attr/textAppearanceLarge"
```

```
            app:layout_constraintTop_toBottomOf="@+id/button2"
            app:layout_constraintLeft_toLeftOf="parent"/>
    </android.support.constraint.ConstraintLayout>
</ScrollView>
```

上方的 XML 中，首先是一个 ScrollView，在 ScrollView 下是一个约束布局，在约束布局中又上下排列放置了大量的组件，依次是 TextView、Button、TimePicker、Button、TextView。由于组件过多，屏幕无法全部显示，如图 2-42 所示，第二个 Button 仅显示了一部分，通过滚动后可以看到其余的组件。

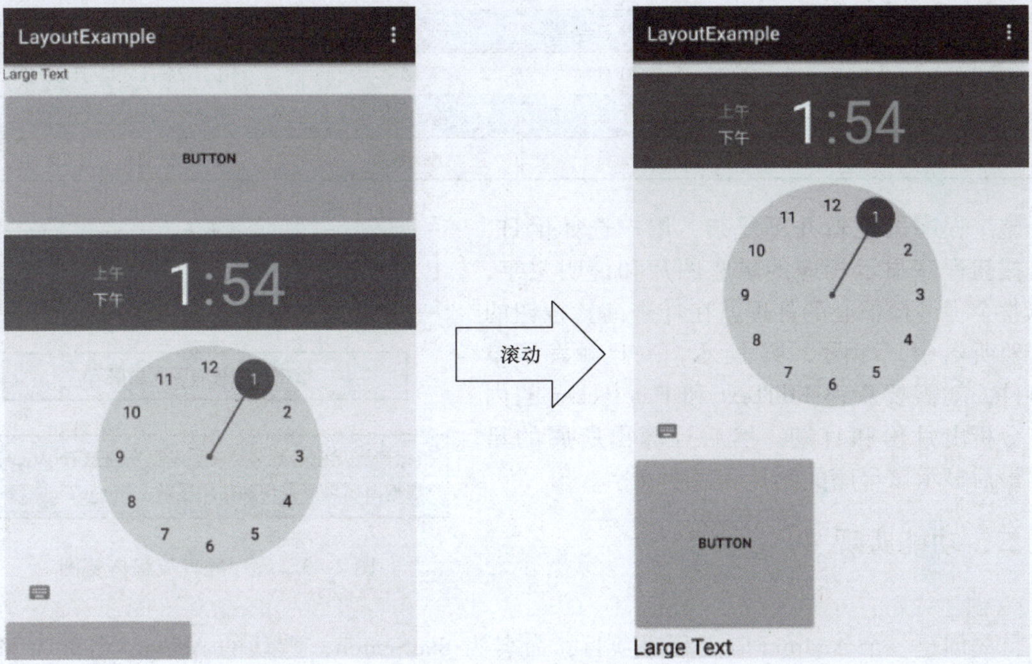

图 2-42　滚动视图

【提示】ScrollView 只能支持垂直方向的滚动条，如果界面在水平方向需要支持滚动的话，可以使用 HorizontalScrollView。

任务实施

下面将利用已经具备的知识来完成星座查询工具，首先进行总体分析，了解程序的功能和结构，然后进行界面设计和功能编码。

一、总体分析

Android 星座查询工具界面已经介绍过，从上至下依次是姓名输入框、日期选择框、查询按钮、星座图片、星座说明文字，分别对应的组件是 EditText（输入框）、DatePicker（日期)、Button（按钮)、ImageView（图片)、TextView（文字)，这 5 个组件按照从上到下的顺序排列，与前面介绍的纵向线性布局相一致。

考虑到有 12 星座，因此还需要准备一些素材：12 幅星座的图片以及 12 星座的描述，这些素材在网上都不难找到，可以先准备好。表 2-1 所示为日期范围与星座的对应关系。

表 2-1　星座与日期对应表

星　座	日期范围	星　座	日期范围
水瓶座	1 月 20 日 ~2 月 18 日	狮子座	7 月 23 日 ~8 月 22 日
双鱼座	2 月 19 日 ~3 月 20 日	处女座	8 月 23 日 ~9 月 22 日
白羊座	3 月 21 日 ~4 月 19 日	天秤座	9 月 23 日 ~10 月 23 日
金牛座	4 月 20 日 ~5 月 20 日	天蝎座	10 月 24 日 ~11 月 22 日
双子座	5 月 21 日 ~6 月 21 日	射手座	11 月 23 日 ~12 月 21 日
巨蟹座	6 月 22 日 ~7 月 22 日	摩羯座	12 月 22 日 ~1 月 19 日

整个程序的逻辑并不复杂，用户选择生日，单击按钮程序显示相应的星座图片和说明文字，所以整个程序最核心的处理就在【查询】按钮的单击监听器中。如图 2-43 所示，一旦触发了单击事件，就需要获得 EditText 和 DatePicker 的内容，分析出月份和日期，然后计算出所属的星座，最后显示该星座的图片和说明文字。

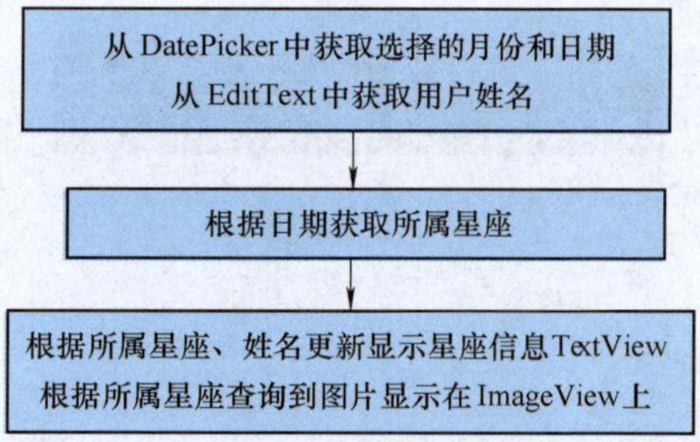

图 2-43　程序处理流程概要图

二、功能实现

1. 创建项目

首先创建一个 Android 应用程序项目，命名为 StarSearch，默认的 Activity 名称为 MainActivity，其对应的 XML 布局文件为 res \ layout \ activity_main. xml，创建 Android 项目的方法可以参考任务一中的内容。

2. 导入资源

下面要将准备的 12 幅星座图片导入到工程的 res \ drawable 目录中，12 幅星座图片的名字如下：

- 白羊座：aries。
- 金牛座：taurus。
- 双子座：gemini。
- 巨蟹座：cancer。
- 狮子座：leo。
- 处女座：virgo。
- 天秤座：libra。
- 天蝎座：scorpio。
- 射手座：sagittarius。

- 摩羯座：capricornus。
- 水瓶座：aquarius。
- 双鱼座：pisces。

每幅图片均以星座的英文名称命名，而且都是小写的字母，将这些图片复制到工程文件夹下的 res \ drawable-hdpi 目录中，然后在 Android Studio 工程中应该就可以看到相应的图片资源了，如图 2-44 所示。

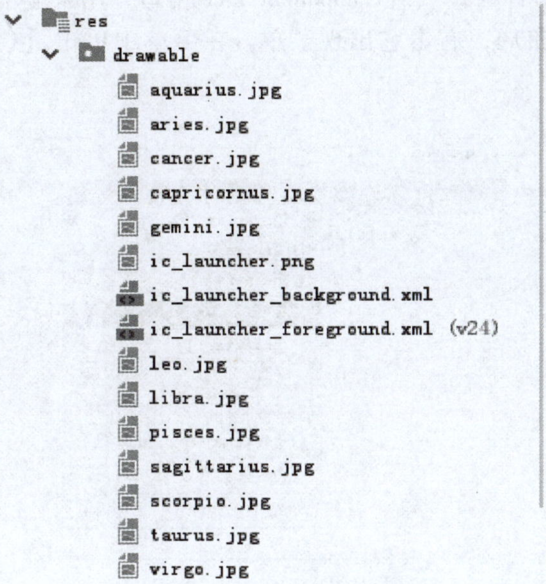

图 2-44　导入后的图片资源

完成了图片导入后，系统会自动为这 12 幅图片生成 ID，它们的 ID 为 R. drawable. xxx，其中“xxx”代表图片的名称，后续编码中就可以直接通过 ID 来使用这些图片了。

另外，还需要创建 12 星座对应的字符串资源，创建字符串资源的方法也非常简单，进入 res\value\strings. xml 文件，可以看到每个字符串其实是用一个 < string > 标签来定义的。按照相应的格式来添加字符串资源，如图 2-45 所示。

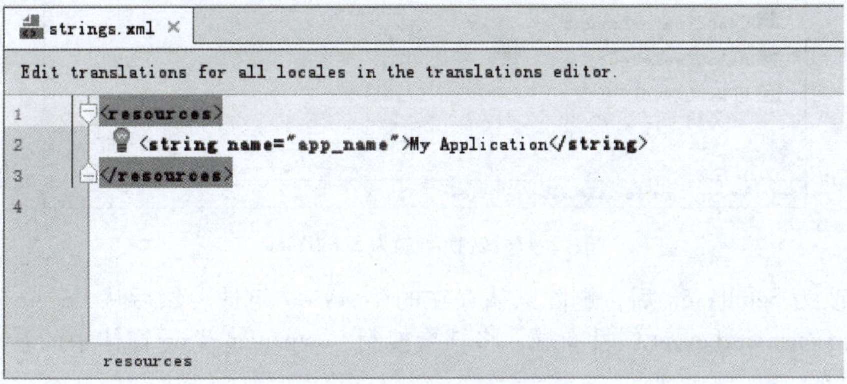

图 2-45　添加字符串资源

依次创建用来描述星座性格的 12 个字符串，系统会自动为它们分配 ID，ID 为 R. string. xxx，其中“xxx”代表字符串的名称。

3. 界面布局

在 MainActivity 的 XML 布局文件中，默认使用的是 ConstraintLayout（约束布局）。由于纵向的布局比较长，需要依赖滚动条来让用户看到所有的组件，所以布局实际上是 ScrollView 加上一个约束布局。打开 res\layout 目录里的 activity_main. xml 文件，出现该布局文件的设计视图，在该视图的右侧有一个 Component Tree 窗口，用来显示界面布局的层次，在该窗口中找到默认的约束布局，右击它出现菜单，在菜单中单击【Convert view...】更改布局，如图 2-46 所示。

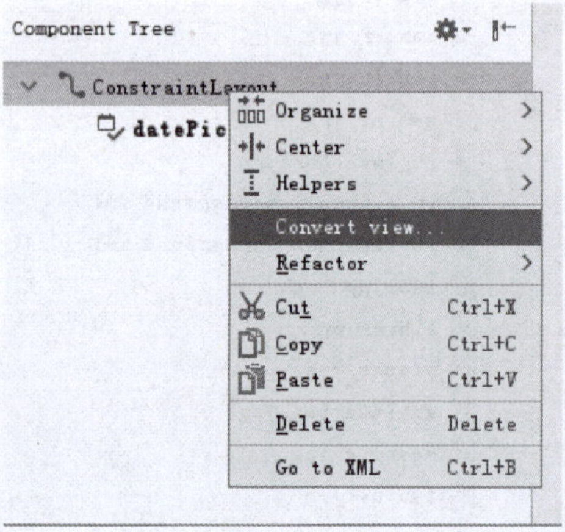

图 2-46 转换布局

单击转换布局后会出现图 2-47 所示的窗口，在该窗口内上方文本框中输入 ScrollView，单击【Apply】按钮就完成了布局的转换。

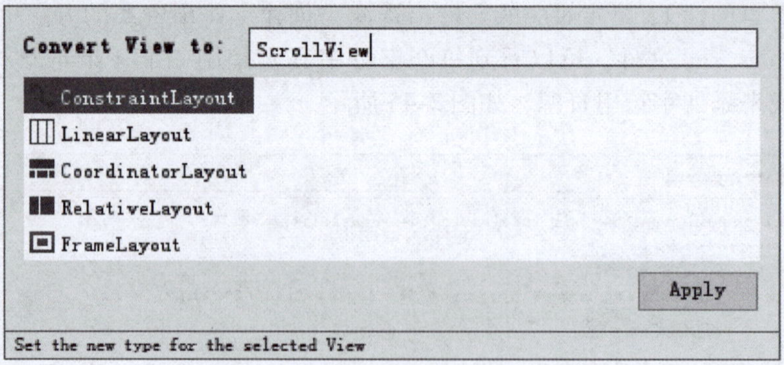

图 2-47 转换布局为 ScrollView

布局修改为 ScrollView 后，删除默认存在的 TextView 组件。然后从 Palette 窗口中选择 Layouts 中的 ConstraintLayout 线性布局，将其拖拽到 Component Tree 窗体中的 ScrollView 下，如图 2-48 所示。

4. 创建组件

完成了布局之后，需要在约束布局中添加各种组件，添加组件的方法在前面已经讲过

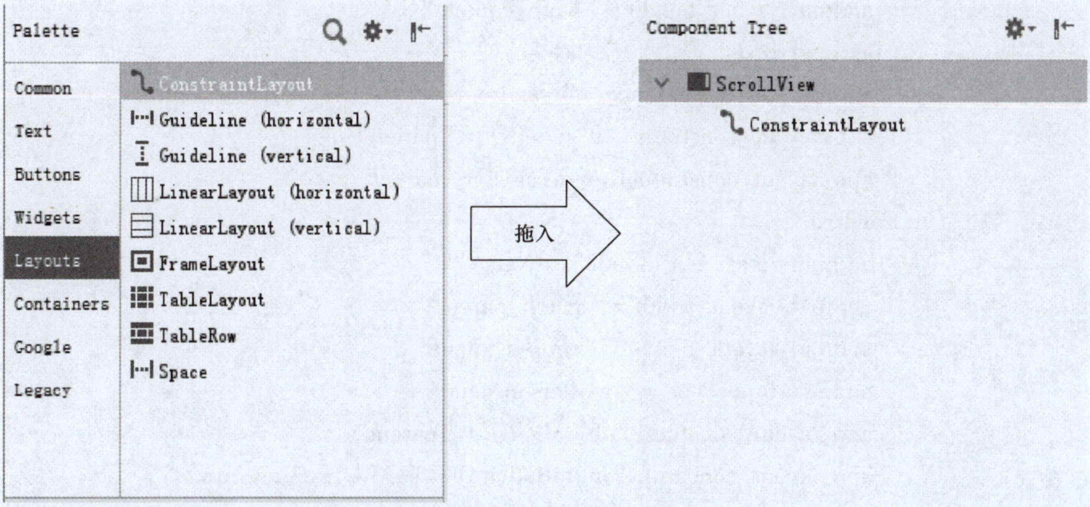

图 2-48　将 ConstraintLayout 布局添加到 ScrollView 下

了，所以不再赘述，只需要按照从上至下的顺序分别添加 TextView（提示用户输入姓名）、EditText（输入姓名框）、TextView（提示用户选择生日）、DatePicker（选择出生日期）、Button（查询按钮）、ImageView（星座图标）、TextView（星座说明）这 7 个组件，每添加一个组件，要及时给这个组件设置正确的约束属性，以保证该组件能够被正确显示。

一共有 7 个组件，添加完了之后还要设定这些组件的其他属性以保证它们能够被正确使用。最终的 XML 布局文件如下：

```
<ScrollView xmlns:android="http://schemas.android.com/apk/res/android"
    xmlns:app="http://schemas.android.com/apk/res-auto"
    xmlns:tools="http://schemas.android.com/tools"
    android:id="@+id/ScrollView1"
    android:layout_width="match_parent"
    android:layout_height="match_parent"
    android:paddingBottom="@dimen/activity_vertical_margin"
    android:paddingLeft="@dimen/activity_horizontal_margin"
    android:paddingRight="@dimen/activity_horizontal_margin"
    android:paddingTop="@dimen/activity_vertical_margin"
    tools:context=".MainActivity" >
    <android.support.constraint.ConstraintLayout
        android:id="@+id/ConstraintLayout1"
        android:layout_width="match_parent"
        android:layout_height="match_parent" >
        <TextView
            android:id="@+id/textViewName"
            android:layout_width="wrap_content"
```

```
        android:layout_height = "wrap_content"
        android:text = "输入您的姓名:"
        android:textAppearance = "?android:attr/textAppearanceMedium"
        app:layout_constraintLeft_toLeftOf = "parent"
        app:layout_constraintTop_toTopOf = "parent" />
    <EditText
        android:id = "@+id/editTextName"
        android:layout_width = "match_parent"
        android:layout_height = "wrap_content"
        android:inputType = "textPersonName"
        app:layout_constraintLeft_toLeftOf = "parent"
        app:layout_constraintTop_toBottomOf = "@id/textViewName" >
        <requestFocus />
    </EditText>
    <TextView
        android:id = "@+id/textViewBir"
        android:layout_width = "wrap_content"
        android:layout_height = "wrap_content"
        android:text = "选择您的生日:"
        android:textAppearance = "?android:attr/textAppearanceMedium"
        app:layout_constraintLeft_toLeftOf = "parent"
        app:layout_constraintTop_toBottomOf = "@id/editTextName" />
    <DatePicker
        android:id = "@+id/datePickerBir"
        android:layout_width = "wrap_content"
        android:layout_height = "wrap_content"
        app:layout_constraintLeft_toLeftOf = "parent"
        app:layout_constraintTop_toBottomOf = "@id/textViewBir" />
    <Button
        android:id = "@+id/buttonSearch"
        android:layout_width = "match_parent"
        android:layout_height = "wrap_content"
        android:text = "查询"
        app:layout_constraintLeft_toLeftOf = "parent"
        app:layout_constraintTop_toBottomOf = "@id/datePickerBir" />
    <ImageView
        android:id = "@+id/imageViewStar"
```

```
            android:layout_width = "wrap_content"
            android:layout_height = "wrap_content"
            android:layout_gravity = "center_horizontal"
            app:layout_constraintLeft_toLeftOf = "parent"
            app:layout_constraintRight_toRightOf = "parent"
            app:layout_constraintTop_toBottomOf = "@id/buttonSearch" > </ImageView >
        < TextView
            android:id = "@+id/textViewInfo"
            android:layout_width = "match_parent"
            android:layout_height = "wrap_content"
            android:text = "单击查询看看你的星座性格吧"
            android:textAppearance = "?android:attr/textAppearanceLarge"
            app:layout_constraintLeft_toLeftOf = "parent"
            app:layout_constraintTop_toBottomOf = "@id/imageViewStar" />
    </android.support.constraint.ConstraintLayout >
</ScrollView >
```

大部分组件的属性都比较常见，下面着重对其中几个组件属性进行说明。首先为了能够从组件 ID 一看就区分出该组件的类型和作用，将组件的 ID 都进行了修改，如 textViewName 代表提示输入姓名的 TextView 组件。

（1）TextView

一共存在 3 个 TextView，分别是提示用户输入姓名的 textViewName、提示用户选择日期的 textViewBir、显示星座信息的 textViewInfo，这几个组件的属性比较常见，通过 android:text 属性指定了组件的显示内容，而 android:textAppearance 指定了文字显示外观，"?android:attr/textAppearanceMedium" 代表中等字体，"? android:attr/textAppearanceLarge" 代表大字体。

（2）Button

Button 组件为了显示美观，将 android:layout_width 属性设定为"match_parent"，所以 Button 按钮占据了一整行的宽度。

（3）ImageView

为了让星座图片能够在水平方向居中，将 android:layout_gravity（对齐）属性设定为"center_horizontal"（水平居中）。

5. 编码实现

（1）成员变量

由于程序中需要经常使用一些组件，因此需要为这些组件对象声明成员变量。

```
public class MainActivity extends AppCompatActivity {
EditText edittext_name;                  //输入姓名的 EditText 组件
DatePicker datepicker_bir;               //选择日期的组件
```

```
    Button btn_search;                    //查询按钮组件
    ImageView imageview_star;             //星座图片组件
    TextView textview_info;               //星座信息组件
    …
}
```

(2) onCreate 方法

Activity 一运行就会执行 onCreate 方法，该方法需要根据组件的 ID 获取组件对象，并创建查询按钮的单击监听器。

```
protected void onCreate(Bundle savedInstanceState) {
    super.onCreate(savedInstanceState);
    setContentView(R.layout.activity_main);

    edittext_name = (EditText)this.findViewById(R.id.editTextName);
    datepicker_bir = (DatePicker)this.findViewById(R.id.datePickerBir);
    btn_search = (Button)this.findViewById(R.id.buttonSearch);
    imageview_star = (ImageView)this.findViewById(R.id.imageViewStar);
    textview_info = (TextView)this.findViewById(R.id.textViewInfo);

    btn_search.setOnClickListener(new View.OnClickListener() {
        @Override
        public void onClick(View v) {
            // TODO Auto-generated method stub
        }
    });
}
```

(3) 监听器实现

查询按钮的监听器本质上是一个接口类型的对象，需要实现接口的 onClick 抽象方法，该方法实际上是这个应用的核心，可以根据总体分析中的流程图进行编程。

```
@Override
public void onClick(View v) {
    // TODO Auto-generated method stub
    int month = datepicker_bir.getMonth();//获取当前选择的月份
    int day = datepicker_bir.getDayOfMonth();//获取当前选择的日
    //调用 searchStar,根据月日获取相应的星座索引(0~11:水瓶座~摩羯座)
    int index = searchStar(month,day);
```

```
int[ ] infoarray = {R. string. aquarius,R. string. pisces,R. string. aries,R. string. taurus,
                    R. string. gemini,R. string. cancer,R. string. leo,R. string. virgo,R.
                    string. libra,R. string. scorpio,R. string. sagittarius,R. string. capricor-
                    nus};
int[ ] imgarray = {R. drawable. aquarius,R. drawable. pisces,R. drawable. aries,R.
                   drawable. taurus,R. drawable. gemini,R. drawable. cancer,R. drawa-
                   ble. leo,R. drawable. virgo,R. drawable. libra,R. drawable. scorpio,
                   R. drawable. sagittarius,R. drawable. capricornus};
//根据索引获取星座信息字符串
String star = MainActivity. this. getString(infoarray[index]);
//设定星座信息组件
textview_info. setText(edittext_name. getText(). toString() + ",你的星座信息如
下:\r\n" + star);
//根据索引设定星座图片
imageview_star. setImageResource(imgarray[index]);
}
```

首先获得的是DatePicker组件选择的月份和日期，然后根据月份和日期调用searchStar方法获取所属星座的索引，searchStar方法是自定义的方法，稍后会讲解如何实现。index是星座的索引，范围为0~11，分别代表从水瓶座到摩羯座的12个星座。

infoarray和imgarray是非常重要的两个数组，分别对应了星座描述字符串ID数组和星座图片ID数组，有了这两个数组，根据index就可以方便地访问星座对应的图片和字符串资源了。通过调用MainActivity. this. getString（）方法，能够将所属星座的描述字符串存放在star变量中，然后通过姓名EditText组件的内容与star进行字符串拼接显示到TextView组件上，图片也是通过index索引获取图片资源后设定到ImageView组件上的。

（4）自定义方法实现

根据月日查询所属星座这个功能我们封装为Searchstar方法，代码实际非常简单，就是将12个月份中涉及星座更替的日期作为判断条件。

```
//根据月日获取所在星座的索引,0~11分别代表12个星座,-1代表参数异常
//参数:month 月份取值范围为0~11,代表1~12月
//参数:day 日期取值范围为1~31
public int searchStar(int month,int day)
{
    int[] DayArr = {20,19,21,20,21,22,23,23,23,24,23,22};  // 两个星座分割日
    int index = month;

    // 所查询日期在分割日之前,索引减1,否则不变
    if (day < DayArr[month])
    {
```

```
            index = index - 1;
            if( index <0 )
            {
                index = 11;
            }
        }
        return index;
    }
```

三、运行结果

程序编码完毕后，可以直接运行看看结果。界面打开后，输入姓名并选择生日，界面如图 2-49 所示。

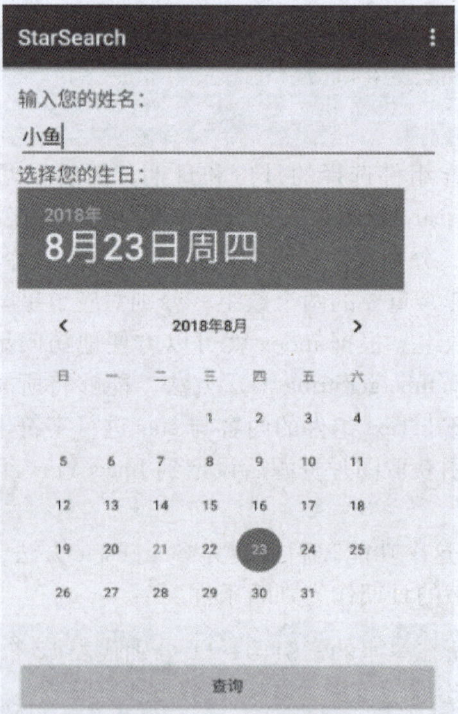

图 2-49　运行初始画面

单击【查询】按钮，会在下方出现所属星座的图片和文字说明，此时需要拖动滚动条上下滑动，就会看到程序的运行结果，如图 2-50 所示。

【试一试】根据任务实施这一节的内容，自己搜索一些星座的图片和描述文件，完成一个属于自己的 Android 星座查询工具。

【提示】可以根据自己的喜好将程序的文字字体变得更加美观，特别是对于属于自己的星座，可以做一些特别处理。

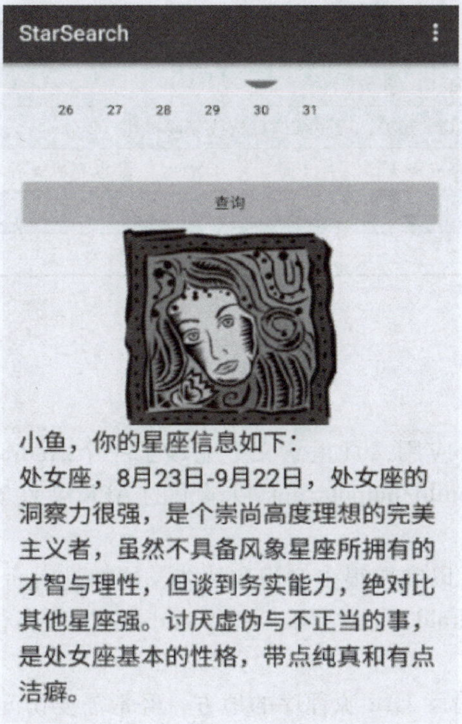

图 2-50　查询结果

任务评价

完成任务二之后，可以根据表 2-2 的任务评价表对完成情况进行评价，并根据评价表创新能力中提到的指标对 APP 进一步改进。最后鼓励大家继续完成后面的拓展任务，进一步巩固和练习任务中学习的知识点和技能点，并将任务实现中的不足之处进行改进。

表 2-2　任务评价表

评价内容	具体指标	完成情况（打分）
基础素养	资料搜索、筛选和整合能力（3 分）	
	信息技术应用与数字化素养（2 分）	
专业知识	基础知识点的预学习情况（5 分）	
	知识点案例的掌握情况（15 分）	
	课后习题的完成情况（10 分）	
技术技能	分析问题、解构问题、技术选择、将问题图形化表达的能力（15 分）	
	代码编写能力（20 分）	
	程序调试技术（10 分）	
综合能力	任务报告编制能力（10 分）	
	沟通表达与团队协作（5 分）	

（续）

评价内容	具体指标		完成情况（打分）
创新能力	改进或重设计 UI（3 分）		
	更新或改进实现方法、程序结构重构或代码优化（2 分）		
目标完成	完成★★	基本完成★☆	未完成☆☆
学习收获			
学习反思			

任务小结

通过星座查询工具这个应用，真正意义上完成了一个 Android 应用。如果有移动终端，可以将 Project 视图中 app/build/outputs/apk 目录下的 APK 文件安装到移动终端上去，看看运行效果如何。

通过这样一个应用，可以掌握很多知识和技能，这都是后面进行复杂应用开发非常重要的基础和前提。首先是 Android 工程结构，一个 Android 工程有很多目录，但是需要记住其中非常重要的几个：

- java 目录：这个是编写 Java 源程序的地方，经常需要访问。
- manifests 目录：这是 AndroidManifest. xml 文件存放的地方，需要进行配置。
- res 目录：该目录中放置程序的重要资源。
    - drawable 目录：存放图片资源。
    - values 目录：里面含有字符串资源。
    - layout 目录：里面含有布局文件。

另外介绍了组件，对于组件的学习特别需要注意组件的属性、方法、监听器，掌握一个组件需要了解这个组件最常用的属性、方法、监听器。

还介绍了布局，布局可以更加方便地摆放组件的位置，现在 Android Studio 推荐使用的是 ConstraintLayout 布局，此种布局非常灵活，适于拖放操作，并且生成的布局文件嵌套层次少，非常简明清晰。

课后习题

第一部分　知识回顾与思考

1. Android 的属性、方法、监听器如何使用？它们分别起了什么作用？
2. 回顾 Android 工程中重要的目录和文件，它们的作用是什么？

第二部分　职业能力训练

一、单项选择题（下列答案中有一项是正确的，将正确答案填入括号内）

1. 以下哪个组件用来显示图片？（　　）

A. ImageView　　B. TextView　　C. EditText　　D. Button

2. 如果要实现用户单击后触发一定的处理，以下哪个组件最合适？（　　）

A. ImageView　　B. TextView　　C. EditText　　D. Button

3. 如果需要捕捉某个组件的事件，需要为该组件创建（　　）。

A. 属性　　B. 方法　　C. 监听器　　D. 工程

4. 以下哪个属性的取值是所要引用图片的资源 ID？（　　）

A. text　　B. img　　C. id　　D. srcCompat

5. EditText 组件的以下哪个属性是用来控制虚拟键盘输入类型的？（　　）

A. keyboard　　B. inputType　　C. text　　D. srcCompat

6. Android 工程启动最先加载的是 AndroidManifest. xml，如果有多个 Activity，以下哪个属性决定了该 Activity 最先被加载？（　　）

A. android. intent. action. MAIN

B. android. intent. action. LAUNCHER

C. android. intent. action. ACTIVITY

D. android. intent. action. ICON

7. 如果需要导入一幅图片资源，需要将图片放在工程的哪个目录中？（　　）

A. res\drawable　　B. res\string　　C. res\picture　　D. res\icon

8. 如果需要创建一个字符串资源，需要将字符串放在 res\values 的哪个文件中？（　　）

A. value. xml　　B. strings. xml　　C. dimens. xml　　D. styles. xml

9. Android Studio 现在推荐使用哪种布局？（　　）

A. 相对布局　　B. 线性布局　　C. 绝对布局　　D. 约束布局

10. 约束布局中，如果指定一个组件位于参照组件的左侧，应该使用（　　）属性。

A. app:layout_constraintLeft_toRightOf

B. app:layout_constraintRight_toLeftOf

C. app:layout_constraintRight_toRightOf

D. app:layout_constraintLeft_toLeftOf

二、填空题（请在括号内填空）

1. 在 Android 组件使用过程中，经常需要根据组件的 ID 获取组件的对象，可以使用（　　）方法。

2. 导入图片时，需要特别注意图片的名称不可以包含（　　）。

3. 创建布局的时候，可以在布局文件的界面视图中拖动组件，但本质上还是编辑的（　　）文件。

4. 表格布局可以包含多行，（　　）代表一行。

5. 如果创建了一个字符串资源，资源名字为 hello，内容为“hello word”，那么它的 ID 应该是（　　）。

三、简答题

1. 请挑选四种布局，简述其特点和运用场景。

2. 简述 TextView、Button、EditText 的主要属性、方法和监听器。

拓展训练

学会了几个组件和布局后，可以把它们组合起来实现很多简单的应用，例如：可以做一个计算 BMI 值的程序。BMI 指数（Body Mass Index，身体质量指数），又称体质指数、体重指数，BMI 值是根据身高、体重按照一定的公式计算得出的数值，是一个衡量身体健康的参数。BMI 的计算公式如下：

$$BMI 值 = 体重(kg) \div 身高^2(m)$$

例如：一个人的身高为 1.75m，体重为 68kg，他的 $BMI = 68/1.75^2\ kg/m^2 = 22.2kg/m^2$。

通常会用 BMI 值来衡量一个人的身体健康情况，成人的 BMI 范围与健康状况的对照表见表 2-3。

表 2-3　BMI 范围与健康状况对照表

健康情况	BMI 范围
过轻	低于 18.5
适中	20 ~ 25
过重	25 ~ 30
肥胖	30 ~ 35
非常肥胖	高于 35

【提示】输入身高、体重，单击【计算】按钮，通过 TextView 显示 BMI 值和相应的健康提示。

任务三　猜数游戏的设计与实现

学习目标

【知识目标】

■ 掌握 Spinner 组件的用法。
■ 掌握 Android 的几种提示方式，如 Toast、Dialog、Notification。
■ 掌握 Android 的菜单使用方法。
■ 掌握 Android 的调试方法和日志的使用方法。

【能力目标】

■ 能够使用 Spinner 组件设计下拉选项。
■ 能够利用简单的提示方式如 Toast、Dialog，向用户传达信息。
■ 能够设计菜单，让用户进行操作选择。
■ 当程序出现 Bug 时，能够通过调试或者日志的方式排除 Bug。

【重点、难点】 AlertDialog 的使用、程序的调试。

【素质目标】

■ 通过实现“猜数游戏”任务，培养学生使用流程图分析、整理业务处理过程的意识和职业素养。

■ 培养学生“随写随测”的测试习惯和严谨细致、精益求精的程序员品质。

任务简介

本任务将制作一个猜数小游戏 APP，用户选择随机数的生成范围后，游戏自动产生范围内的随机数，用户输入猜测数，系统提示该猜测数是大于还是小于随机数，用户根据提示重新输入，直到猜中为止。该 APP 还支持菜单，通过菜单可以查看游戏简介和退出应用程序。

任务分析

将要制作的猜数游戏的界面如图 3-1 所示，从图中可以看到该程序由多个组件组成，这些组件除了 EditText、TextView、Button 之外，还有一个用于选择随机数生成范围的弹出框，

Android 中的 Spinner 组件可以实现该功能。

单击位于虚拟机右上角的菜单按钮，会弹出菜单列表，含有两个菜单项，分别是【关于】和【退出】，如图 3-2 所示。

单击【关于】菜单项后会弹出一个提示框显示该应用的一些信息，如图 3-3 所示，这个提示框在 Android 中被称为 Dialog；单击【退出】菜单项，会关闭猜数游戏 APP。

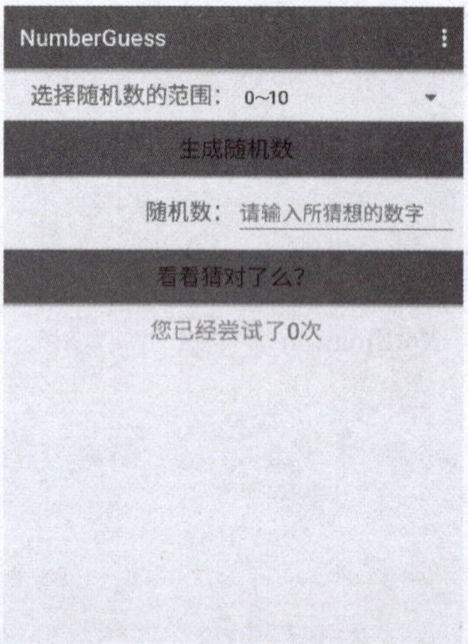

图 3-1　猜数游戏的界面

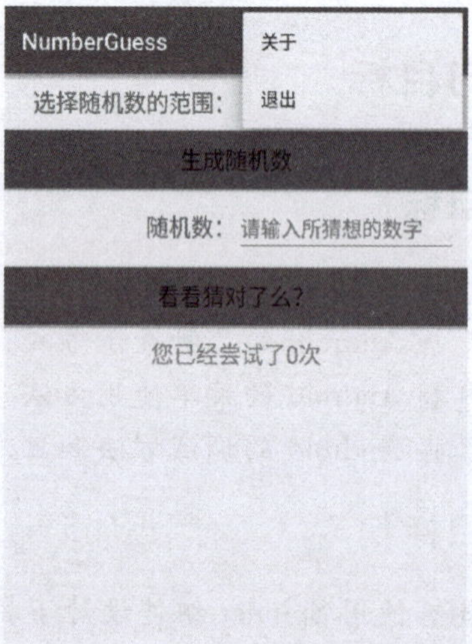

图 3-2　猜数游戏的菜单

用户输入的随机数如果不正确，可以通过 Android 中的 Toast 进行提示大于或者小于正确数，Toast 是 Android 中一种简易的消息提示框，如图 3-4 所示。

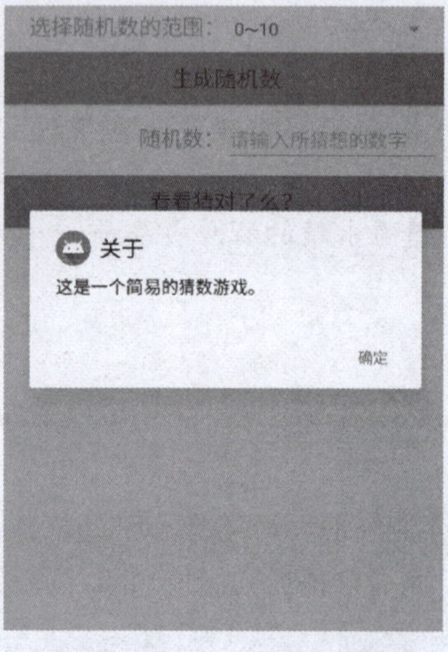

图3-3　单击【关于】菜单项后出现的 Dialog

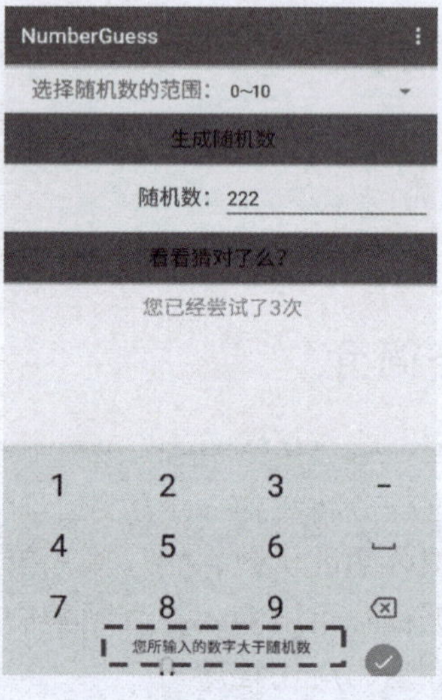

图3-4　输入数字大于随机数的 Toast

支撑知识

熟悉了猜数游戏的功能后，会发现还有一些知识点不具备，所以需要先学习以下的支撑知识：

● 提示的用法：猜数小游戏中使用到了 Toast、Dialog，作为扩展知识还会介绍 Notification（通知）的用法。

● 菜单 Menu 的使用。

● Spinner 组件的用法。

● 程序编写过程中出现 Bug 是不可避免的事情，出现 Bug 后如何进行问题排查，就要求掌握调试的方法，作为扩展知识还会介绍日志的用法。

在用户使用 Android 应用程序的过程中，经常碰到信息的交互，Android 提供了很多种提示方法，下面将逐一介绍。

一、Toast

1. 简介

Toast 是 Android 中最常见、最简单的提示方式，它在屏幕的下方显示一段文字进行提示，这段文字在显示几秒钟之后会自动消失，如图 3-5 所示。

2. 重要方法

图 3-5　Toast 显示效果图

（1）public static Toast makeText（Context context，CharSequence text，int duration）

功能：创建一个 Toast。

参数：context 代表 Activity 环境；text 为 Toast 显示的字符串；duration 为 Toast 持续显示的时间，它有两个值：Toast. LENGTH_SHORT 显示时间稍短，而 Toast. LENGTH_LONG 显示时间稍长。

返回值：所创建的 Toast 对象。

示例：

```
Toast t = Toast.makeText(MainActivity.this, "这是我的第一片面包!", Toast.LENGTH_SHORT);
```

第一个参数为 MainActivity. this，代表的是所在 Activity 的对象实例。

（2）public static Toast makeText（Context context，int resId，int duration）

功能：也是创建一个 Toast，与上述（1）的方法属于重载关系。

参数：第二个参数 resId 为资源的 ID，上述（1）的方法是直接指定字符串，而这个方法指定的是字符串资源的 ID。

返回值：所创建的 Toast 对象。

示例：

```
Toast t = Toast.makeText(this, R.string.hello_world, Toast.LENGTH_LONG);
```

（3）public void show（）

功能：显示 Toast。

参数：无。

返回值：无。

示例：

```
Toast t = Toast. makeText( MainActivity. this, "这是我的第一片面包!", Toast. LENGTH_
SHORT) ;
t. show( ) ;
```

两行代码比较明确，第一行创建了一个 Toast 对象 t，然后调用 show 的方法将其显示。但是许多程序员喜欢将这两行代码合并为一行，所以下方的代码也能够弹出一个提示框。

```
Toast. makeText ( MainActivity. this, " 这是我的第一片面包!", Toast. LENGTH _
SHORT). show( ) ;
```

需要特别注意的是，刚开始学习时，许多人会忘记调用 show 方法，导致 Toast 无法显示出来。

3. 使用范例

下面设计一个简单的应用，程序一运行就弹出一个 Toast，告诉用户程序运行了。实现的方法非常简单，创建一个 Android 项目，包含一个 MainActivity，在 MainActivity 的 onCreate 方法中，添加一行代码创建并显示 Toast 即可。

```
protected void onCreate( Bundle savedInstanceState) {
    super. onCreate( savedInstanceState) ;
    setContentView( R. layout. activity_main) ;
    Toast. makeText( MainActivity. this, "程序运行了!", Toast. LENGTH_SHORT). show( ) ;
}
```

由于应用程序运行后，会首先加载 MainActivity，从而调用该 Activity 的 onCreate 方法，所以如图 3-6 所示，只要一打开程序就会出现“程序运行了!”的提示。

图 3-6　Toast 自动显示效果图

【试一试】结合前面学习过的组件和 Toast，做一个简单的应用。比如单击 Button 按钮弹出一个 Toast，或者更加复杂一点的应用。

二、Dialog

1. 简介

Dialog 对话框是 Android 中比较常见的另一种提示方式，如图 3-7 所示，它除了可以像 Toast 一样向用户传递信息外，还可以通过多个按钮的组合让用户进行一些选择，甚至可以在 Dialog 上面添加一些组件（如 EditText、单选按钮、复选框、列表项），使其功能更加丰富。

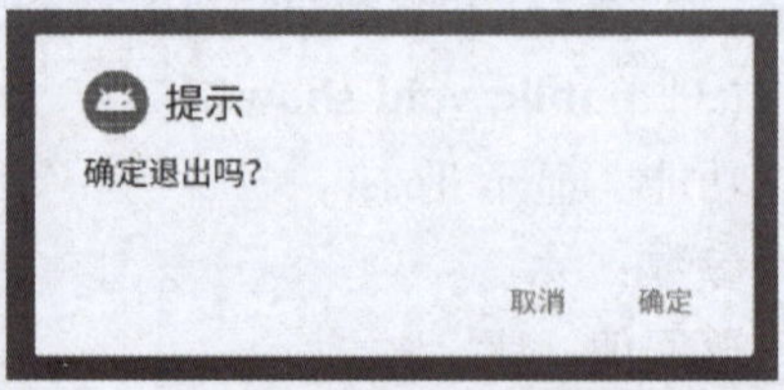

图 3-7　Dialog 对话框显示效果图

2. 重要方法

Dialog 最常见的子类为 AlertDialog，AlertDialog 可

以显示多个按钮以供用户选择。此外，如果要使用 AlertDialog 的话，还需要了解一个专门构造 Dialog 的类，那就是 AlertDialog. Builder，可以把它称为对话框构造器。

（1）AlertDialog. Builder setMessage(CharSequence message)

功能：设定对话框的提示内容。

参数：对话框的提示内容字符串。

返回值：对话框构造器。

（2）AlertDialog. Builder setTitle(CharSequence title)

功能：设定对话框的标题。

参数：对话框的标题字符串。

返回值：对话框构造器。

（3）AlertDialog. Builder setIcon(int iconId)

功能：设定对话框的图标。

参数：图标资源的 ID。

返回值：对话框构造器。

（4）AlertDialog. Builder setPositiveButton(CharSequence text, DialogInterface. OnClickListener listener)

功能：设定对话框的【确认】按钮。

参数：text 为【确认】按钮上显示的字符串，listener 是该按钮单击监听器（与 Button 单击监听器类似）。

返回值：对话框构造器。

（5）AlertDialog. Builder setNegativeButton(CharSequence text, DialogInterface. OnClickListener listener)

功能：设定对话框的【取消】（否定）按钮。

参数：text 为【取消】按钮上显示的字符串，listener 是该按钮单击监听器（与 Button 单击监听器类似）。

返回值：对话框构造器。

（6）AlertDialog. Builder setNeutralButton(CharSequence text, DialogInterface. OnClickListener listener)

功能：设定对话框的中立按钮。

参数：text 为中立按钮上显示的字符串，listener 是该按钮单击监听器（与 Button 单击监听器类似）。

返回值：对话框构造器。

（7）AlertDialog create( )

功能：创建一个对话框。

参数：无。

返回值：对话框构造器所生成的对话框对象。

示例：

```
//生成一个对话框构造器
AlertDialog. Builder builder = new AlertDialog. Builder(MainActivity. this);
//设定对话框的显示内容
builder. setMessage("确认退出吗?");
//设定对话框的标题
builder. setTitle("提示");
//设定对话框的图标
builder. setIcon(android. R. drawable. ic_dialog_info);
//设定确认按钮
builder. setPositiveButton("确认", new DialogInterface. OnClickListener() {
    public void onClick(DialogInterface dialog, int which) {
    //单击确认按钮后,执行的代码
    }});
//设定取消按钮
builder. setNegativeButton("取消", new DialogInterface. OnClickListener() {
    public void onClick(DialogInterface dialog, int which) {
        //单击取消按钮后,执行的代码
    }});
//创建一个对话框对象
AlertDialog dialog = builder. create();
//显示该对话框
dialog. show();
```

创建一个对话框一般遵循图 3-8 所示的流程图，首先创建一个对话框构造器 AlertDialog. Builder 对象，然后调用该对象的各种方法设定对话框的样式，最后生成一个 AlertDialog 对话框的对象并进行显示。

实际上许多程序员为了方便，会将流程图的最后两个步骤合并为一行代码，效果也是一样的。

```
builder. create(). show();
```

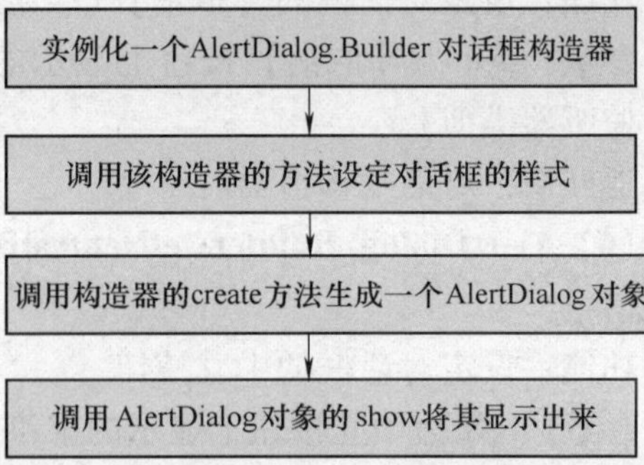

图 3-8　创建对话框流程图

3. 使用范例

创建一个 Android 工程，包含一个 MainActivity，该 Activity 上有一个【退出】按钮，单击该【退出】按钮后，会弹出 Dialog 提示框，提示框中含有两个选项，分别为【是】和【否】。若用户单击【是】将退出该应用，单击【否】则保留在 MainActivity 上。

下面创建 Android 工程，并在 Activity 的 XML 布局文件中添加一个 Button 组件。在 Activity 的 onCreate 方法中，需要创建该按钮的单击监听器，并实现监听器的 onClick 方法。

```
protected void onCreate( Bundle savedInstanceState) {
    super. onCreate( savedInstanceState) ;
    setContentView( R. layout. activity_main) ;
    Button btn = ( Button) this. findViewById( R. id. button1) ;
    btn. setOnClickListener( new View. OnClickListener( ) {
        @ Override
        public void onClick( View v) {
            // TODO Auto-generated method stub
            //生成一个对话框构造器
            AlertDialog. Builder builder = new AlertDialog. Builder( MainActivity. this) ;
            //创建一个对话框对象
            builder. setMessage( "确认退出吗?" ). setTitle( "提示" )
            . setPositiveButton( "确认" , new DialogInterface. OnClickListener( ) {
                public void onClick( DialogInterface dialog, int which) {
                    MainActivity. this. finish( ) ;
                }})
            . setNegativeButton( "取消" , new DialogInterface. OnClickListener( ) {
                @ Override
                public void onClick( DialogInterface dialog, int which) {
                    //单击取消按钮后,执行的代码
                }}). create( ). show( ) ;
        }
    });
}
```

在 onClick 方法中，创建了一个 Dialog，设定了提示内容、标题、确认按钮、取消按钮。可以发现这个例子的写法与前面创建对话框的写法有所不同，这个例子的写法将所有对话框设定方法都连在了一起，这是由于这些设定方法的返回值都是 AlertDialog. Builder 对象。

在确认按钮的单击监听器 onClick 方法中，调用了 MainActivity 实例的 finish 方法关闭了这个 Activity。程序运行后如图 3-9 所示，单击【退出】按钮，出现确认对话框，用户单击【确定】按钮则退出该 Android 应用，单击【取消】按钮则不做任何处理。

图 3-9　程序运行效果图

【试一试】配合前面学习过的组件和 Toast，做一个简单的应用。

三、自定义 Dialog

1. 简介

之前介绍的 Dialog 形式比较单一，Android 为了让 Dialog 的界面更个性化，支持自定义 Dialog 的布局，如图 3-10 所示。用户一般通过以下几个步骤即可完成自定义 Dialog：

- 创建 Dialog 的 XML 布局文件，并在该布局中添加相应的组件。
- 利用 LayoutInflater 类动态加载 XML 布局文件，得到相应的视图 View 对象。
- 利用 AlertDialog. Builder 创建 Dialog，并显示第二步加载得到的视图。

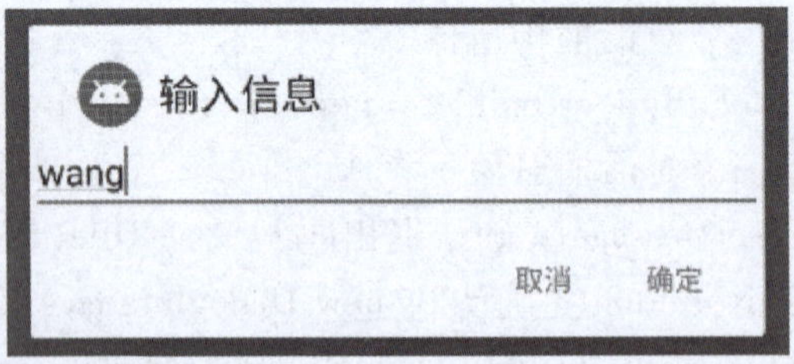

图 3-10　Dialog 提示框显示效果图

第一步的具体操作流程将在使用范例中详细介绍；第二步使用到了 LayoutInflater 类，可以通过调用当前 Activity 上下文环境 Context 的 getSystemService( )方法获得已有的 LayoutInflater 对象，然后利用 LayoutInflater 对象的 inflate( )方法动态加载 XML 布局文件获得 View 对象；第三步的过程可以参考图 3-8 所示的流程，但是需要添加代码设定 Dialog 的 View 对象。

2. 重要方法

下面介绍 Context 类和 LayoutInflater 类的相关方法。

(1) Context 类：public LayoutInflater getLayoutInflater( )

功能：获取布局展开器。

参数：无。

返回值：布局展开器对象。

(2) LayoutInflater 类：public View inflate(int resource，ViewGroup root)

功能：动态加载 XML 布局文件，获得一个层次结构的 View 对象。

参数：resource 为 XML 布局文件的 ID；root 为生成的层次结构的根视图，如果希望加载生成的 View 对象就是根视图，该参数填写 null 即可。

返回值：生成的根视图，如果第二个参数为 null，实际上就是动态加载获得的视图。

示例：

```
View dialogview = getLayoutInflater( ). inflate(R. layout. dialog_layout, null);
```

3. 使用范例

下面将创建一个 Android 工程，实现图 3-10 所示的 Dialog。该工程默认包含一个 MainActivity，在 MainActivity 上有一个【添加】按钮，ID 为 button1，编写代码为该按钮创建单击监听器。

```
public class MainActivity extends AppCompat Activity {
    @ Override
    protected void onCreate( Bundle savedInstanceState) {
        super. onCreate( savedInstanceState) ;
        setContentView( R. layout. activity_main) ;

        Button btn = ( Button) this. findViewById( R. id. button1) ;
        btn. setOnClickListener( new View. OnClickListener( ) {
            @ Override
            public void onClick( View v) {
                // TODO Auto-generated method stub
            }
        }) ;
    }
...
}
```

单击【添加】按钮后，希望能够弹出一个自定义 Dialog，该 Dialog 含有一个 EditText 和两个按钮，分别为【确认】按钮和【取消】按钮，当用户单击【确认】按钮后会通过 Toast 的方式显示 EditText 中的信息。

第一步，创建 Dialog 将要使用到的 XML 布局文件。在【Android】中用鼠标右键单击本工程下的 res\layout 目录，在弹出的快捷键菜单中选择【New⇒XML⇒Layout XML File】，弹出图 3-11 所示的界面，在【Layout File Name】一栏输入要创建的 XML 文件名称，如 dialoglayout，然后在【Root Tag】中输入根布局，默认为线性布局，然后单击【Finish】按钮。可以发现在 res\layout 目录中出现了创建的布局文件 dialoglayout. xml，在该布局文件中添加 EditText 组件。

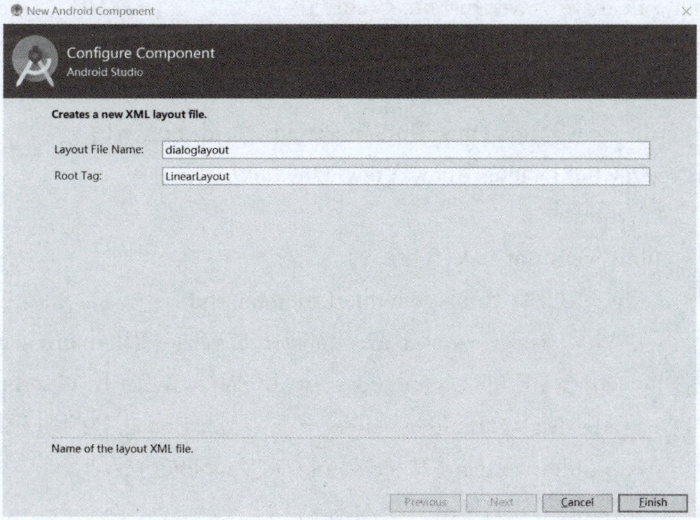

图 3-11 创建 XML 布局文件

```
<? xml version = "1.0" encoding = "utf-8"? >
<LinearLayout xmlns:android = "http://schemas.android.com/apk/res/android"
    android:layout_width = "match_parent"
    android:layout_height = "match_parent"
    android:orientation = "vertical" >
<EditText
    android:id = "@+id/editText1"
    android:layout_width = "match_parent"
    android:layout_height = "wrap_content"
    android:ems = "10" >
     <requestFocus />
</EditText>
</LinearLayout>
```

第二步，在【添加】按钮的单击监听器的 onClick 方法中，添加相应的代码动态加载 R.layout.dialoglayout 布局文件获得视图对象 dialogview。为了单击 Dialog 的【确认】按钮后能够获得 EditText 组件的内容，还声明了成员变量 edit，并且通过 dialogview.findViewById (R.id.editText1) 获得 Dialog 中 EditText 组件对象。

第三步，通过 AlertDialog.Builder 创建 Dialog，设定其标题、图标和【确认】按钮、【取消】按钮。特别需要注意的是，这里调用了 builder.setView (dialogview) 将动态创建的视图显示到 Dialog 上。在【确认】按钮的单击监听器中，根据 edit 的内容显示 Toast 进行提示。

```
public class MainActivity extends AppCompat Activity {
    EditText edit;
    @Override
    protected void onCreate(Bundle savedInstanceState) {
        super.onCreate(savedInstanceState);
        setContentView(R.layout.activity_main);

        Button btn = (Button)this.findViewById(R.id.button1);
        btn.setOnClickListener(new View.OnClickListener() {
            @Override
            public void onClick(View v) {
                // TODO Auto-generated method stub
                View dialogview = getLayoutInflater().inflate(R.layout.dialog_layout, null);
                edit = (EditText) dialogview.findViewById(R.id.editText1);
                AlertDialog.Builder builder = new AlertDialog.Builder(MainActivity.this);
                builder.setIcon(R.drawable.ic_launcher);
                builder.setTitle("输入信息");
```

```
                builder.setView(dialogview);
                builder.setPositiveButton("确认", new DialogInterface.OnClickListener
                ()  {
                    public void onClick(DialogInterface dialog, int whichButton)  {
                        Toast.makeText(MainActivity.this, edit.getText(),
                                    Toast.LENGTH_SHORT).show();
                        }});
                builder.setNegativeButton("取消", new DialogInterface.OnClickLis-
                tener()  {
                    public void onClick(DialogInterface dialog, int whichButton)  {
                        // TODO Auto-generated method stub
                        }});
                builder.show();
            }
        });
    }
...
}
```

运行程序后，单击【添加】按钮后会弹出自定义 Dialog，在该 Dialog 中输入信息，如输入“Hello Android”，单击【确认】按钮后会弹出 Toast，显示内容为“Hello Android”。

【试一试】自定义一个 Dialog，将已经掌握的多种组件灵活地运用到 Dialog 中。

四、Notification

1. 简介

用过 Android 终端的人应该都有这样的使用感受，当手机接收到短信时，Android 终端最上面会有一个图标出现，说明此时有未读的短信，通过向下滑动屏幕会出现 Android 的提示信息栏，一般把这个称为通知栏，如图 3-12 所示最上面的部分。在通知栏中能够看到该条未读短信的简要内容，单击通知栏中的信息，还能够切换到短信应用程序，然后可进一步操作如回复短信等。实际上这是 Android 系统的一种特有的提示方法，称为 Notification（通知）。

虽然在使用 Android 的通知时，觉得非常方便，但是创建一个 Notification 通知还需要认识很多类和方法，下面首先介绍 Android 的通知机制。Android 上面的通知栏，在 Android 系统中是由专门的通知服务进行管理的，所对应的类是 NotificationManager。如果要发送一个通知，必须要告诉它。

Android 中通知所对应类的名称为 Notification。当 Android 发出了一个通知时，通知栏上方会出现图 3-13 所示的信息，左边的图标是这个通知的小图标（Small Icon）。

当将屏幕下滑的时候，会出现图 3-14 所示的详细通知信息。右侧的图标是该条通知的

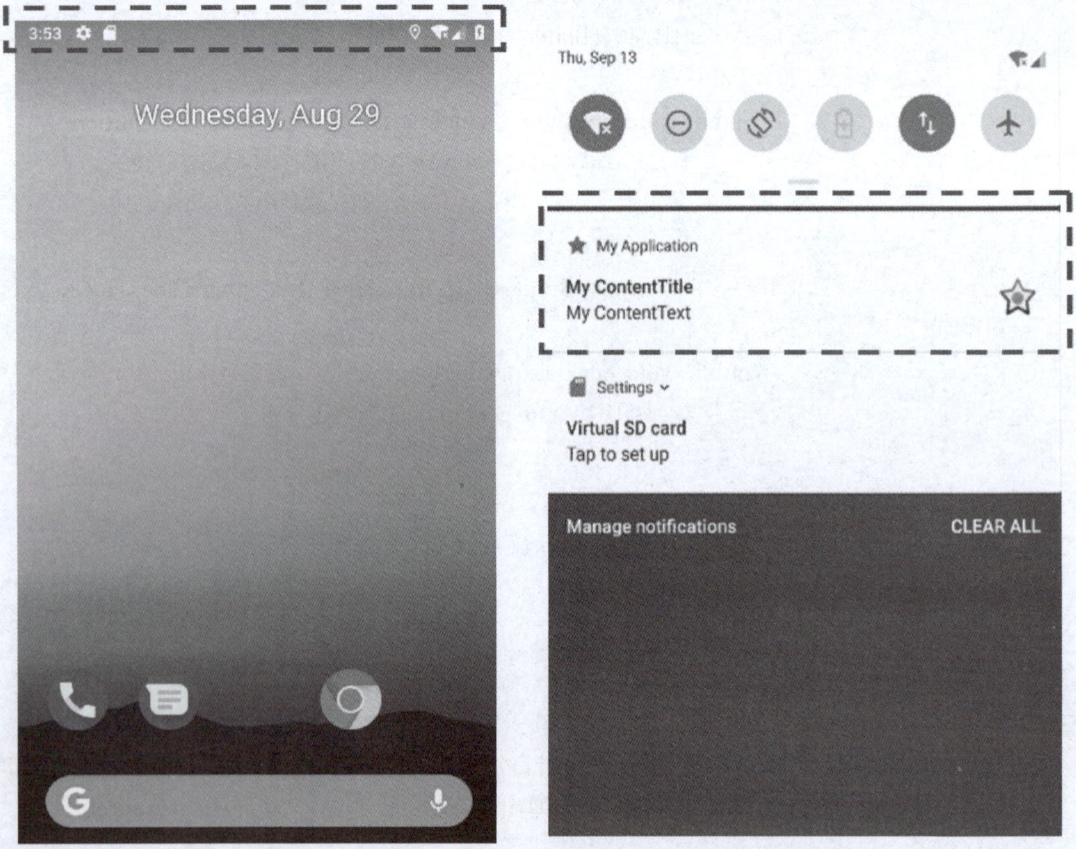

图 3-12　通知栏

大图标（Large Icon）；左侧中间的文字是通知内容的标题（ContentTitle），左侧下方的文字是通知内容的信息（ContentText）；左侧上方是小图标（Small Icon）以及发出该通知的应用名。

图 3-13　通知的小图标和提示信息

图 3-14　详细通知信息

当单击该条通知后，一般会切换到某个 Activity 中，这样又涉及启动 Activity 的操作，在 Android 中常用到意图类（Intent）。由于这样一种切换动作并不是立即发生，而是等到用户单击通知时才发生，需要使用到 PendingIntent 类。这部分内容将在任务四中详细讲解，作为通知必备的一部分，读者只需要参照使用范例中给出的代码即可。

可见一条通知具备非常多的属性，和 Dialog 比较类似的是，创建一个 Notification 也需要依赖于构造器，它所对应的类为 Notification. Builder。如图 3-15 所示，通过获取一个构造器，然后调用各类方法设定通知的属性后，由构造器创建一条通知出来。这条通知需要告知 NotificationManager，由它来处理。

2. 重要方法

在整个创建过程中使用最多的是 Notification. Builder 的方法，下面将着重说明该类的一些方法。

（1）public Notification. Builder setContentIntent(PendingIntent intent)

功能：设定通知被单击后将要执行的意图。

参数：intent 代表的是将要执行的意图。

返回值：通知构造器对象。

（2）public Notification. Builder setLargeIcon(Bitmap icon)

功能：设定通知的大图标。

参数：icon 为大图标的位图。

返回值：通知构造器对象。

（3）public Notification. Builder setSmallIcon(int icon)

功能：设定通知的小图标。

参数：icon 为小图标的资源 ID。

返回值：通知构造器对象。

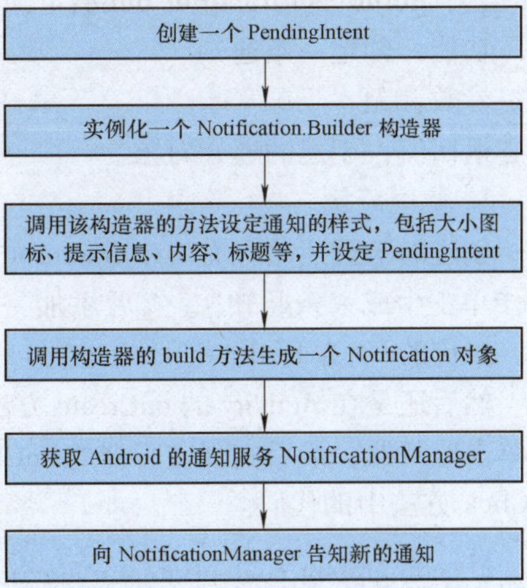

图 3-15　Notification 创建的流程图

（4）public Notification. Builder setTicker(CharSequence tickerText)

功能：设定通知在通知栏上的提示信息。

参数：tickerText 代表的是提示信息的字符串。

返回值：通知构造器对象。

（5）public Notification. Builder setWhen(long when)

功能：设定通知显示的时间。

参数：when 代表显示的时间，如果需要立即显示通知，一般通过 System. currentTimeMillis()获取当前时间。

返回值：通知构造器对象。

（6）public Notification. Builder setContentTitle(CharSequence title)

功能：设定通知的标题。

参数：title 为标题字符串。

返回值：通知构造器对象。

（7）public Notification. Builder setContentText (CharSequence text)

功能：设定通知的内容。

参数：text 为内容字符串。

返回值：通知构造器对象。

（8）public Notification. Builder setAutoCancel(boolean autoCancel)

功能：设定通知单击后是否自动消失。

参数：true 为自动消失，false 则一直保留在通知栏。

返回值：通知构造器对象。

（9）public Notification build( )

功能：创建一条通知。

参数：无。

返回值：创建的通知对象。

3. 使用范例

创建的工程还是含有一个 MainActivity，并在布局文件中添加一个按钮，将其文本修改为“单击生成一条通知”，然后添加一幅图片到 drawable 目录，这里使用的是 stars 这幅图片，对应的 ID 为 R. drawable. stars。

然后还是在 Activity 的 onCreate 方法中填写代码，首先获取 Button 组件对象，然后设定其单击监听器，最后实现监听器的 onClick 方法，在该方法中创建一条通知。下面仅列出了 onClick 方法中的代码。

```
PendingIntent contentIntent = PendingIntent.getActivity(
        MainActivity.this,
        0,
        new Intent(MainActivity.this, MainActivity.class),
        PendingIntent.FLAG_UPDATE_CURRENT);

Notification.Builder builder = new Notification.Builder(MainActivity.this);
builder.setContentIntent(contentIntent)
        .setSmallIcon(android.R.drawable.star_on)//设置状态栏里面的图标(小图标)
        .setLargeIcon(BitmapFactory.decodeResource(MainActivity.this.getResources(), R.
         drawable.stars))
                                                  //设置下拉列表里面的图标(大图标)
        .setTicker("My Ticker")                   //设置状态栏的提示信息
        .setAutoCancel(true)                      //设定通知单击后自动取消
        .setWhen(System.currentTimeMillis())      //设置发生时间
        .setContentTitle("My ContentTitle")       //设置下拉后显示的标题
        .setContentText("My ContentText");        //设置下拉后显示的内容

        Notification msg = builder.build();       //生成一条通知
        NotificationManager manager =             //获取 NotificationManager 通知管理服务
            (NotificationManager) getSystemService(NOTIFICATION_SERVICE);
        manager.notify(1, msg);                   //发出该通知
```

首先通过 PendingIntent. getActivity 方法获取一个 PendingIntent 对象，对这个方法需要进行特别解释，第一个参数为该 PendingIntent 所在的 Activity 的环境，第二个参数一般不使用，填 0 即可，第三个参数是通知单击后执行的意图（Intent 的内容将在任务四中介绍，这里只要明白它将跳转到 MainActivity 即可），第四个参数是一个标志，PendingIntent. FLAG_UPDATE_CURRENT 代表当有多个通知产生时，将以最新的通知信息为准，该参数有多种值，

有兴趣的话可以查阅相关资料。

接着生成一个构造器 builder，并通过调用一系列方法设定通知的许多属性，设定完成后通过 build 方法生成一个通知 msg。

然后使用 getSystemService 获取系统的通知服务对象 manager，最后通过调用 manager. notify 的方法发送通知，该方法第一个参数指定的是通知的 ID，第二参数为通知的对象。

需要特别注意的是，Android API 版本大于或等于 26 的 SDK 中，要求发送通知时，需要设定通知的频道 Channel，所以考虑 Android 各种版本的通知代码应该如下：

```
PendingIntent contentIntent = PendingIntent.getActivity(
        MainActivity.this,
        0,
        new Intent(MainActivity.this, MainActivity.class),
        PendingIntent.FLAG_UPDATE_CURRENT);

Notification.Builder builder = new Notification.Builder(MainActivity.this);
builder.setContentIntent(contentIntent)
        .setSmallIcon(android.R.drawable.star_on)//设置状态栏里面的图标(小图标)
        .setLargeIcon(BitmapFactory.decodeResource(MainActivity.this.getResources(), R.
drawable.stars))
                                                //设置下拉列表里面的图标(大图标)
        .setTicker("My Ticker")                 //设置状态栏的提示信息
        .setAutoCancel(true)                    //设定通知单击后自动取消
        .setWhen(System.currentTimeMillis())    //设置发生时间
        .setContentTitle("My ContentTitle")     //设置下拉后显示的标题
        .setContentText("My ContentText");      //设置下拉后显示的内容

        NotificationManager manager =          //获取 NotificationManager 通知管理服务
            (NotificationManager) getSystemService(NOTIFICATION_SERVICE);

if(Build.VERSION.SDK_INT >=26)
{
        String channelid = "Channel1";
        builder.setChannelId(channelid);
        NotificationChannel channel = new NotificationChannel(channelid, "Channel of Exam-
ple", NotificationManager.IMPORTANCE_DEFAULT);
        manager.createNotificationChannel(channel);

        Notification msg = builder.build();
        manager.notify(1,msg);
```

```
    }else{
        Notification msg = builder.build();
        manager.notify(1,msg);
    }
```

其中 SDK 版本大于或等于 26，首先设定 ChannelID，然后新建了一个 NotificationChannel 对象，最后再生成通知。

如图 3-16 所示，程序运行后，单击 Button 就会发送一个通知，下拉通知再单击又回到了原来的 Activity。

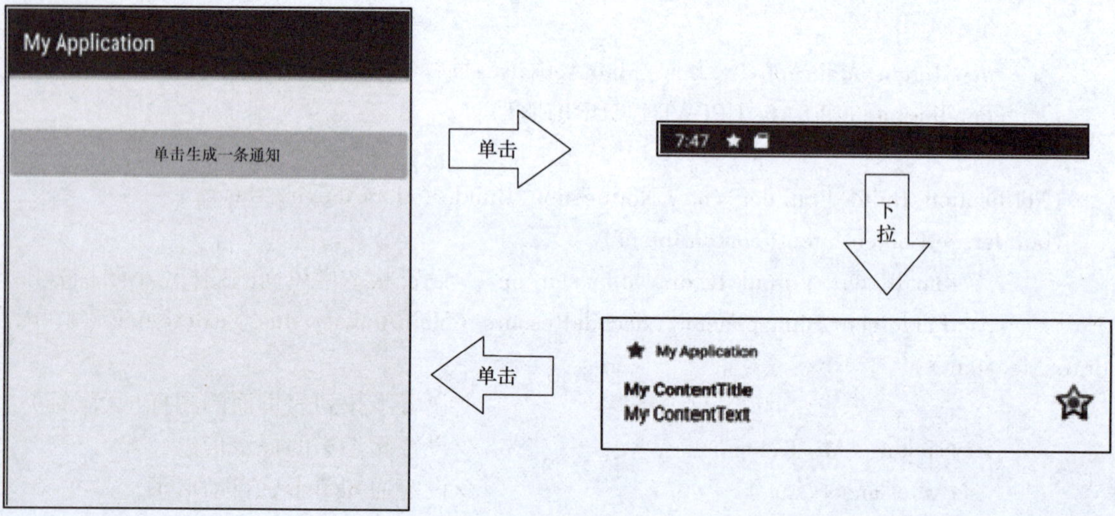

图 3-16　运行效果图

【试一试】创建一条属于自己的通知。

【提示】这里只介绍了 Notification 的基本用法，实际上还可以设定其出现时的声音、灯光等，感兴趣的话可以查阅相关资源。

五、Option Menu

许多智能终端都带有菜单键，触摸菜单键后会弹出菜单提供相应的功能；而部分终端没有菜单键，单击 APP 右上角的菜单键就会弹出菜单，Android 称这种菜单为 Option Menu（选项菜单）。

1. 菜单创建

要使用菜单实际上需要解决两个问题，一是如何创建菜单，二是如何监听菜单项被单击。Android 已经充分考虑了这一点，Activity 类中有多个方法与选项菜单有关系。在 Android 较早的版本里，大部分选项菜单的创建需要依靠代码完成，但是较高的 Android 版本提供了菜单的布局文件，提供了标准的 XML 格式的资源文件来定义菜单项，并且对所有菜单类型都支持，推荐使用 XML 格式的资源文件来定义菜单，之后再把它加载到 Activity 或者 Fragment 中，而不是在 Activity 中使用代码声明。而菜单的 XML 格式的资源文件，需要创建在/res/menu/目录下，具体路径如图 3-17 所示。

但是 menu 文件夹默认情况下是不可见的，需要手动添加。那么如何手动添加？

在【Android】中右击本工程下的 res 目录，在右键菜单中选择【New⇒Android Resoure Directory】，弹出图 3-18 所示的对话框，在【Resource type】一栏中选择 menu 选项，然后单击【OK】按钮即可，可以发现在 res 目录中出现了【menu】文件夹。在该文件夹下可以创建菜单布局文件，右击【menu】文件夹选择【New⇒Menu Resoure File】，弹出新建资源文件对话框，如图 3-19 所示。输入对应的菜单布局文件名称，单击【OK】按钮，菜单布局文件就创建成功了。

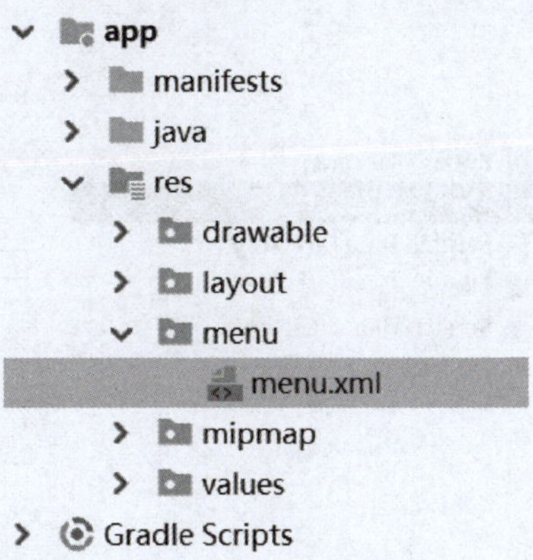

图 3-17　菜单的布局文件目录 menu

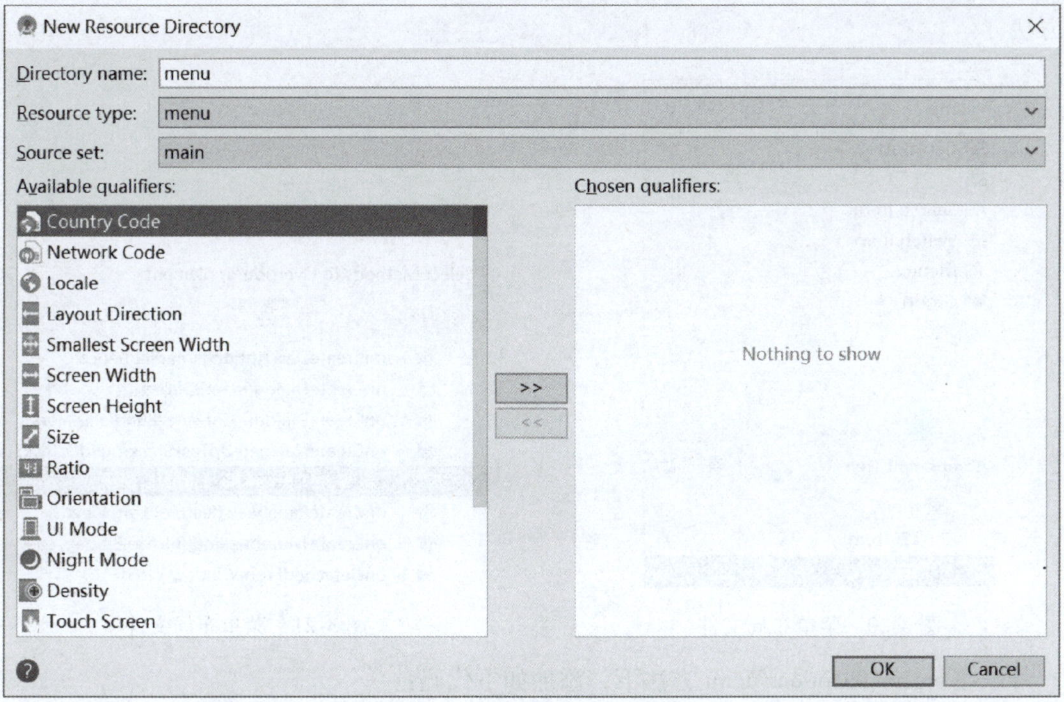

图 3-18　新建资源文件夹对话框

菜单布局文件一般包含下列几个元素：

<menu>：定义一个 Menu，是一个菜单资源文件的根节点，里面可以包含一个或者多个<item>和<group>元素。

<item>：创建一个 MenuItem，代表了菜单中一个选项。

<group>：对菜单项进行分组，可以以组的形式操作菜单项。

具体如图 3-20 所示。

那么系统是怎么知道加载这个文件来创建菜单的？这个需要在 Activity 中重写 onCreateOptionsMenu 方法，在这个方法中完成加载 Menu 资源的操作。那么如何重写 onCreateOp-

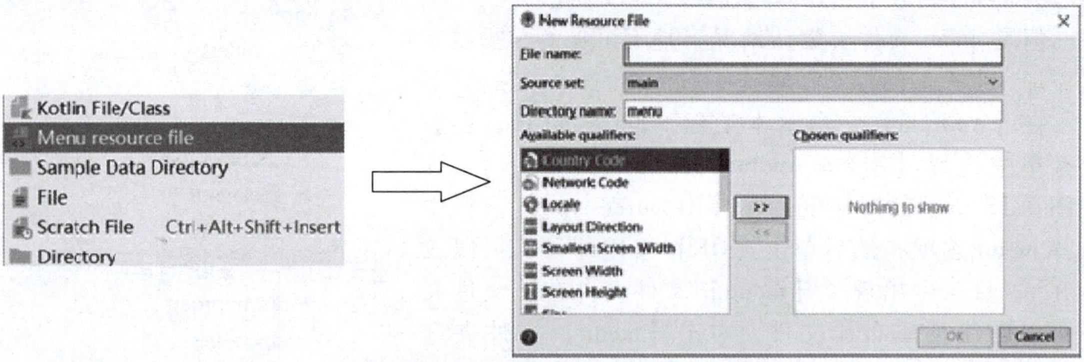

图 3-19　新建菜单布局文件项

tionsMenu？单击 Android Studio 工具的菜单【Code⇒Override Methods...】，选择 onCreateOptionsMenu 方法，如图 3-21 所示，单击【OK】按钮，会发现在 Activity 的 Java 文件中重写了该方法。

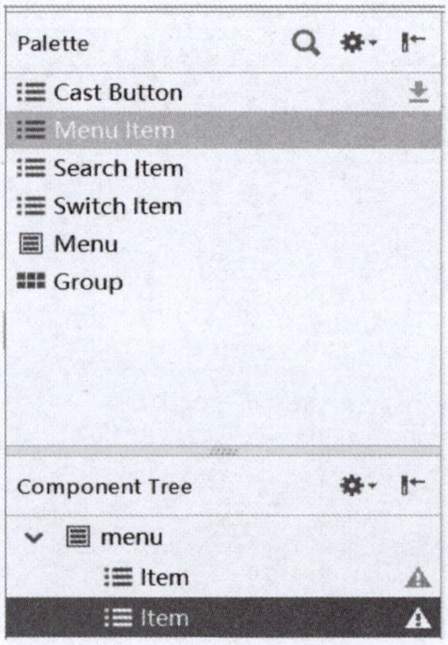

图 3-20　菜单布局文件

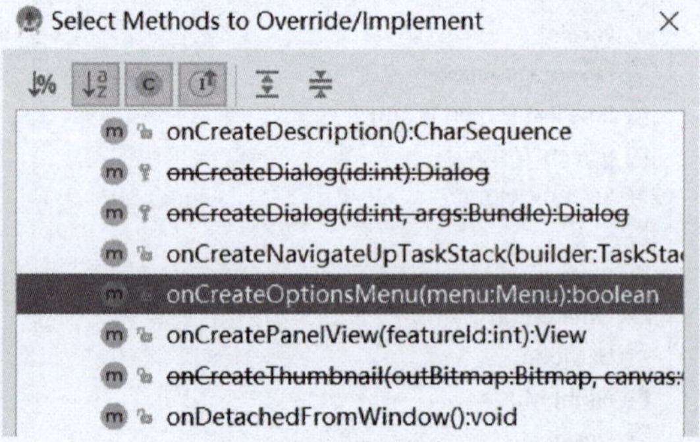

图 3-21　菜单布局文件

可以在 onCreateOptionsMenu 方法下，添加如下代码：

```
@Override
public boolean onCreateOptionsMenu(Menu menu) {
    // Inflate the menu; this adds items to the action bar if it is present.
    getMenuInflater().inflate(R.menu.main, menu);
    return true;
}
```

这段代码通过调用 getMenuInflater 方法获得系统选项菜单的布局对象，然后调用 inflate 让 R.menu.main 的布局填充 menu 这个菜单，我们的任务就是编辑 res\menu\main.xml 文件。

```
<menu xmlns:android="http://schemas.android.com/apk/res/android" >
<item
    android:id="@+id/menu_add"
    android:title="Add"/>
<item
    android:id="@+id/menu_del"
    android:title="Delete"/>
<item
    android:id="@+id/menu_upd"
    android:title="Update"/>
</menu>
```

在 menu 节点下添加了三个 item，即三个子菜单，三个子菜单的 ID 分别为 R.id.menu_add、R.id.menu_del、R.id.menu_upd，而 android:title 代表三个子菜单的提示标题，菜单的显示效果如图 3-22 所示。

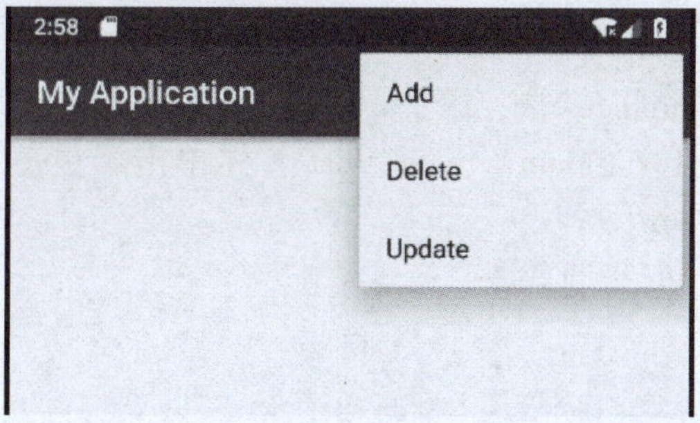

图 3-22　利用 XML 菜单布局文件所创建的菜单

【试一试】尝试在菜单项中显示图标。

2. 菜单响应

创建菜单后，还需要监听菜单被选择的事件，一旦菜单被选中一般会执行有关操作，这些操作所对应的代码应放到哪个函数中？需要重写 Activity 类的 onOptionsItemSelected 方法。

Activity 类的方法：boolean onOptionsItemSelected（MenuItem item）

功能：单击菜单项后会自动触发该方法。

参数：item 参数是被单击的菜单项。

返回值：false 代表系统会继续执行菜单被单击的处理，true 代表菜单单击处理到此为止。

示例：

若响应菜单单击事件，需要重写 Activity 的 onOptionsItemSelected 方法，并在 onOptionsItemSelected 方法中获取 item 的一些属性来判断到底单击了哪个菜单项。

在已经创建好菜单的基础上，进入 MainActivity 的 Java 文件中，单击 Android Studio 工具的菜单【Code⇒Override Methods...】，选择 onOptionsItemSelected 方法，类似 onCreateOptionsMenu 方法，此处不再赘述。

判断单击菜单项的 ID，就可以进行不同菜单项功能代码的添加：

```
@Override
public boolean onOptionsItemSelected(MenuItem item) {
    // TODO Auto-generated method stub
    switch(item.getItemId())
    {
    case R.id.menu_add:
        Toast.makeText(MainActivity.this, "你单击了新增按钮", Toast.LENGTH_
        SHORT).show();
        break;
    case R.id.menu_del:
        Toast.makeText(MainActivity.this, "你单击了删除按钮", Toast.LENGTH_
        SHORT).show();
        break;

    case R.id.menu_update:
        Toast.makeText(MainActivity.this, "你单击了更新按钮", Toast.LENGTH_
        SHORT).show();
        break;

    default:
        break;
    }
    return super.onOptionsItemSelected(item);
}
```

上面的代码，通过 switch 语句判断菜单项的 ID，然后进行对应的 Toast 提示。

【试一试】在该代码基础上，请重写 onOptionsItemSelected 方法，当单击“Add”选项时，弹出自定义对话框，对话框中有一个文本框，用户可以输入姓名。单击对话框【确认】按钮，提示“输入成功”，对话框消失。

六、Spinner 组件

1. 简介

Spinner 组件是通过下拉列表的方式让用户选择一个选项的组件，如图 3-23 上方所示。当用户单击了该组件后，就会自动出现一个选项界面，如图 3-23 中间所示。在该选项界面中任意选择一项，会发现组件的选择项发生了改变，如图 3-23 下方所示。

2. 重要属性

Spinner 组件是 AdapterView 的子类，AdapterView 是 View 类的子类，所以 Spinner 组件继

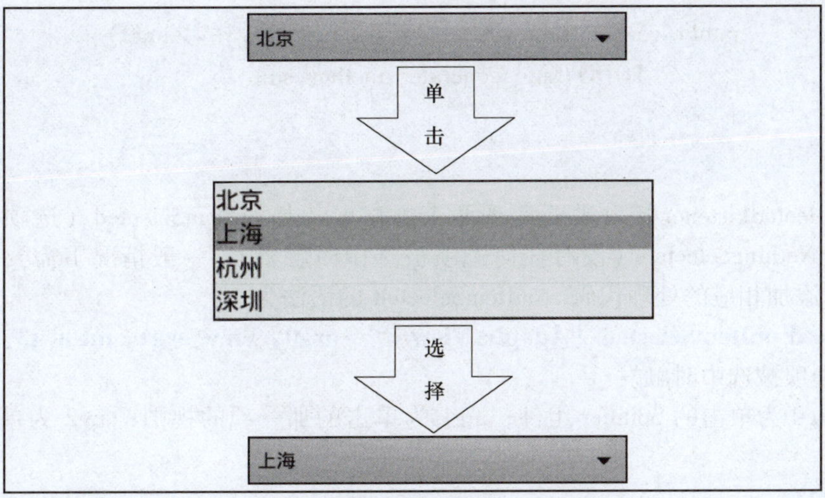

图 3-23　Spinner 组件显示效果图

承了许多 View 类的属性，下面主要介绍 Spinner 特有的属性。

（1）android：spinnerMode

用来改变 Spinner 组件下拉列表框的样式，可以为弹出列表（dialog），也可以为下拉列表（dropdown），默认为下拉列表。

（2）android：prompt

单击 Spinner 组件出现下拉列表框的标题，仅在 dialog 模式下有效，可以将其设定为一个类似于“@ string/name”字符串资源。

通过该属性可以设置 Spinner 要显示的项，必须先在 res\value\strings. xml 资源文件中定义字符串数组资源，然后指定该属性为字符串数组资源 ID。

3. 监听器

Spinner 组件最重要的监听器实际上就是用户选择了某个选项的监听器，设定该监听器的方法为

public void setOnItemSelectedListener（AdapterView. OnItemSelectedListener listener）

功能：用于监听 Spinner 选项被选中的事件，该方法是 Spinner 组件从其父类 AdapterView 中继承得到的。

说明：AdapterView. OnItemSelectedListener 是选项监听器。

示例：

```
Spinner spinner = (Spinner)this. findViewById(R. id. spinnerOperator);
spinner. setOnItemSelectedListener(new AdapterView. OnItemSelectedListener() {
        @ Override
        public void onItemSelected(AdapterView <? >arg0, View arg1,
                int arg2, long arg3) {
            // TODO Auto-generated method stub
        }
        @ Override
```

```
            public void onNothingSelected(AdapterView<?>arg0) {
                // TODO Auto-generated method stub
            }
        });
```

OnItemSelectedListener 接口需要实现两个方法，一是 onItemSelected（选项被选中时触发），二是 onNothingSelected（没有任何选项被选中时触发）。一般情况下需要在 onItemSelected 方法中添加相应的处理代码。onItemSelected 的语法为

public void onItemSelected（AdapterView<?>arg0，View arg1，int arg2，long arg3）

功能：选项被选中时触发。

参数：arg0 为单击的 Spinner 组件；arg1 为单击的那一项的视图；arg2 为单击的那一项的位置。

4. 使用范例

组合 Spinner 组件、Button 组件、TextView 组件进行综合应用，Spinner 组件显示 12 个星座，单击 Button 按钮后 TextView 将显示 Spinner 当前选择的星座名称。

首先单击 res\value\strings. xml 文件，可以在该文件中添加字符串数组用于存储星座名称，对应的元素 tag 名称为 array，设置 name 属性值为 constellation。

```
<resources>
<string name="app_name">My Application</string>
<array name="constellation">
        <item>白羊座</item>
        <item>金牛座</item>
        <item>双子座</item>
</array>
</resources>
```

然后在布局文件中添加 Spinner 组件的 entries 属性为 constellation 数组。

```
<Spinner
        android:entries="@array/constellation"
        android:id="@+id/spinner" />
```

接着修改 onCreate 方法，实现 Spinner 项被选择事件的监听器。

```
@Override
    protected void onCreate(Bundle savedInstanceState) {
        super.onCreate(savedInstanceState);
        setContentView(R.layout.activity_main);

        //从字符串数组 XML 资源创建 ArrayAdapter
        Spinner spinner = (Spinner)this.findViewById(R.id.spinner1);
        //设定 spinner 选项被选择的监听器
```

```
        spinner.setOnItemSelectedListener(new AdapterView.OnItemSelectedListener() {
            @Override
            public void onItemSelected(AdapterView<?> arg0, View arg1,
                    int arg2, long arg3) {
                // TODO Auto-generated method stub
                //将选项视图转换为 TextView 类型
                TextView txt = (TextView) arg1;
                //获取选中项的显示字符串
                String strName = txt.getText().toString();
                //使用 Toast 提示该字符串(实际上为选中星座的名称)
                Toast.makeText(MainActivity.this, strName, Toast.LENGTH_SHORT).
                show();
            }

            @Override
            public void onNothingSelected(AdapterView<?> arg0) {
                // TODO Auto-generated method stub
            }
        });
    ...
    }
```

设定 Spinner 选项被选择的监听器，在监听器中实现了 onItemSelected 方法。由于每一项视图本质上就是一个 TextView，所以在 onItemSelected 方法中将 arg1（被选中项的视图）转换为 TextView 类型，并获取该项显示的字符串，通过 Toast 显示出来。整个程序运行的结果如图 3-24 所示，选择“狮子座”这一项后马上会出现该星座的 Toast。

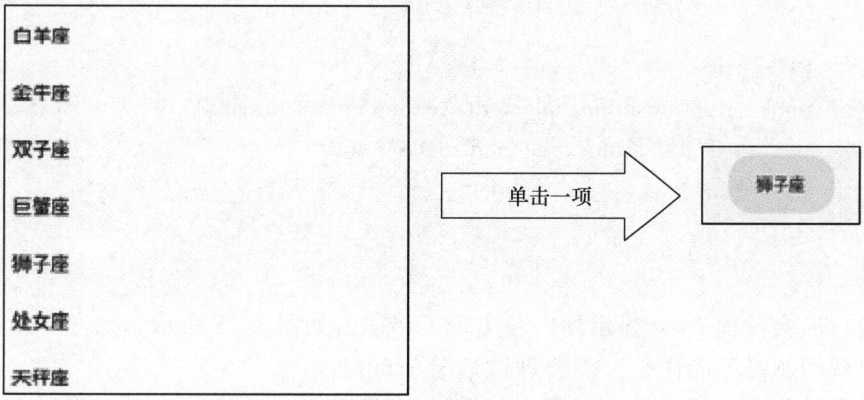

图 3-24　星座 Spinner 的演示效果图

七、Android 程序的调试

1. 简介

作为程序员除了设计、编码外，调试也是非常重要的工作，调试的目的是发现程序中的问题，很早这样的问题就有了一个专有英文称为 Bug（臭虫），当 Bug 出现时程序员就需要去查找并解决。如何才能达到这样的目的？就需要依赖调试。Android 中的调试，实际上和 Java 中的调试没有太大区别，为了让大家更加深刻地记住调试的步骤，下面讲解在 Android 开发环境下如何调试。

2. 调试方法

下面以一个例子讲解如何进行调试，讲解 Spinner 组件时，在 onCreate 方法中添加了许多代码，现在将代码修改如下：

```
@Override
protected void onCreate(Bundle savedInstanceState) {
      super.onCreate(savedInstanceState);
      setContentView(R.layout.activity_main);

      //从字符串数组资源创建 ArrayAdapter
      Spinner spinner = (Spinner)this.findViewById(R.id.spinner1);
      spinner.setOnItemSelectedListener(new AdapterView.OnItemSelectedListener() {
            @Override
            public void onItemSelected(AdapterView<?> arg0, View arg1,
                        int arg2, long arg3) {
                  // TODO Auto-generated method stub
                  String strName = arg1.toString();
            Toast.makeText(MainActivity.this, strName, Toast.LENGTH_SHORT).show
            ();
            }

            @Override
            public void onNothingSelected(AdapterView<?> arg0) {
                  // TODO Auto-generated method stub
            }
      });
}
```

程序运行后会发现 Toast 显示的内容出现了错误，如图 3-25 所示。

程序出现问题时不能慌张，需要理性地分析问题出现时所涉及的代码，然后设定断点进行调试。可以按照图 3-26 所示的流程，逐步进行调试分析，最终解决问题。

图 3-25　Toast 显示内容出现错误

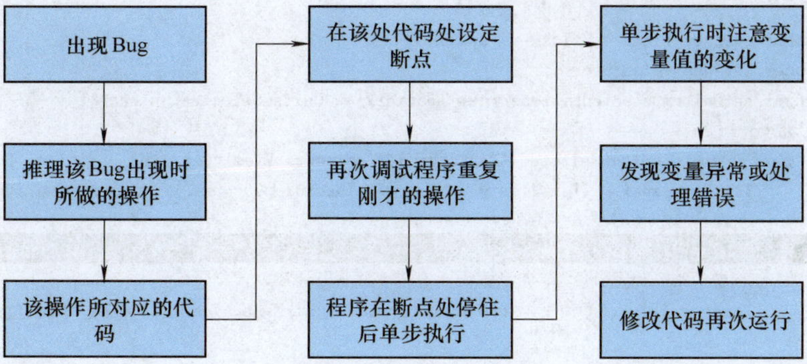

图 3-26　调试流程

首先推理该 Bug 出现时所做的操作，非常明显，出现 Toast 一定是调用了 onItemSelected 方法，但是之前讲过该方法需要选择了 Spinner 某一项才会调用，为什么程序一运行就执行了？实际上程序运行初始化时，会默认选中 Spinner 的第一项，从而触发该方法。因此就在该方法的第一行代码处设定断点，方法非常简单，只需要在该行代码左侧灰色边界处双击，或者单击鼠标右键，在弹出的快捷菜单中选择【Run => Toggle Line BreakPoint】，就会发现该行代码左侧出现一个断点，如图 3-27 所示。

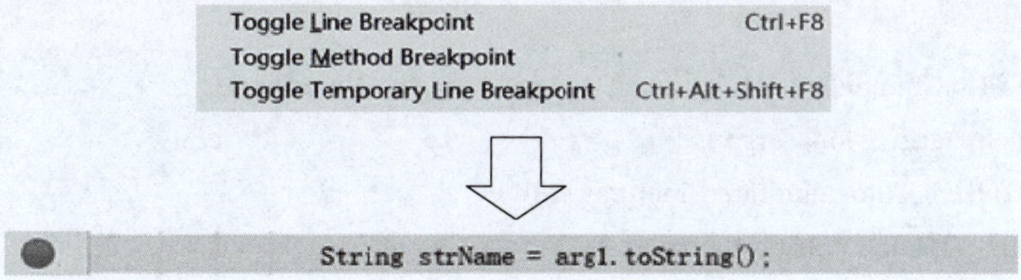

图 3-27　右击菜单设定断点

单击菜单【Run⇒Debug】，此时注意虚拟机会出现如图 3-28 所示的等待调试的界面，不要以为这又是程序崩溃了，耐心等待一会儿就会回到应用界面。

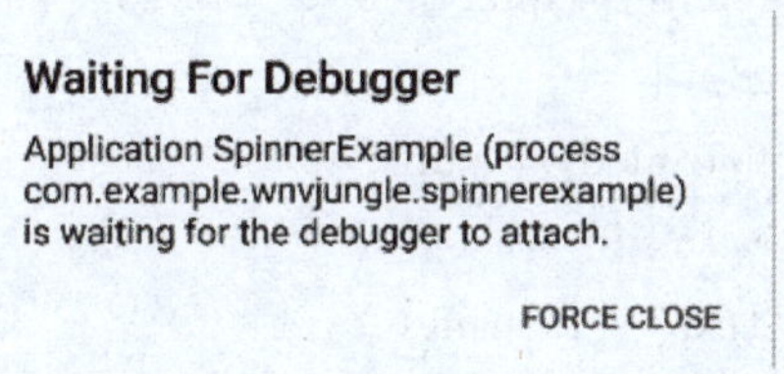

图 3-28　虚拟机提示等待调试的界面

应用程序一加载，会发现虚拟机黑屏，这不是意味着程序死掉了，注意 Android Studio 开发环境已经切换到了 Debug Perspective（调试视角），并且断点处如图 3-29 所示。

然后按快捷键 <F8> 或者单击菜单【Run⇒Step Over】进行单步调试，位于 Debug 窗口中间的是 Variables 面板，在该面板中可以查看当前变量的值，如图 3-30 所示。

此时会发现 strName 变量的值已经出现了错误，于是需要认真分析 strName 赋值的代码。

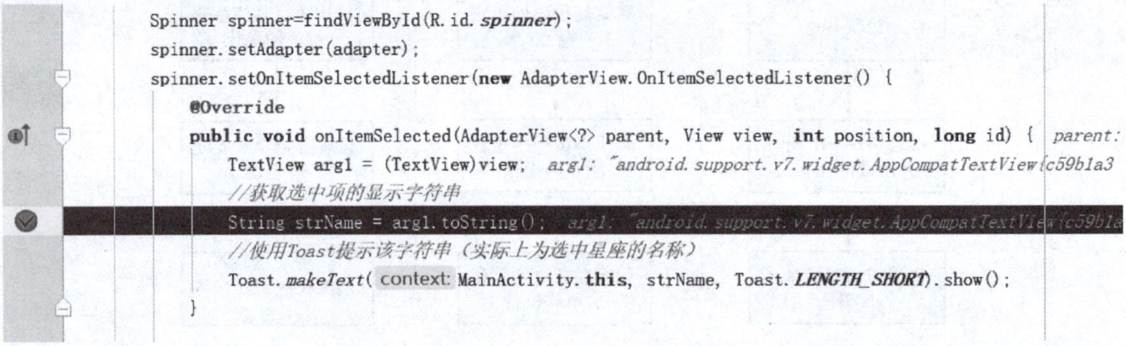

图 3-29　断点处打勾

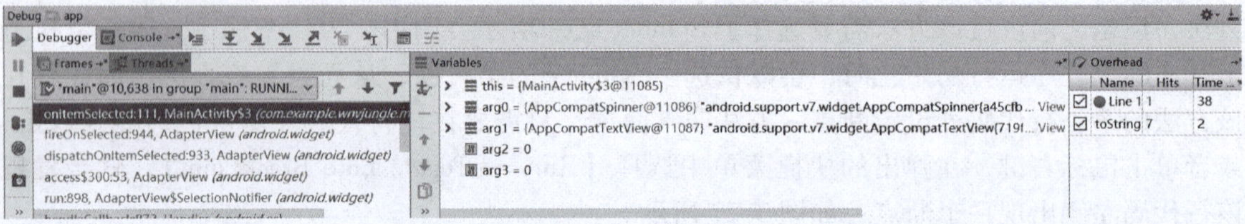

图 3-30　变量值

```
public void onItemSelected(AdapterView<?>arg0, View arg1,
        int arg2, long arg3) {
    // TODO Auto-generated method stub
    String strName = arg1.toString();
```

strName 的值来自于 arg1.toString()，arg1 就是选中的那一项，本质上是一个 TextView。实际上需要获得该组件显示的文本，所以应该使用 arg1.getText()获取文本，由于返回值是 CharSequence 类型，紧接着调用 toString()将其转换为 String 类型。重新修改代码后再运行，会出现预期的结果。

```
public void onItemSelected(AdapterView<?>arg0, View arg1,
        int arg2, long arg3) {
    // TODO Auto-generated method stub
    TextView t = (TextView)arg1;
    String strName = t.getText().toString();
    Toast.makeText(MainActivity.this, strName, Toast.LENGTH_SHORT).show();
}
```

八、Android 日志

1. 简介

实际上，由于系统比较庞大，为了很好地跟踪程序的运行状况，以及在出现问题时便于追踪和排查问题，因此会在重要的方法、处理中添加日志，这些日志可以被方便地查阅。

Android 也考虑到了这一点，提供了 Log 类，程序员可以使用这个类方便地实现日志的记录，并且通过开发工具 Android Studio 中的插件方便地查阅和筛选日志。

Android 中的日志有不同的级别，所谓级别可以理解为有的日志含有重要信息，有的日志仅仅是描述性的信息，有的日志仅仅是程序员的调试信息。通过 Log 类提供的方法，能够方便地进行不同级别的日志输出，Log 类提供以下级别的日志。

- Log. ASSERT：断言。
- Log. ERROR：错误信息。
- Log. WARN：警告信息。
- Log. INFO：普通信息。
- Log. DEBUG：调试信息。
- Log. VERBOSE：无关紧要的信息。

从上至下日志的级别递减，也就是 ASSERT 级别最高。

2. 重要方法

相对于不同级别，LOG 类提供了相应的方法进行不同级别日志的记录。

（1）public static int e（String tag，String msg）

功能：记录一条 ERROR 级别的日志。

参数：tag 为日志发起者，用于定位是谁发起的这条日志，常常会使用类或 Activity 的名称；msg 是日志内容的字符串。其他几个方法的参数与该方法一致，不再赘述。

示例：

```
Log.e("MainActivity","程序启动啦!");
```

（2）public static int w（String tag，String msg）

功能：记录一条 WARN 级别的日志。

（3）public static int i（String tag，String msg）

功能：记录一条 INFO 级别的日志。

（4）public static int d（String tag，String msg）

功能：记录一条 DEBUG 级别的日志。

（5）public static int v（String tag，String msg）

功能：记录一条 VERBOSE 级别的日志。

（6）public static int println（int priority，String tag，String msg）

功能：记录一条指定级别的日志。

参数：priority 为优先级，后两个参数与其他方法一致。

示例：

```
Log.println(Log.ASSERT,"MainActivity","程序启动啦!");
```

3. 使用范例

在菜单响应的范例中增加输出日志的功能，当菜单被创建时输出一条 DEBUG 日志，而在菜单项被单击时输出一条 INFO 日志。

示例：

重写 onOptionsItemSelected 和 onCreateOptionsMenu 方法，在这两个方法中添加输出日志

的代码。

```
@ Override
public boolean onOptionsItemSelected(MenuItem item) {
    // TODO Auto-generated method stub
    Log.i("MainActivity", item.getTitle().toString());
                                              //INFO 级别日志:被单击菜单项的名称
    return super.onOptionsItemSelected(item);
}

@ Override
public boolean onCreateOptionsMenu(Menu menu) {
    // Inflate the menu; this adds items to the action bar if it is present.
    Log.v("MainActivity", "菜单创建了!");//DEBUG 级别日志:菜单创建了!
    getMenuInflater().inflate(R.menu.main, menu);
    return true;
}
```

4. 日志查阅

查阅日志需要通过一个叫 LogCat 的窗口，在开发环境下方单击标题为“LogCat”的窗口，就可以看到日志信息，如图 3-31 所示。

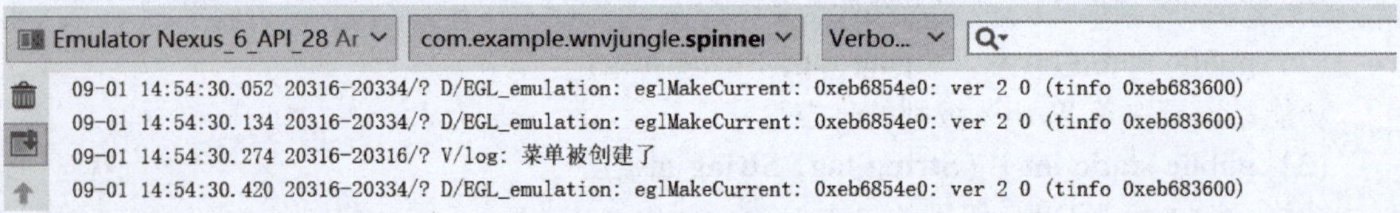

图 3-31 LogCat 窗口

5. 筛选级别

如图 3-32 所示，LogCat 还可以通过下拉列表框显示特定级别的日志，当选择级别为 DEBUG 时，将显示级别 DEBUG 及其以下的日志。

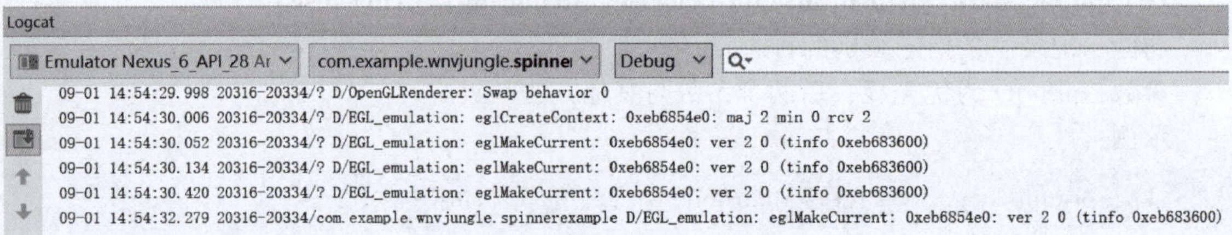

图 3-32 筛选 DEBUG 级别的日志

而当选择级别为 INFO 时，显示级别 INFO 及其以下的日志，如图 3-33 所示。

6. 日志过滤

通过单击图 3-34 中的【Edit Filter Configuration】选项可以编辑日志筛选器。如图 3-35

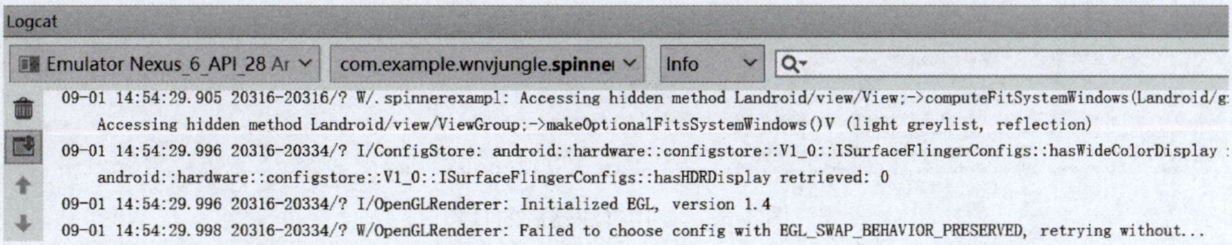

图 3-33　筛选 INFO 级别的日志

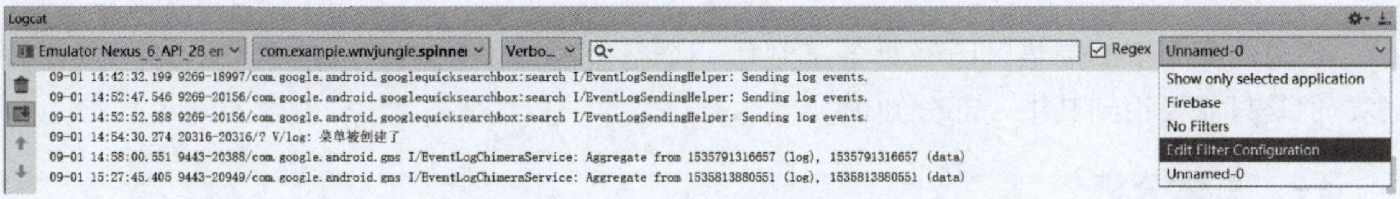

图 3-34　Edit Filter Configuration 选项

所示，单击【+】按钮输入过滤器的名称（Filter Name），然后选择过滤器条件，单击【OK】按钮。日志的过滤条件可以选择下面任何一个，也可以几个条件组合：

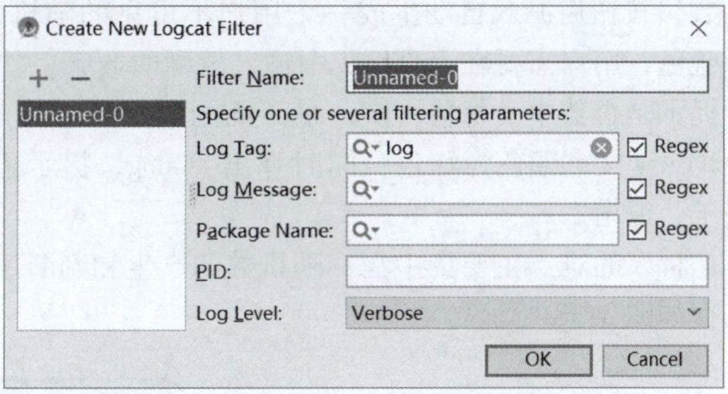

图 3-35　筛选器对话框

- by Log Tag：日志的发起者。
- by Log Message：日志内容。
- by Package Name：包名称。
- by PID：进程 ID。
- by Log Level：日志级别。

如图 3-36 所示，创建了一个名为 Filter_MainActivity 的过滤器，过滤条件是日志标签名含有“log”，日志级别为 VERBOSE。

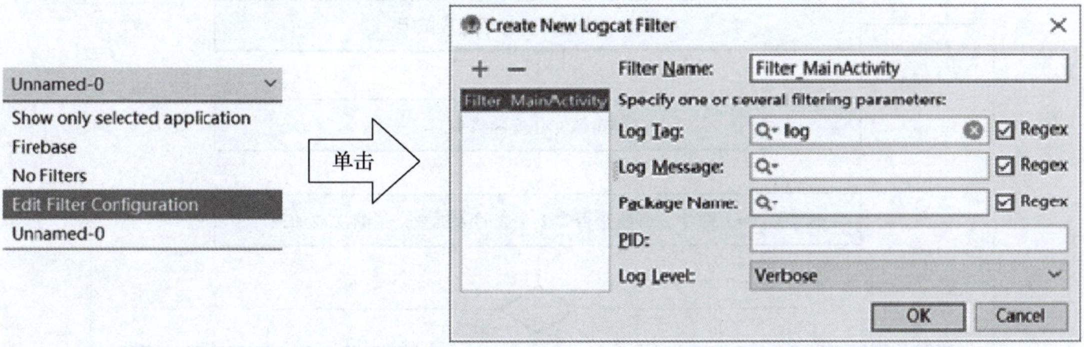

图 3-36　设定过滤器

创建该过滤器之后，选择该过滤器，将只显示标签名中含有“log”的日志，如图 3-37 所示。

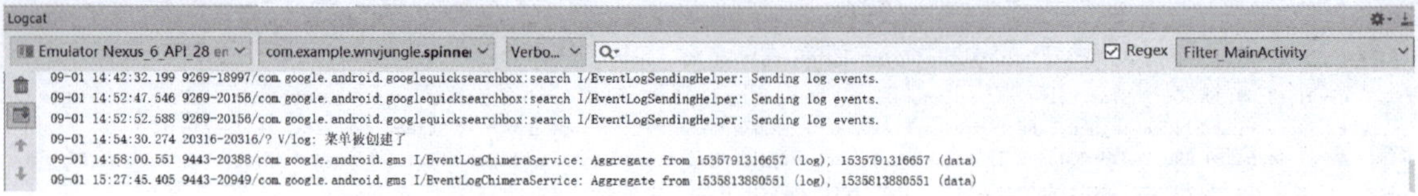

图 3-37　使用过滤器后的日志

任务实施

通过前面知识的铺垫，已经具备了制作一个猜数游戏的基础，虽然本节的知识点比较多，但是只需要用到其中一部分知识。

一、总体分析

前面已经了解了猜数游戏的界面和功能，用户选择随机数的生成范围，单击【生成随机数】按钮后游戏自动生成一个用户不可见的随机数，此时【随机数】TextView 文字颜色为蓝色，用户需要在 EditText 中输入猜测的数字，然后单击【看看猜对了么?】按钮，Toast 会提示是否猜中，每猜一次，最下面的 TextView 会累加猜测的次数，如果猜中，【随机数】TextView 文字颜色为红色，同时弹出 Dialog，提示猜中。此外，程序选项菜单有两个选项：关于、退出。

程序的难点主要集中在：随机数的产生和判断用户输入数是否等于随机数。大体的逻辑流程如图 3-38 所示。

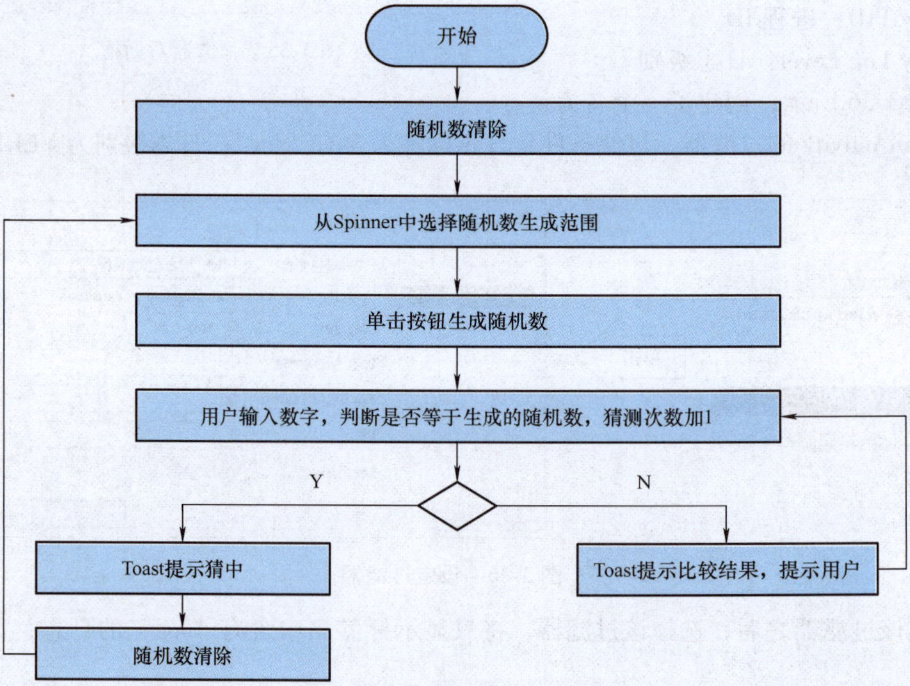

图 3-38　程序处理逻辑流程

二、功能实现

1. 创建项目

首先创建一个 Android 应用程序项目，取名为 NumberGuess，默认的 Activity 名称为 MainActivity，其对应的 XML 布局文件为 activity_main. xml。

2. 界面布局

从界面显示上看，该应用包含了多个组件：一个 EditText、一个 Spinner、两个 Button、三个 TextView。从界面布局上看，可以认为界面分为五行：第一行包括一个 TextView 和一个 Spinner，用于选择随机数范围；第二行为一个 Button，用于生成随机数；第三行包括一个 TextView 和一个 EditText，用于输入猜测的数字；第四行为一个 Button，用于判断是否猜中；最后一行为一个 TextView，用于显示猜测次数。因此，可以选择垂直线性布局进行页面布局。首先第一行嵌套一个水平线性布局，包含一个 TextView 和 Spinner，第二行直接拖入一个 Button 组件，第三行嵌套一个水平线性布局，包含一个 TextView 和 Spinner，第四行直接拖入一个 Button，第五行拖入一个 TextView。

此外，添加一个菜单布局文件，包含两个 item，一个用于“关于”选项，一个用于“退出”选项。

这样布局基本完成后，需要修改这些组件的属性，通过直接编辑 activity_main. xml 布局文件的方法进行。

（1）EditText

因为 EditText 中需要输入数字，所以需要设置 inputType 属性为“Number”。

（2）Button

Button 按钮起到触发事件的功能，不需要设定特别的属性，只需要将 text 属性改成对应的文字就可以了。

综上所述，MainActivity 界面布局的代码如下：

```
<LinearLayout xmlns:android = "http://schemas. android. com/apk/res/android"
xmlns:app = "http://schemas. android. com/apk/res-auto"
xmlns:tools = "http://schemas. android. com/tools"
android:layout_width = "match_parent"
android:layout_height = "match_parent"
android:orientation = "vertical"
tools:context = ". MainActivity" >
<LinearLayout
    android:layout_width = "match_parent"
    android:layout_height = "wrap_content"
    android:orientation = "horizontal"
    android:padding = "10dp" >
<TextView
        android:layout_height = "wrap_content"
```

```
            android:layout_width = "match_parent"
            android:layout_weight = "1"
            android:text = "选择随机数的范围:"
            android:gravity = "end"
            android:textSize = "20dp"  / >
        < Spinner
            android:id = "@ + id/spinner"
            android:layout_width = "match_parent"
            android:layout_height = "wrap_content"
            android:entries = "@ array/range"
            android:layout_weight = "1"
            android:spinnerMode = "dialog"
            android:textSize = "20dp"  / >
    < /LinearLayout >
    < Button
        android:id = "@ + id/buttonRandom"
        android:layout_width = "match_parent"
        android:layout_height = "wrap_content"
        android:text = "生成随机数"
        android:textSize = "20dp"  android:background = "@ color/colorPrimary"/ >
    < LinearLayout
        android:layout_width = "match_parent"
        android:layout_height = "wrap_content"
        android:orientation = "horizontal"
        android:padding = "10dp" >
        < TextView
            android:id = "@ + id/textViewNum"
            android:layout_width = "match_parent"
            android:layout_height = "wrap_content"
            android:layout_weight = "1"
            android:gravity = "end"
            android:text = "随机数:"
            android:textSize = "20dp"  / >/ >
        < EditText
            android:id = "@ + id/editTextInput"
            android:layout_height = "wrap_content"
            android:layout_width = "match_parent"
            android:layout_weight = "1"
```

```
            android:ems="10"
            android:inputType="number"
            android:hint="请输入所猜想的数字"/>
    </LinearLayout>
        <Button
            android:id="@+id/buttonGuess"
            android:layout_width="match_parent"
            android:layout_height="wrap_content"
            android:text="看看猜对了么?"
            android:textSize="20dp"
            android:background="@color/colorPrimary"/>
        <TextView
            android:id="@+id/textViewGuessCnt"
            android:layout_width="match_parent"
            android:layout_height="wrap_content"
            android:gravity="center"
            android:text="您已经尝试了 0 次"
            android:textSize="20dp"
            android:textColor="@android:color/darker_gray"
            android:padding="10dp"/>
    </LinearLayout>
```

可以看到上面程序整体上是一个纵向的线性布局，包含了五个子元素，分别为两个横向线性布局、两个 Button、一个 TextView。这个例子说明，通过布局之间的嵌套可以使应用界面布局更加灵活。

此外，菜单布局文件如下，包含两个选项“关于”和“退出”。

```
<?xml version="1.0" encoding="utf-8"?>
<menu xmlns:tools="http://schemas.android.com/tools"
    xmlns:app="http://schemas.android.com/apk/res-auto"
    xmlns:android="http://schemas.android.com/apk/res/android">
     <item android:title="关于"    android:id="@+id/about"/>
     <item android:title="退出"  android:id="@+id/quit"/>
</menu>
```

3. 编码实现

(1) 成员变量

由于程序中需要经常使用组件的对象，从中获取信息或者设置组件的内容，所以申明成员变量分别代表各个组件对象；另外定义两个整型变量，一个用于记录猜测的次数，一个表示生成的随机数；此外定义 Random 对象，用于生成随机数。

```
//设置成员变量,用于获取布局文件中的组件 Spinner spinner
TextView textViewNum,textViewGuessCnt;
EditText editTextInput;
Button buttonRandom,buttonGuess;
//guessCnt 表示猜测次数,random 表示生成的随机数
int guessCnt, randomNum;
//random 用于生成随机数
Random random;
```

(2) onCreate

在该方法中添加成员变量赋值的代码，根据组件的 ID 获取组件对象，给 guessCnt、randomNum 赋值，初始化 random，创建 Button 的单击监听器。

```
protected void onCreate(Bundle savedInstanceState) {
    super.onCreate(savedInstanceState);
    setContentView(R.layout.activity_main);
    //根据组件 ID 获取组件对象
    spinner = findViewById(R.id.spinner);
    textViewNum = findViewById(R.id.textViewNum);
    textViewGuessCnt = findViewById(R.id.textViewGuessCnt);
    editTextInput = findViewById(R.id.editTextInput);
    buttonGuess = findViewById(R.id.buttonGuess);
    buttonRandom = findViewById(R.id.buttonRandom);
    randomNum = -1;
    guessCnt = 0;
    random = new Random();
    //创建按钮单击监听器
    button.setOnClickListener(new OnClickListener() {
        public void onClick(View v) {
        }
    });
}
```

onCreate 方法中首先通过 findViewByID 方法获取了多个组件对象，然后通过数组的方式创建 ArrayAdapter 类型的对象 adapter，将 adapter 与 spinner 绑定，最后为 button 创建单击监听器 OnClickListener，之后的工作就是在 onClick 方法中实现计算的功能。

(3) 按钮监听器实现

界面包含两个 Button：一个用于生成随机数，一个用于判断输入数是否等于随机数。

1）生成随机数。首先根据 Spinner 中选择的随机数的生成范围，通过 Random 对象生成随机数，同时将【随机数】TextView 文本设置为蓝色，猜测的累计数清空。

```
buttonRandom.setOnClickListener(new View.OnClickListener() {
@Override
    public void onClick(View view) {
        switch (spinner.getSelectedItemPosition()) {
            case 0:
                randomNum = random.nextInt(11);
                break;
            case 1:
                randomNum = random.nextInt(101);
                break;
            case 2:
                randomNum = random.nextInt(1001);
                break;
            default:
                 break;
        }
        guessCnt = 0;
        textViewGuessCnt.setText(String.format("您已经尝试了%d 次",guessCnt));
        textViewNum.setTextColor(Color.argb(255,0,0,255));
    }
});
```

2）判断输入数是否等于随机数。首先判断是否生成了随机数，如果没有生成，Toast 提示“请先生成随机数”；如果已经生成随机数，首先判断输入内容是否为整数，如果不是，Toast 提示“请在输入框中输入整数”。如果上述条件都满足，每判断一次，猜测次数加 1，同时【textViewGuessCnt】更新对应的猜测次数。如果没有猜中，Toast 提示是大于还是小于随机数；如果猜中，【随机数】TextView 文本变为红色，同时 Dialog 提示“猜中了”，并清空随机数表示本轮结束。

```
buttonGuess.setOnClickListener(new View.OnClickListener() {
@Override
        public void onClick(View view) {
            if(randomNum == -1)
            {
             Toast.makeText(MainActivity.this, "请先生成随机数", Toast.LENGTH_
SHORT).show();

              return;
            }
            int num = 0;
```

```
                try {
                    num = Integer.parseInt(editTextInput.getText().toString());
                }
                catch(Exception e)
                {
                    Toast.makeText(MainActivity.this,"请在输入框中输入整数",Toast.LENGTH_SHORT).show();
                    return;
                }
                guessCnt++;
                textViewGuessCnt.setText(String.format("您已经尝试了%d 次",guessCnt));
                if(num > randomNum)
                {
                    Toast.makeText(MainActivity.this,"您所输入的数字大于随机数",Toast.LENGTH_SHORT).show();
                }
                else if (num < randomNum)
                {
                    Toast.makeText(MainActivity.this,"您所输入的数字小于随机数",Toast.LENGTH_SHORT).show();
                }
                else
                {
                    AlertDialog.Builder builder = new AlertDialog.Builder(MainActivity.this);
                    builder.setTitle("猜数游戏");
                    builder.setMessage("恭喜你猜对了!");
                    builder.setPositiveButton("OK", new DialogInterface.OnClickListener() {
                        @Override
                        public void onClick(DialogInterface dialogInterface, int i) {
                        }
                    });
                    builder.create().show();
                    randomNum = -1;
                    textViewNum.setTextColor(Color.argb(255,255,0,0));
            }
        }
    });
```

(4) 选项菜单实现

首先重写 onCreateOptionsMenu 方法，动态加载之前创建的菜单布局文件，然后重写 onOptionsItemSelected 用于监听菜单选项。通过 MenuItem 类的 getItemId 方法，可以获取菜单项的资源 ID，通过判断 ID 值，如果菜单项是“关于”菜单项，则弹出 Dialog 对话框显示应用信息；如果菜单项是“退出”，则调用 finish 方法退出程序。

```
@Override

public boolean onCreateOptionsMenu(Menu menu) {
// 这条语句表示加载菜单文件,第一个参数表示通过哪个资源文件来创建菜单
// 第二个参数表示将菜单传入哪个对象中,这里用 Menu 传入 menu
// 这条语句一般由系统帮忙创建好
    getMenuInflater().inflate(R.menu.menu, menu);
    return true;
}
// 菜单的监听方法
@Override
public boolean onOptionsItemSelected(MenuItem item) {
    switch (item.getItemId()) {
        case R.id.about:
            AlertDialog.Builder builder = new AlertDialog.Builder(MainActivity.this);
            // 设置 Title 的图标
            builder.setIcon(R.mipmap.ic_launcher);
            //设置 Title 的内容
            builder.setTitle("关于");
            //设置 Content 来显示一个信息
            builder.setMessage("这是一个简易的猜数游戏。");
            //设置一个 PositiveButton
            builder.setPositiveButton("确定", new DialogInterface.OnClickListener()
            {
                @Override
                public void onClick(DialogInterface dialog, int which)
                {
                    dialog.dismiss();
                }
            });
            builder.create().show();
            break;
        case R.id.quit:
```

```
                finish( );
                break;
            default:
                break;
        }
    return true;
    }
```

三、运行调试

完成编码后就可以运行程序，可是单击【生成随机数】按钮的时候，程序闪退了，说明程序存在问题。

首先需要推测 Bug 可能发生的地方，这就要求仔细观察程序出错的现象。由于是单击【生成随机数】按钮的时候闪退，所以可以初步断定是该按钮的 OnClick 方法存在问题。由于初学者水平不高，就在方法的第一行设定一个断点，如图 3-39 所示。

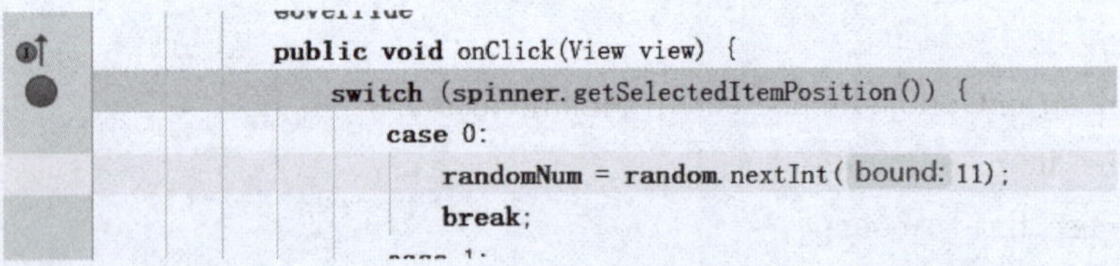

图 3-39　设定断点

单击菜单【Run⇒Debug'app'】进行程序的调试，当程序运行起来后，单击【生成随机数】时，程序停止运行，然后代码编辑区出现图 3-40 所示的界面，说明程序已经执行到断点所在位置。接着让程序单步执行【F8】，当程序执行时需要特别留意在哪一行出错。当程序走到图 3-41 所示的代码时，再单步执行一行，程序就闪退了，所有可以断定该行有问题。

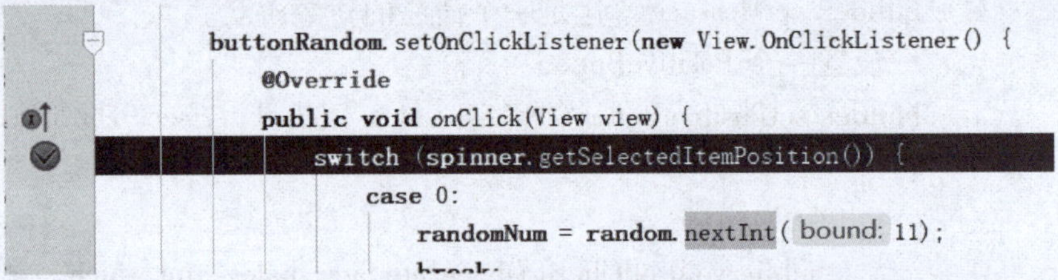

图 3-40　单步执行

重复第一次调试的过程，当箭头来到出错代码这一行时停止操作，观察下方变量输出窗口中各个变量的值。如图 3-42 所示，会发现 random 的值是 null，对一个为空的对象进行方法的调用，在 Java 语法中是不允许的。

于是得出程序崩溃的原因，是由于 random 没有赋值，原来是遗忘了一行代码，就是没有将 random 实例化。由于 random 对象需要在整个游戏生命周期中使用，可以在 onCreate 方法中添加一行代码。

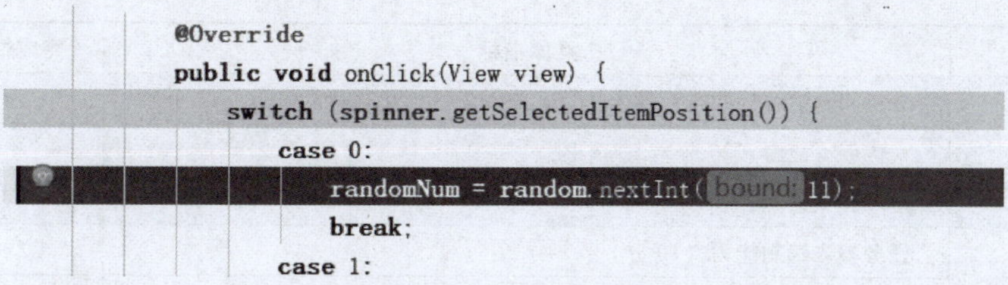

图 3-41　代码运行出错

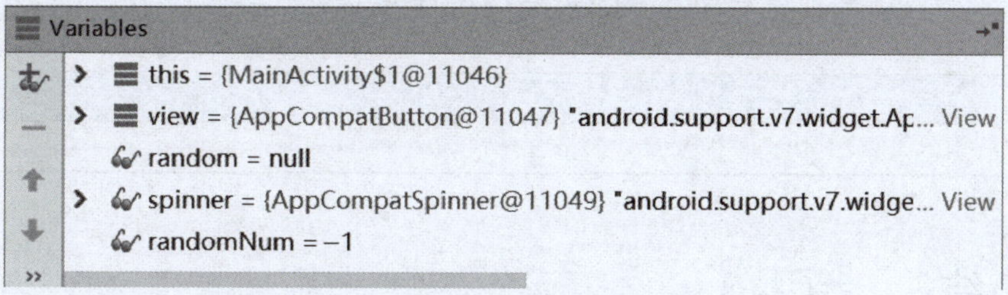

图 3-42　观察变量的值

```
randomNum = -1;
guessCnt = 0;
random = new Random();
```

通过编码和调试，程序终于可以正确运行了，可以看到运行结果。

【试一试】如果不使用调试，而是使用日志的方式，也可以发现这个问题的原因，请试一试。

任务评价

完成任务三之后，可以根据表 3-1 的任务评价表对完成情况进行评价，并根据评价表创新能力中提到的指标对 APP 进一步改进。最后鼓励大家继续完成后面的拓展任务，进一步巩固和练习任务中学习的知识点和技能点，并将任务实现中的不足之处进行改进。

表 3-1　任务评价表

评价内容	具体指标	完成情况（打分）
基础素养	资料搜索、筛选和整合能力（3 分）	
	信息技术应用与数字化素养（2 分）	
专业知识	基础知识点的预学习情况（5 分）	
	知识点案例的掌握情况（15 分）	
	课后习题的完成情况（10 分）	

（续）

评价内容	具体指标		完成情况（打分）
技术技能	分析问题、解构问题、技术选择、将问题图形化表达的能力（15 分）		
	代码编写能力（20 分）		
	程序调试技术（10 分）		
综合能力	任务报告编制能力（10 分）		
	沟通表达与团队协作（5 分）		
创新能力	改进或重设计 UI（3 分）		
	更新或改进实现方法、程序结构重构或代码优化（2 分）		
目标完成	完成★★	基本完成★☆	未完成☆☆
学习收获			
学习反思			

任务小结

虽然猜数游戏非常简单，但是其中的知识点非常丰富，特别是调试这个技能将在后面的开发中不停地被使用。程序员编码开发的过程常常伴随着产生 Bug、调试、排除 Bug 这样反反复复的过程，不要觉得调试是能力水平低的程序员才会去做的工作，任何成熟的程序员都是在大量的调试、解决问题过程中被锻炼成熟的，所以调试的过程就是一个“菜鸟”程序员不断提升的过程。

Android 的提示方式包括 Toast、Dialog、Notification，每种方式都各有特色。Toast 主要用于短暂性的提示，Dialog 则在提示用户时提供互动性的选择，而 Notification 则借助于 Android 系统通知栏让用户更加方便地看到信息提示。

Android 的 Option Menu 菜单在早期 Android 终端上经常被用于功能选择。文中介绍了多个 Activity，每个 Activity 都可以创建各自的菜单，完成不同的功能。

Spinner 组件与前两个任务学习到的组件有一定的差别，它显示的是一个字符串数组。通过设置 Spinner 组件的 entries，就可以很方便地绑定数据了。

课后习题

第一部分　知识回顾与思考

1. Android 提供了多种提示方式，它们各自有什么优缺点？
2. 回顾 Android 的调试流程，在程序遇到问题的时候，应该如何去定位、解决问题？

第二部分　职业能力训练

一、单项选择题（下列答案中有一项是正确的，将正确答案填入括号内）

1. Toast 创建完毕后，需要显示出来，此时需要调用以下哪个方法？（　　）

A. makeText　　B. show
C. create　　D. view

2. 以下哪个类对应 Android 中的提示对话框？（　　）

A. AlertDialog　　B. Dialog
C. ShowDialog　　D. Alert

3. 对话框中有几个默认 Button，（　　）代表确认按钮。

A. PositiveButton　　B. NegativeButton
C. NeutralButton　　D. OKButton

4. Android 中有一个服务用来管理通知，它是（　　）。

A. Service　　B. NotificationManager
C. Notice　　D. DialogBuilder

5. 单击虚拟机上的菜单键所产生的菜单，称为（　　）。

A. ContextMenu　　B. KeyMenu
C. PopupMenu　　D. OptionMenu

6. 以下哪个方法会在菜单创建时被调用？（　　）

A. onCreateOptionsMenu　　B. onCreateMenu
C. onCreateContextMenu　　D. onCreate

7. 以下哪个方法会在菜单项被单击时被调用？（　　）

A. onContextItemSelected　　B. onCreateOptionsMenu
C. onOptionsItemSelected　　D. onItemSelected

8. Spinner 组件哪个属性是用来设置显示项的内容？（　　）

A. entries　　B. spinnerMode
C. layout_width　　D. visibility

9. Spinner 组件的子项被选中，所对应的监听器为（　　）。

A. OnItemSelectedListener　　B. OnClickListener
C. OnLongClickListener　　D. OnItemListener

10. 以下哪个日志级别最高？（　　）

A. WARN　　B. INFO
C. DEBUG　　D. ERROR

二、填空题（请在括号内填空）

1. 创建 Toast 使用 makeText 方法的第一个参数代表 Activity 的（　　　）。
2. 可以在系统的 res 目录中（　　　）子目录，创建菜单资源。
3. Spinner 的父类是（　　　）。
4. 调试时为了让程序执行到某行代码停顿，需要在这一行设置（　　　）。
5. Android Studio 中有一个窗口用于管理日志，该窗口是（　　　）。

三、简答题

1. 如果程序在运行时发生了崩溃，如何进行推测和调试？
2. 简述如何监听菜单项的单击事件。

拓展训练

可以制作一个简易的计算器，支持两个操作数的四则运算。

■ 通过两个 EditText 可以输入两个操作数，通过 Spinner 组件可以选择加减乘除运算符，用户单击计算按钮后，能够显示计算结果。

■ 提供 OptionMenu，含有两个菜单项，分别是【关于】和【退出】。

■ 对于用户输入错误能够进行检查，通过 Toast 进行提示。

【提示】程序一运行可以发送一条 Notification 停留在通知栏，用户单击通知栏能够方便地进入简易计算器 APP。

任务四 “我的日记”的设计与实现

学习目标

【知识目标】

■ 掌握 Android 的 ProgressBar 组件的属性设定、使用方法。
■ 掌握 Android 的 CheckBox 组件的属性设定、使用方法。
■ 掌握 Android 中线程的使用方法。
■ 掌握 Activity 的生命周期、各状态的转化关系与对应的回调函数。
■ 掌握 Intent 的作用、重要属性、常见方法。
■ 理解简单数据存储 SharedPreferences 的使用场合、使用方法。
■ 掌握使用文件读写数据的方法。

【能力目标】

■ 能够在 Android 中使用线程，利用 Handler 与 ProgressBar 组件相结合实现进度条。
■ 能够利用 Intent 的属性与方法实现 Activity 的跳转。
■ 能够利用 SharedPreferences 实现简单的数据存储。

【重点、难点】 线程、生命周期、Activity 跳转、简单数据存储 SharedPreferences。

【素质目标】

■ 通过 APP 中的权限机制，树立学生的信息安全意识和社会责任感。
■ 通过编写代码，培养学生严谨细致、精益求精的程序员品质。

任务简介

本任务“我的日记”中有两个界面：登录界面与“写入日记”界面。登录界面中，需要输入正确的用户名与密码，同时可以选择“记住密码”设置，单击【登录】按钮之后，显示大约 5s 的进度条继而跳转至“写入日记”界面。在“写入日记”界面中，可以在之前所写日记的基础上，写入此次日记信息。日记文件将保存在手机内存中。如果连续单击两次【返回】键，即可退出“我的日记”应用程序。

任务分析

“我的日记”登录界面如图 4-1 所示，界面中从上至下包含一个 TextView 用来显示“我的日记”，两个 EditText 分别用于用户名的输入、密码的输入，一个 CheckBox 用于选择是否“记住密码”，一个 Button 用于“登录”操作。

输入正确的用户名与密码之后，单击【登录】按钮，需要给用户一个反馈以防被误认为程序不响应，因此会显示一个等待登录的进度条，所以在界面中还应该包含一个 ProgressBar 组件，其界面如图 4-2 所示。可以利用约束布局将这些组件组织在一起。

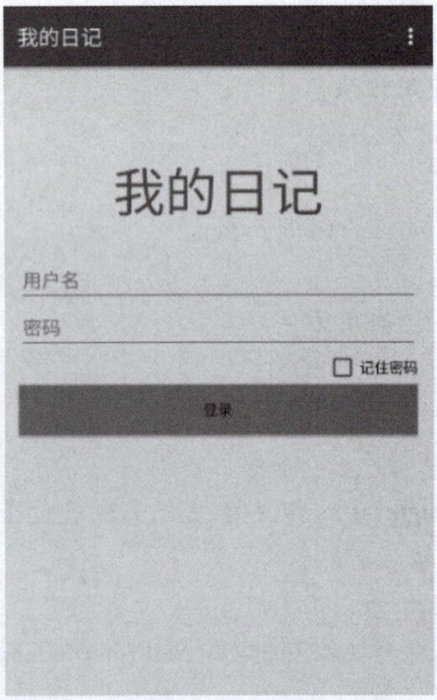

图 4-1　登录界面

图 4-2　登录进度条

“写入日记”界面相对比较简单，如图 4-3 所示，包含一个 EditText 用于日记的写入，一个 Button 用于日记的保存，可以利用约束布局来实现该界面。每次单击【保存】按钮，系统会将写入的日记保存至手机内存中，以便下一次打开时能看到之前的日记内容。

当系统从登录界面转向“写入日记”界面之后，为了防止按下手机上的【返回】键返回到登录界面中，需要将登录界面所对应的 Activity 销毁。另外在“写入日记”界面中，可以连续按下两次【返回】键继而退出该应用程序，因此还需要学习 Activity 的生命周期及其回调函数。

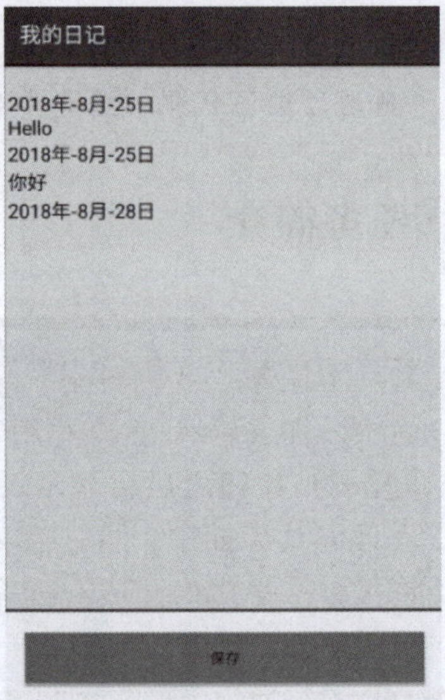

图 4-3　“写入日记”界面

支撑知识

实施任务之前已经了解了“我的日记”的界面以及大

致的功能与流程，为了实现该系统，还需要学习以下知识：

- ProgressBar 组件的使用。
- 线程。
- Activity 间的跳转。
- Activity 生命周期与回调函数。
- CheckBox 组件的使用。
- 简单数据存储 SharedPreferences。
- Android 文件存储。

一、ProgressBar 组件

1. 简介

ProgressBar 为进度条组件，通常是在等待程序运行结果等耗时较长的情况下，作为一个反馈机制，来告知用户目前任务的执行进度，避免用户误以为程序没有响应，从而提高程序的用户体验。

为了在 Android 项目中使用进度条，需要了解一些 ProgressBar 组件的常见属性和方法。

2. 重要属性

（1） style

ProgressBar 组件的 style 属性，可以用来设置进度条的风格样式，其常见取值有如下 3 个：

- style = "?android:attr/progressBarStyleHorizontal"：进度条为水平进度条，当界面需要实时地显示出当前的进度时，可以设置为此属性值。
- style = "?android:attr/progressBarStyleLarge"：进度条为大环形进度条。
- style = "?android:attr/progressBarStyleSmall"：进度条为小环形进度条。

（2） android:indeterminate

该属性的取值必须是布尔型，可以有“true”或“false”两种取值。当 android:indeterminate 取值为 true 时，开启了进度条的“不确定模式”，即进度条会显示循环滚动的动画效果，但是不会显示实际的进度。

（3） android：progress

该属性定义了进度条的进度值，取值必须为介于 0 和最大值之间的整数。

3. 重要方法

除了在 layout 中设置 ProgressBar 的相关属性，也完全可以通过代码设置其属性，或是获得其属性的取值。

（1） public int getProgress( )

功能：获得当前进度条的进度值。

参数：无。

返回值：返回值介于 0 与最大值之间，但是如果进度条处于“不确定模式”，返回值为 0。

示例：

```
ProgressBar bar = (ProgressBar) findViewById(R. id. horizontalProBar);
int progress = bar. getProgress();
```

这个示例中 horizontalProBar 为 layout 布局文件中的进度条对应的 ID，bar 为 activity 源程序中该进度条组件的对象。

第一行代码利用 findViewById 方法获得进度条组件所对应的 ProgressBar 对象，第二行代码调用该对象的 getProgress 方法来获得该进度条当前的进度。

（2） public void setProgress （int progress）

功能：可以设定进度条的当前进度。但是请注意，如果该进度条处于“不确定模式”，该方法不起任何作用。

参数：progress 为当前进度值。

（3） public void setMax （int max）

功能：设定进度条的范围，如果 max 为 200，setProgress 方法的参数值应该在 0 ~ 199 之间。

参数：max 为范围值。

示例：

```
ProgressBar bar = (ProgressBar) findViewById(R. id. horizontalProBar);
bar. setMax(200);
bar. setProgress(10);
```

设定了进度条的范围为 200，当前进度为 10，如果换算成百分比的话，当前进度应该是 5%。

（4） public void setIndeterminate （boolean indeterminate）

功能：设置进度条是否处于“不确定模式”。

参数：true 表示不确定模式，false 表示确定模式。

（5） public final void incrementProgressBy （int diff）

功能：设置进度条的进度是增加还是减少。当参数 diff 为正整数时，进度增加；当参数 diff 为负整数时，进度减少。

参数：diff 为进度条的增量值。

4. 使用范例

下面通过一个具体的例子来学习 ProgressBar 的使用方法。该程序的界面布局如图 4-4 所示，界面中存在一个水平进度条和一个大环形进度条，以及一个 TextView 来显示“页面加载中……”。水平滚动条每 1s 前进一格，当进度条的进度达到最大值 100% 时，TextView 显示“页面加载完毕！”，两个进度条消失。

要完成这样的任务，需要让程序循环性地休眠 1s 后，更新水平进度条。但是如果让程序主线程休眠 1s，会导致界面假死的状态，造成用户使用感受的下降。那么如何才能解决这个问题？需要学习线程的知识，当学习完下面的线程知识后，再来完成这个范例。

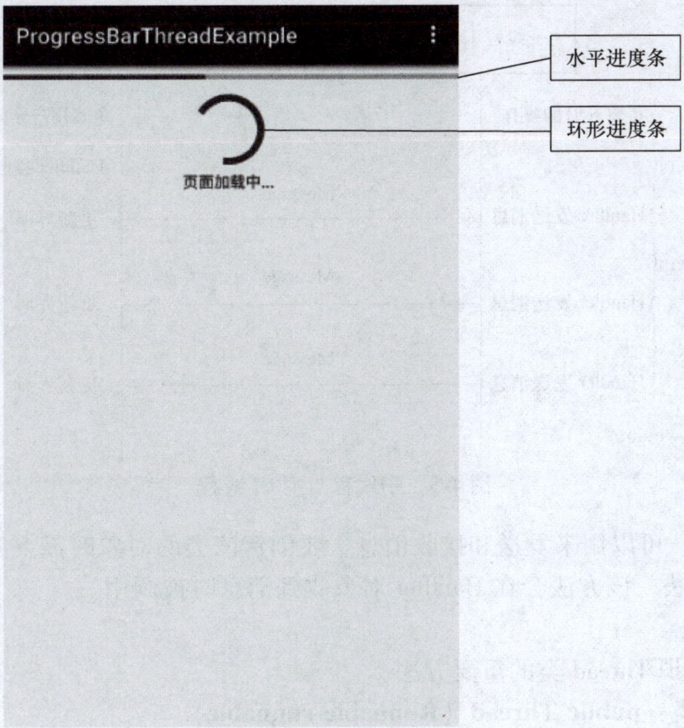

图 4-4 界面布局

二、线程

1. 简介

在目前已经学习的程序中，可以实现按钮的单击、TextView 内容的修改，所有这些跟界面组件相关的操作，实际上都是由主 UI 线程（主用户界面线程）在负责运行。到目前为止，在 Activity 中所添加的代码，均由主 UI 线程负责。

但有时候程序会执行一些耗时的操作，比如复杂的计算、从网络获取数据，甚至包括让线程休眠，这些操作如果放在主 UI 线程执行，会造成主 UI 线程无法及时响应用户在界面上的操作，造成界面假死的状态。一般的解决方案是将耗时的操作交给另外一个子线程来执行，从而保证主 UI 线程的顺畅。有时候子线程在完成了耗时操作后，希望将结果显示在界面上，但是此时子线程是不能够直接操作界面组件的，它必须通过消息的方式告知主 UI 线程进行组件更新。

如图 4-5 所示，以 ProgressBar 组件为例，如果希望每 1s 更新一次进度，就需要开启一个子线程，在子线程中加入循环操作，每次循环让线程休眠 1s，每次休眠结束需要向主 UI 线程发送一条消息，告诉主 UI 线程更新进度条。

Android 中已经设计了多个类能够配合完成图 4-5 所示的任务。

● Thread 类：负责线程工作，创建该类的对象时需要一个 Runnable 接口类型的参数，该参数需要实现 Runnable 接口的 run( ) 方法，run( ) 方法中一般是耗时操作的代码。

● Message 类：用来描述子线程发送给主线程的消息，在 Message 对象中可以存储一些信息。

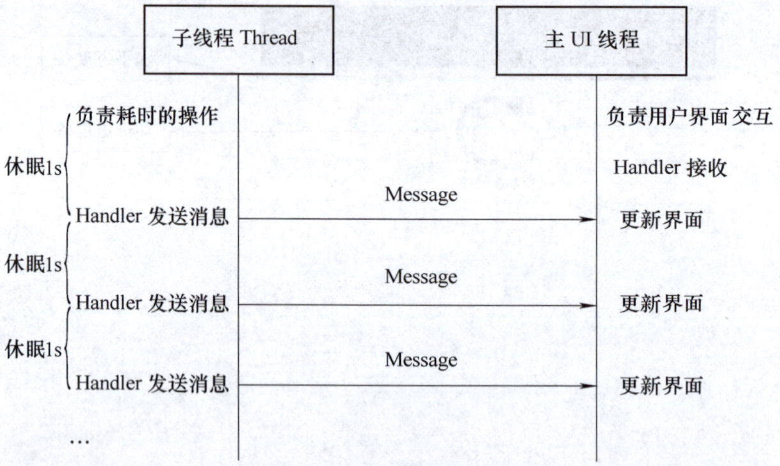

图 4-5　子线程与主 UI 线程

- Handler 类：可以用来发送和接收消息，要创建该类的对象时需要实现 handleMessage（Message msg）方法，该方法会在 Handler 对象收到消息时被调用。

2. 重要方法

首先一起来认识 Thread 类的重要方法。

（1）Thread 类：public Thread（Runnable runnable）

功能：构造方法，用于创建子线程对象。

参数：runnable 为 Runnable 接口类型，要创建 Runnable 对象，必须实现该接口的抽象方法 run,可以在 run 方法中添加子线程的耗时任务的代码。

返回值：无。

（2）Thread 类：public void start( )

功能：运行线程。

参数：无。

返回值：无。

（3）Thread 类：public static void sleep（long time）

功能：让线程休眠。

参数：time 为休眠的时间，单位为 ms（毫秒）。

返回值：无。

示例：

创建一个线程 t，然后启动该线程。在 run 方法中执行 100 次循环，每次循环让线程休眠 1s，这样 run 方法需要执行 100s 才能结束，一旦 run 方法的代码执行完成，线程 t 的使命也就结束了。需要特别注意的是，对于 sleep 方法，需要通过 try 和 catch 捕获异常。

```
Thread t = new Thread(new Runnable() {
        @Override
        public void run() {
            for(int i = 0; i < 100; i++)
```

```
                    }
                        try {
                            Thread.sleep(1000);
                        } catch (Exception e) {
                            e.printStackTrace();
                        }
                    }
                }
            });
    t.start();
```

子线程在特定的情况需要通过 Handler 发送 Message 给主 UI 线程，委托主 UI 线程进行一些与界面相关的处理。下面接着学习 Handler 类相关的方法。

(1) Handler 类：public boolean sendMessage (Message msg)

功能：发送消息。

参数：msg 为消息对象，Message 消息比较简单，它包含了一个 int 类型的成员对象 what 和一个 Object 类型的成员变量 obj。what 用来存放消息编号，obj 用来存放消息数据。what 可以用来区分不同的消息类型。

返回值：如果消息成功放置到消息队列返回 true，否则 false。

(2) Handler 类：public boolean sendEmptyMessage (int what)

功能：发送一条仅包含消息编号的空消息。如果需要一条只有编号但不包含任何其他数据的空消息，可以调用此方法。

参数：what 为消息编号，可以用来区分不同的消息类型。

返回值：如果消息成功放置到消息队列返回 true，否则 false。

(3) Handler 类：public void handleMessage (Message msg)

功能：处理消息，该方法在 Handler 类对象收到消息时被回调。

参数：msg 为接收到的消息对象，通过判断 msg.what 可以区分不同的消息类型。

返回值：无。

3. 使用范例

接着来完成 ProgressBar 组件的使用范例，首先创建一个工程及其 MainActivity，对应的布局文件包含一个水平的进度条、一个环形的进度条和一个 TextView 组件，其布局文件代码如下：

```
<?xml version="1.0" encoding="utf-8"?>
<android.support.constraint.ConstraintLayout
    xmlns:android="http://schemas.android.com/apk/res/android"
    xmlns:app="http://schemas.android.com/apk/res-auto"
    xmlns:tools="http://schemas.android.com/tools"
    android:layout_width="match_parent"
```

```
    android:layout_height = "match_parent"
    tools:context = ".MainActivity" >

    <ProgressBar
        android:id = "@ + id/horizontalBar"
        style = "?android:attr/progressBarStyleHorizontal"
        android:layout_width = "match_parent"
        android:layout_height = "20dp"
        android:progress = "0"
        app:layout_constraintLeft_toLeftOf = "parent"
        app:layout_constraintTop_toTopOf = "parent" />

    <ProgressBar
        android:id = "@ + id/largeBar"
        style = "?android:attr/progressBarStyleLarge"
        android:layout_width = "match_parent"
        android:layout_height = "wrap_content"
        app:layout_constraintLeft_toLeftOf = "parent"
        app:layout_constraintTop_toBottomOf = "@id/horizontalBar" />

    <TextView
        android:id = "@ + id/text"
        android:layout_width = "match_parent"
        android:layout_height = "wrap_content"
        android:gravity = "center_horizontal"
        android:text = "页面加载中......"
        app:layout_constraintLeft_toLeftOf = "parent"
        app:layout_constraintTop_toBottomOf = "@id/largeBar"/>
</android.support.constraint.ConstraintLayout>
```

在 MainActivity 类中申明了一些成员变量，其中 handler 用于发送和处理消息，progress 为当前的进度，另外还定义了两个常量 STOP 和 CONTINUE 分别代表两种消息。

```
ProgressBar hbar;                       // 水平进度条的组件变量
ProgressBar lBar;                       // 大环形进度条的组件变量
TextView textView;                      // 文本显示组件变量
Handler handler;                        // 消息处理器
int progress;                           // 进度条的当前进度
static final int STOP = 0x111;          // 消息号:停止
static final int CONTINUE = 0x112;      // 消息号:继续
```

重写 onCreate 方法，在初始化工作结束后，开启了一个子线程，该线程的 run 方法中会执行 20 次循环操作，每一次操作线程都会休眠 1s，并将 progress 变量递增。在最后一次循环中，也就是 20s 后，线程会发送一个 STOP 消息，这意味着进度条即将要消失。

```
@ Override
protected void onCreate( Bundle savedInstanceState) {
    super. onCreate( savedInstanceState) ;
    setContentView( R. layout. activity_main) ;
    init( ) ;//初始化组件变量和其他类变量
    new Thread( new Runnable( ) { //创建新线程
            @ Override
            public void run( ) {
                // TODO Auto-generated method stub
                for( int i =0; i <20; i ++ ) {
                    try {
                        progress = ( i +1)  * 5;
                        Thread. sleep( 1000) ;
                        if( i ==19) {
                            Message msg = new Message( ) ;
                            msg. what = STOP;
                            handler. sendMessage( msg) ;
                            break;
                        } else {
                            Message msg = new Message( ) ;
                            msg. what = CONTINUE;
                            handler. sendMessage( msg) ;
                        }
                    } catch (Exception e) {
                        e. printStackTrace( ) ;
                    }
                }
            }
        }). start( ); // 开启新线程
}
```

onCreate 方法中调用了 init 方法，init 主要用于变量的初始化工作。init 方法获取了水平滚动条组件对象 hbar，设定该滚动条为确定方式，范围为 100，当前进度为 0。最重要的是创建了 Handler 对象，实现了 handleMessage 方法，在该方法中判断消息的类型，如果为 CONTINUE 消息，则更新水平进度条的进度；如果为 STOP 消息，则将两个进度条隐藏，显示“页面加载完毕!”的提示文字。

```
void init() {
    progress = 0;
    hbar = findViewById(R.id.horizontalBar);
    lBar = findViewById(R.id.largeBar);
    textView = findViewById(R.id.text);
    hbar.setIndeterminate(false);
    hbar.setProgress(progress);
    lBar.setProgress(progress);
    hbar.setMax(100);
    lBar.setMax(100);
    handler = new Handler() {
        public void handleMessage(Message msg) {
            switch (msg.what) {
                case STOP://到了最大值
                    hbar.setVisibility(View.GONE);
                    lBar.setVisibility(View.GONE);//设置进度条不可见
                    textView.setText("页面加载完毕!");
                    Thread.currentThread().interrupt();// 中断当前线程
                    break;
                case CONTINUE:
                if (!Thread.currentThread().isInterrupted()) {
                                                            //当前线程正在运行
                    hbar.setProgress(progress);
                    lBar.setProgress(progress);// 设置当前值
                }
                break;
            }
            super.handleMessage(msg);
        }
    };
}
```

三、Activity 间的跳转

1. Intent 简介

Android 中，当一个 Activity 需要跳转到另外一个 Activity 时，就需要用到 Intent。Intent 的中文意思为“意图”，意味着 Android 程序在进行页面跳转时，只需告知系统它的“意图”：需要启动哪一个 Activity。因此，可以将 Intent 看成是两个 Activity 之间进行跳转的媒介。

Intent 可以启动某个 Activity，也可以启动某个 Service，还可以发起一个 Broadcast 广播，由于本任务篇幅有限，仅讲授了 Intent 最常见的方法：如何启动 Activity 实现页面之间的跳转。

2. 重要属性

Intent 对象由几部分属性组成：Component（组件）、Action（动作）、Data（数据）、Category（分类）、Type（类型）、Extra（扩展信息）等，其中最常见的就是 Action 与 Data 属性。下面将详细介绍其重要属性的含义与作用。

（1）Action 属性

Action 顾名思义，就是该 Intent 对象“要执行的动作”。在 SDK 中，Android 已经定义好了一些标准的动作，这些具体的标准动作在 Android 中是由 Action 常量来表示的，见表 4-1。

表 4-1 Action 属性常见的常量

Action 常量	对应的字符串	含义说明
ACTION_VIEW	android. intent. action. VIEW	向用户显示数据
ACTION_EDIT	android. intent. action. EDIT	向用户提供编辑某个数据的途径
ACTION_DIAL	android. intent. action. DIAL	向用户显示一个电话拨号面板界面
ACTION_MAIN	android. intent. action. MAIN	标志着该 Activity 是某个 Application 应用程序的入口点
ACTION_ATTACH_DATA	android. intent. action. ATTACH_DATA	指明附加信息给其他地方的一些数据
ACTION_CALL	android. intent. action. CALL	向用户直接显示打电话的界面
ACTION_PICK	android. intent. action. PICK	从数据中选择某项内容
ACTION_SEND	android. intent. action. SEND	发送数据
ACTION_SENDTO	android. intent. action. SENDTO	发送消息
ACTION_ANSWER	android. intent. action. ANSWER	应答电话
ACTION_INSERT	android. intent. action. INSERT	插入数据
ACTION_RUN	android. intent. action. RUN	运行数据
ACTION_SEARCH	android. intent. action. SEARCH	执行搜索
ACTION_WEB_SEARCH	android. intent. action. WEB_SEARCH	执行 Web 搜索

（2）Data/Type 属性

Data 属性用来向 Action 属性提供可操作的数据，它可以采用 Uri 对象的格式，即 scheme://host:port/path。例如 content://contacts/people/1 和 http://www. google. com（其中 content 和 http 都是 scheme，contacts 和 www. google. com 都是 host，port 是端口可以省略，people/1 是 path）。Data 属性需要和 Action 属性结合起来使用，以下是 Action 属性与 Data 属性结合的例子：

- ACTION_ VIEW content://contacts/people/1：显示 ID 为 1 的联系人信息。
- ACTION_ DIAL content://contacts/people/1：将 ID 为 1 的联系人电话号码显示在拨号界面中。

- ACITON_ VIEW tel:123：显示电话为 123 的联系人信息。
- ACTION_ VIEW http://www.google.com：在浏览器中浏览谷歌网站。

Type 属性用于明确地指明 Intent 数据的具体类型（MIME 类型）。尽管 Intent 的数据类型通常都能从数据本身进行推断，但是通过设置这个 Type 属性，可以强制采用显式指定的类型。

（3）Category 属性

Category 属性给出了要执行动作的附加信息。Android 中的 Activity 可以被划分成各种类别，例如类别为 CATEGORY_ LAUNCHER 的 Activity 会在 Android 系统启动的时候最先启动起来；而类别为 CATEGORY_ HOME 的 Activity 会在 Android 系统的主屏幕（Home）显示。表 4-2 列举了一些 Category 常见常量。

表 4-2　Category 常见的常量

Category 常量	对应的字符串	含义说明
CATEGORY_DEFAULT	android.intent.category.DEFAULT	Android 系统中默认的分类
CATEGORY_HOME	android.intent.category.HOME	设置该 Activity 为 Home Activity
CATEGORY_PREFERENCE	android.intent.category.PREFERENCE	设置该 Activity 为参数面板
CATEGORY_LAUNCHER	android.intent.category.LAUNCHER	设置该 Activity 为在当前应用程序启动器中优先级最高的 Activity，通常与 ACTION_MAIN 配合使用
CATEGORY_BROWSABLE	android.intent.category.BROWSABLE	设置该 Activity 能被浏览器启动
CATEGORY_DEFAULT	android.intent.category.DEFAULT	Android 系统中默认的分类
CATEGORY_HOME	android.intent.category.HOME	设置该 Activity 为 Home Activity

（4）Component 属性

虽然 Android 官方推荐的是通过设定 Intent 对象的 Action 属性、Data/Type 属性、Category 属性来查找与之匹配的目标组件，但是开发者依旧可以利用 Component 属性来直接指定 Intent 的目标组件的类名称。指定了 Component 属性以后，Intent 的其他所有属性都是可选的。这种方式的优点在于无需查找，直接调用目标组件，速度快捷。

（5）Extra 属性

Intent 对象的 Extra 属性应该是一个 Bundle 对象，Bundle 类与 Map 类很相似，它可以放入多对 key-value 键值，这样在通过 Intent 对象进行 Activity 跳转时，就能够进行数据的传递了。

3. 重要方法

以下是 Activity 跳转时最常使用的一些方法。

（1）Intent 类：public Intent setAction（String action）

功能：设置 Action 属性。

参数：action 对应的字符串。

返回值：Intent 对象。

示例：

```
Intent intent = new Intent();
intent.setAction(Intent.ACTION_WEB_SEARCH);
```

在这个示例中，intent 为某个 Intent 对象，该对象要执行的操作为 Web 搜索。

（2） Intent 类：public Intent setData （String data）

功能：设置 Data 属性。

参数：data 对应的字符串。

返回值：Intent 对象。

示例：

```
Intent intent = new Intent();
intent.setAction(Intent.ACTION_VIEW);
intent.setData(Uri.parse("www.baidu.com"));
```

在这个示例中，intent 为某个 Intent 对象，该对象要执行的操作为查看“百度”网页。

（3） Intent 类：public Intent setType （String type）

功能：设置 Type 属性。

参数：type 对应的字符串。

返回值：Intent 对象。

示例：

```
Intent intent = new Intent();
intent.setType(vnd.android.cursor.dir/contact);
```

在这个示例中，intent 为某个 Intent 对象，该对象要执行的操作为打开联系人界面。

（4） Intent 类：public Intent putExtras （Bundle bundle）

功能：设置 Extra 属性。

参数：Bundle 对象。

返回值：Intent 对象。

示例：

```
Intent intent = new Intent();
Bundle bundle = new Bundle();
bundle.putString("KEY_HEIGHT","180");
bundle.putString("KEY_WEIGHT","80");
intent.putExtra(bundle);
```

在该示例中，创建了一个 Intent 对象 intent 和一个 Bundle 对象 bundle。在 bundle 中存入两对 key-value，利用 setExtra 方法为 intent 设置 Extra 属性。在两个 Activity 之间跳转时，可以将这两对 key-value 值从 Activity A 传到 Activity B 中。

（5） Intent 类：public Intent setClass （Context packageContext, Class<?> cls）

功能：设置 intent 跳转时的源 Activity 和目标 Activity。

参数：packageContext 为源 Activity 的上下文环境，cls 为目标 Activity 的.class 文件。

返回值：Intent 对象。

示例：

```
Intent intent = new Intent();
intent.setClass(context, targetActivity.class);
```

在该示例中，创建了一个 Intent 对象 intent，并指明了 intent 将会从目前的 Activity 中跳转到 targetActivity 中。

(6) Intent 类：public Intent setClassName(Context packageContext, String className)

功能：其功能和 setClass()方法一样，用于设定 intent，将从当前 Activity 的上下文环境跳转到另外一个 Activity。

参数：packageContext 为源 Activity 的上下文环境，className 是目标 Activity 类的路径。

返回值：Intent 对象。

示例：

```
Intent intent = new Intent();
intent.setClassName(MainActivity.this, "com.example.intent.SecondActivity");
```

在该示例中，创建了一个 Intent 对象 intent，并指明了 intent 将会从目前的 MainActivity 中跳转到 SecondActivity 中。

(7) Context 类：void startActivity (Intent intent)

功能：根据 intent 启动某个 Activity。

参数：intent 意图对象。

返回值：无。

示例：

```
Intent intent = new Intent();
intent.setClass(context, targetActivity.class);
startActivity(intent);
```

在该示例中，第一行代码创建了一个 Intent 对象 intent，第二行代码指明了 intent 的意图是将会从目前的 Activity 中跳转到 targetActivity 中，第三行代码将根据该 intent 对象启动某个 Activity。

4. 使用范例

下面通过一个具体的实例来学习如何使用 Intent 实现 Activity 之间的跳转。如图 4-6 所示，该程序的界面中列举出了一些常见的跳转案例，例如单击【显示打电话界面】按钮之后，系统将跳转到打电话的界面，并显示所拨的号码；单击【跳转到第 2 个 Activity】按钮将切换至另一个 Activity。

(1) 创建项目

创建一个 Android 工程，工程名为 IntentExample，包名为 com.ccit.intentexample。项目的主界面为 MainActivity，修改 MainActivity 所对应的布局文件 res/layout/activity_main.xml，使其包含几个 Button 按钮。

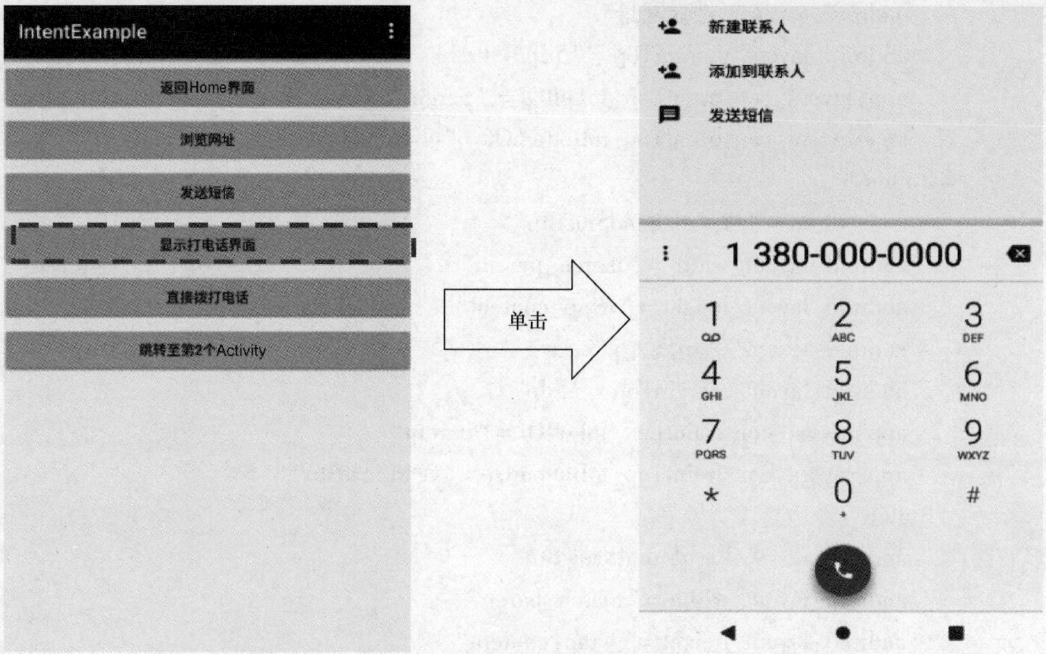

图 4-6 主界面与电话拨号界面

```
<?xml version="1.0" encoding="utf-8"?>
<android.support.constraint.ConstraintLayout xmlns:android="http://schemas.android.com/apk/res/android"
    xmlns:app="http://schemas.android.com/apk/res-auto"
    xmlns:tools="http://schemas.android.com/tools"
    android:layout_width="match_parent"
    android:layout_height="match_parent"
    tools:context=".MainActivity" >
    <Button
        android:id="@+id/homeBtn"
        android:layout_width="match_parent"
        android:layout_height="wrap_content"
        android:layout_marginTop="5dp"
        android:text="返回 HOME 界面"
        app:layout_constraintLeft_toLeftOf="parent"
        app:layout_constraintTop_toTopOf="parent" />
    <Button
        android:id="@+id/urlBtn"
        android:layout_width="match_parent"
        android:layout_height="wrap_content"
```

```
        android:text = "浏览网址"
        android:layout_marginTop = "5dp"
        app:layout_constraintLeft_toLeftOf = "parent"
        app:layout_constraintTop_toBottomOf = "@ id/homeBtn"/ >
    < Button
        android:id = "@ + id/sendSmsBtn"
        android:layout_width = "match_parent"
        android:layout_height = "wrap_content"
        android:text = "发送短信"
        android:layout_marginTop = "5dp"
        app:layout_constraintLeft_toLeftOf = "parent"
        app:layout_constraintTop_toBottomOf = "@ id/urlBtn"  / >
    < Button
        android:id = "@ + id/dialViewBtn"
        android:layout_width = "match_parent"
        android:layout_height = "wrap_content"
        android:text = "显示打电话界面"
        android:layout_marginTop = "5dp"
        app:layout_constraintLeft_toLeftOf = "parent"
        app:layout_constraintTop_toBottomOf = "@ id/sendSmsBtn"/ >
    < Button
        android:id = "@ + id/dialBtn"
        android:layout_width = "match_parent"
        android:layout_height = "wrap_content"
        android:text = "直接拨打电话"
        android:layout_marginTop = "5dp"
        app:layout_constraintLeft_toLeftOf = "parent"
        app:layout_constraintTop_toBottomOf = "@ id/dialViewBtn"/ >
    < Button
        android:id = "@ + id/secondActivityBtn"
        android:layout_width = "match_parent"
        android:layout_height = "wrap_content"
        android:text = "跳转至第 2 个 Activity"
        android:layout_marginTop = "5dp"
        app:layout_constraintLeft_toLeftOf = "parent"
        app:layout_constraintTop_toBottomOf = "@ id/dialBtn"/ >
</android.support.constraint.ConstraintLayout >
```

Android 中对应用程序的权限有着严格的控制，如果应用程序需要执行一些与系统有关的操作，需要在 AndroidManifest. xml 文件中注册相关的权限。如该应用程序包含了拨打电话的功能，就必须注册拨打电话的权限，否则在执行“直接拨打电话”功能时系统会抛出异常。

```
<?xml version="1.0" encoding="utf-8"?>
<manifest xmlns:android="http://schemas.android.com/apk/res/android"
    package="com.ccit.intentexample">
    <uses-permission android:name="android.permission.CALL_PHONE"></uses-permission>
    …
</manifest>
```

Android 把权限分为正常权限和危险权限。所有权限在 Android 6.0 之前都只需要在 AndroidManifest. xml 中注册即可使用。但从 Android 6.0（API 23）开始，系统加强了用户权限管理，有了动态权限申请的问题。对于正常权限，还是采用以前的授予方式，即只需在 AndroidManifest. xml 中注册即可。但对于危险权限，除了需要在 AndroidManifest. xml 中注册外，还需在需要时进行动态申请，即在程序运行期间需要权限的时候，询问用户是否授权，获得用户的同意后才开启。开发者需要使用一些危险权限时，如果只在 AndroidManifest. xml 文件中申请权限，而没有动态获取权限，那么在程序运行的时候会报错。

可以用 ContextCompat. checkSelfPermission 方法判断用户是否授权。若返回值为 PackageManager. PERMISSION_GRANTED，则用户已经授权；若返回值为 PackageManager. PERMISSION_DENIED，则使用 ActivityCompat. requestPermissions 方法向用户申请权限。这个方法的第二个参数是一个整型值，表示申请权限的请求码，在处理申请结果的方法 onRequestPermissionsResult 中用来区分不同的权限申请请求。权限的代码框架如下：

```
//版本判断。当手机系统大于23时,才有必要判断权限是否获取
if (android.os.Build.VERSION.SDK_INT >= android.os.Build.VERSION_CODES.M) {
//判断权限是否获取,返回 PERMISSION_GRANTED(已授权)或 PERMISSION_DENIED(未授权)
    int hasPermission = checkSelfPermission(Manifest.permission.CALL_PHONE);
    if(hasPermission != PackageManager.PERMISSION_GRANTED) {
        //用户未授权,动态申请权限
        requestPermissions(newString[]{Manifest.permission.CALL_PHONE},0);
    }else{
        //用户已授权,直接执行操作
        …
    }
}
```

（2）新建 Activity

在 Android Studio 中，新建 Activity 非常简单。在项目的 Android 视图下，右击应用包 com. ccit. intentexample，在弹出的菜单中依次选择【New】、【Activity】、【Empty Activity】，

然后打开图 4-7 所示的对话框。设置 Activity Name 为 SecondActivity，其他的保持默认，然后单击【Finish】按钮，这样就完成了创建 Activity 类和布局文件、Activity 类与布局文件的关联以及 Activity 注册等所有的工作。

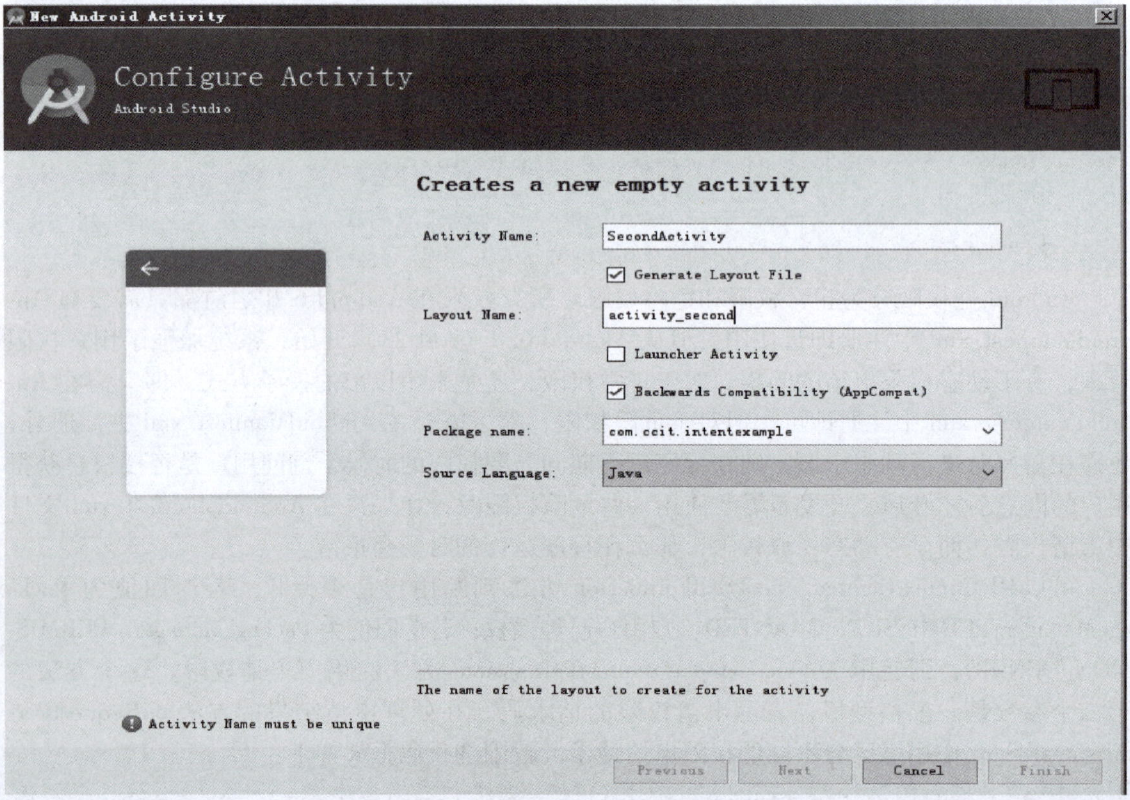

图 4-7　创建 Activity 对话框

然后，再向新建的 Activity 布局中拖入一个 TextView，并将该 TextView 的上约束和左约束分别设置到布局的上边界和左边界，最终的布局文件如下：

```
<?xml version="1.0" encoding="utf-8"?>
<android.support.constraint.ConstraintLayout xmlns:android="http://schemas.android.com/apk/res/android"
    xmlns:app="http://schemas.android.com/apk/res-auto"
    xmlns:tools="http://schemas.android.com/tools"
    android:layout_width="match_parent"
    android:layout_height="match_parent"
    tools:context=".SecondActivity" >
    <TextView
        android:layout_width="match_parent"
        android:layout_height="wrap_content"
```

```
        android:text = "这是第二个页面"
        app:layout_constraintLeft_toLeftOf = "parent"
        app:layout_constraintTop_toTopOf = "parent"/>
</android.support.constraint.ConstraintLayout>
```

(3) 实现功能

在 MainActivity 类的顶部需要申明按钮所对应的成员变量：

```
public class MainActivity extends Activity {
    Button homeBtn;
    Button urlBtn;
    Button sendSmsBtn;
    Button dialViewBtn;
    Button dialBtn;
    Button secondActivityBtn;
}
```

重写 MainActivity.java 中的 onCreate 方法，在该方法中将调用两个方法：init 和 setListeners。init 方法是将成员变量进行初始化，而 setListeners 方法为界面中的 Button 组件增加事件响应处理。在这里将变量初始化和为组件设置事件监听器封装为独立的两个方法，使得程序结构更加清晰。

```
    protected void onCreate(Bundle savedInstanceState) {
        super.onCreate(savedInstanceState);
        setContentView(R.layout.activity_main);
        init();
        setListeners();
    }
```

实现 init 方法，初始化组件变量。

```
    void init() {
        homeBtn = (Button) findViewById(R.id.homeBtn);
        urlBtn = (Button) findViewById(R.id.urlBtn);
        sendSmsBtn = (Button) findViewById(R.id.sendSmsBtn);
        dialViewBtn = (Button) findViewById(R.id.dialViewBtn);
        dialBtn = (Button) findViewById(R.id.dialBtn);
        secondActivityBtn = (Button) findViewById(R.id.secondActivityBtn);
    }
```

实现 setListeners 方法，为不同的 Button 组件实现单击监听器，在监听器的 onClick 方法中通过不同的 Intent 对象实现不同的功能。

```
void setListeners() {
        // 返回 HOME 界面
        homeBtn.setOnClickListener(new View.OnClickListener() {
            @Override
            public void onClick(View v) {
                // TODO Auto-generated method stub
                Intent intent = new Intent();
                intent.setAction(Intent.ACTION_MAIN);
                intent.addCategory(Intent.CATEGORY_HOME);
                startActivity(intent);
            }
        });

        // 用浏览器打开"新浪"网址
        urlBtn.setOnClickListener(new View.OnClickListener() {
            @Override
            public void onClick(View v) {
                // TODO Auto-generated method stub
                Intent intent = new Intent();
                intent.setAction(Intent.ACTION_VIEW);
                intent.setData(Uri.parse("http://www.sina.cn"));
                intent.setClassName("com.android.chrome","com.google.android.apps.
chrome.Main");
                startActivity(intent);
            }
        });
      //转向短消息的编辑界面
      sendSmsBtn.setOnClickListener(new View.OnClickListener() {
          @Override
          public void onClick(View v) {
              // TODO Auto-generated method stub
              Intent intent = new Intent();
              intent.setAction(Intent.ACTION_SENDTO);
              intent.setData(Uri.parse("smsto:13800000000"));
              intent.putExtra("sms_body", "短消息正文内容");
              startActivity(intent);
          }
      });
```

```
        //显示电话的拨盘界面
        dialViewBtn.setOnClickListener(new View.OnClickListener() {
            @Override
            public void onClick(View v) {
                // TODO Auto-generated method stub
                Intent intent = new Intent();
                intent.setAction(Intent.ACTION_DIAL);
                intent.setData(Uri.parse("tel:13800000000"));
                startActivity(intent);
            }
        });
        //直接拨打电话
        dialBtn.setOnClickListener(new View.OnClickListener() {
            @Override
            public void onClick(View v) {
                // TODO Auto-generated method stub
                judgePermmison();
            }
        });
        //跳转至第二个 Activity
        secondActivityBtn.setOnClickListener(new View.OnClickListener() {
            @Override
            public void onClick(View v) {
                // TODO Auto-generated method stub
                Intent intent = new Intent();
                intent.setClassName(MainActivity.this, "com.ccit.intentexample.SecondAc-
tivity");
                startActivity(intent);
            }
        });
    }
```

由于直接拨打电话前必须首先拥有 CALL_PHONE 权限，这是一个危险权限，因此需要在直接拨打电话（dialBtn）按钮的单击事件监听器方法中，调用动态申请权限的 judgePermmison 方法，该方法的代码如下：

```
    void judgePermmison() {
        if (android.os.Build.VERSION.SDK_INT >= android.os.Build.VERSION_CODES.M)
{
```

```
    //判断权限是否获取,返回 PERMISSION_GRANTED(已授权)或 PERMISSION_DENIED
(未授权)
            int hasPermission = checkSelfPermission(Manifest.permission.CALL_PHONE);
            if(hasPermission != PackageManager.PERMISSION_GRANTED) {
                //动态申请权限
                requestPermissions(new String[]{Manifest.permission.CALL_PHONE},0);
            }else{
                call();
            }
        }
    }
```

上述方法中调用了 call 方法，该方法为业务逻辑（拨打电话）的方法，在用户已经授权的情况下，直接调用 call 方法拨打电话，其代码如下：

```
    void call() {
        Intent intent = new Intent();
        intent.setAction(Intent.ACTION_CALL);
        intent.setData(Uri.parse("tel:13800000000"));
        startActivity(intent);
    }
```

最后需要注意的是，在用户执行动态权限申请后，需要根据用户的选择分别进行不同的处理，这个功能通过重写 Activity 的 onRequestPermissionsResult 方法来实现。因为系统在执行完动态申请权限的 requestPermissions 方法后，会立即回调 onRequestPermissionsResult 方法。其具体代码如下：

```
    @Override
    public void onRequestPermissionsResult(int requestCode, String[] permissions, int[]
grantResults) {
    super.onRequestPermissionsResult(requestCode, permissions, grantResults);
    switch (requestCode) {
        case 0:
            if (grantResults.length > 0 && grantResults[0] == PackageManager.PERMIS-
SION_GRANTED) {
                    call();
            } else {
                Toast.makeText(this,"用户拒绝授权",Toast.LENGTH_SHORT).show();
            }
            break;
        default:
```

```
                break;
            }
    }
```

跳转到第二个 Activity 代码中，调用了 intent 的 setClassName 方法，第一个参数为当前 Activity 的环境，第二个参数是第二个 Activity 类的名称。

【试一试】在第二个 Activity 中添加一个 Button 按钮，单击 Button 按钮后能跳回到第一个 Activity 中。

四、Activity 的生命周期

1. 生命周期与回调函数

Android 中是用 Activity Stack（Activity 栈）来管理各个 Activity。当 Activity 从被启动开始，它的状态就决定了它处在 Activity Stack（栈）中的位置，当前处于活动状态的 Activity 处于栈顶的位置。随着不同应用程序的运行，每一个 Activity 的状态都有可能发生变化。

Activity 的生命周期中有以下四种状态。

- 活动状态：处于 Activity 栈的栈顶，用户启动应用程序或 Activity 之后，该 Activity 位于屏幕前台，用户可见，能获得焦点（即用户可以操作它）。同一时刻只会有一个 Activity 处于活动状态。
- 暂停状态：该 Activity 位于前台，但是被另外一个处于"活动"状态的 Activity（例如对话框风格的 Activity）遮挡住一部分，没有焦点，用户不能直接对其进行输入操作，但界面依旧可见，该 Activity 的状态处于"暂停"状态。值得注意的是：对话框风格的 Activity 并不意味着就是对话框 AlertDialog。Android 4.0 之后，由于对话框 AlertDialog 的设计发生了较大的变化，如果某个 Activity 是被 AlertDialog 或 Toast 遮住一部分，在 Android 4.0 之后的版本中，该 Activity 的状态不会转换为暂停状态，依旧是处于活动状态。
- 停止状态：该 Activity 被其他 Activity 完全挡住，不再可见，也失去了焦点。
- 销毁状态：该 Activity 被终止。

如图 4-8 所示，可以看到 Activity 的整个生命周期及相关的回调函数，也可以根据程序的需要重写相关的回调函数。一般最常需要修改的就是 onCreate、onPause 和 on Resume 方法。

2. 生命周期演示

为了让大家更好地了解 Android 生命周期以及每个状态中回调函数的执行顺序与执行时间，下面通过一个简单的实例来测试这些回调函数的执行情况。在该实例中存在两个 Activity：MainActivity、DialogActivity。单击 MainActivity 中的按钮可以弹出（其实是转向）DialogActivity。

（1）创建项目

创建一个 Android 工程，命名为 ActivityLife。主界面为 MainActivity，修改其对应的布局文件 activity_ main. xml，在该界面中主要是两个按钮：一个用于弹出对话框风格的 Activity，另一个用于退出应用程序。

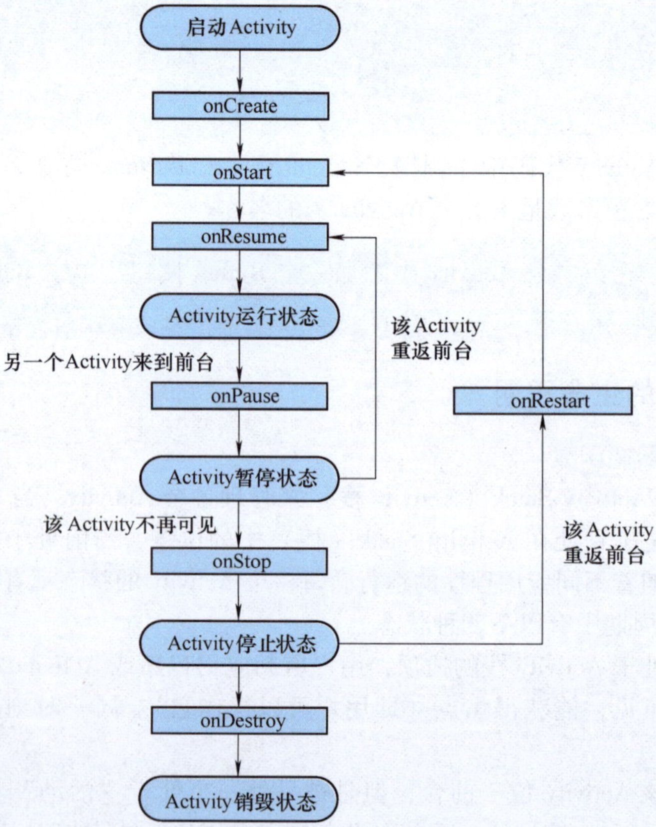

图 4-8　Android 生命周期

```
<?xml version="1.0" encoding="utf-8"?>
<android.support.constraint.ConstraintLayout xmlns:android="http://schemas.android.com/apk/res/android"
    xmlns:app="http://schemas.android.com/apk/res-auto"
    xmlns:tools="http://schemas.android.com/tools"
    android:layout_width="match_parent"
    android:layout_height="match_parent"
    tools:context=".MainActivity">
    <TextView
        android:id="@+id/textview1"
        android:layout_width="match_parent"
        android:layout_height="wrap_content"
        android:gravity="center"
        android:text="生命周期示例"
        android:textSize="10pt"
        app:layout_constraintLeft_toLeftOf="parent"
```

```
        app:layout_constraintTop_toTopOf = "parent"/ >
    <! --弹出对话框 -- >
    < Button
        android:id = "@ + id/btn_dialog"
        android:layout_width = "match_parent"
        android:layout_height = "wrap_content"
        android:gravity = "center"
        android:text = "弹出对话框"
        app:layout_constraintLeft_toLeftOf = "parent"
        app:layout_constraintTop_toBottomOf = "@ id/textview1"/ >
    <! --退出应用程序 -- >
    < Button
        android:id = "@ + id/btn_quit"
        android:layout_width = "match_parent"
        android:layout_height = "wrap_content"
        android:gravity = "center"
        android:text = "退出应用程序"
        android:layout_marginTop = "5dp"
        app:layout_constraintLeft_toLeftOf = "parent"
        app:layout_constraintTop_toBottomOf = "@ id/btn_dialog" / >
</android. support. constraint. ConstraintLayout >
```

(2) 新建 Activity

接着按照图 4-7 所示的方法新建第二个 Activity，完成后在其对应的布局文件中放置一个 TextView，并将其左、右两个方向的约束分别设置到父布局的左边界和右边界，这样这个 TextView 就会在水平方向居中显示。最终的布局文件（activity_ dialog. xml）代码为

```
< ? xml version = "1. 0" encoding = "utf-8" ? >
< android. support. constraint. ConstraintLayout xmlns:android = " http://schemas. android. com/apk/res/android"
    xmlns:app = "http://schemas. android. com/apk/res-auto"
    xmlns:tools = "http://schemas. android. com/tools"
    android:layout_width = "match_parent"
    android:layout_height = "match_parent"
    tools:context = ". DialogActivity" >
    < TextView
        android:layout_width = "wrap_content"
        android:layout_height = "wrap_content"
        android:gravity = "center"
```

```
        android:text = "对话框风格的 Activity"
        app:layout_constraintLeft_toLeftOf = "parent"
        app:layout_constraintRight_toRightOf = "parent" />
</android.support.constraint.ConstraintLayout>
```

由于 SecondActivity 是对话框样式的，所以在 AndroidManifest.xml 中注册 DialogActivity 时，将其使用的主题设置为对话框样式即可，具体代码如下：

```
<activity
    android:name = "com.example.activitylife.DialogActivity"
    android:theme = "@style/Base.Theme.AppCompat.Dialog" >
</activity>
```

(3) 实现功能

为了让大家看清楚回调函数的执行情况，程序中重写了每一个回调函数，主要是利用 Log 输出相关信息。具体实现代码如下：

```
public class MainActivity extends AppCompatActivity {
    private static final String TAG = "LifeCycle";
    Button dialogBtn; //弹出对话框风格的按钮
    Button quitBtn;//退出按钮

    @Override
    protected void onCreate(Bundle savedInstanceState) {
        super.onCreate(savedInstanceState);
        setContentView(R.layout.activity_main);
        Log.i(TAG, "onCreate()..."); //输出 Log 信息
        init(); //初始化工作
        setListeners();//监听事件
    }

    void init() {
        dialogBtn = (Button) findViewById(R.id.btn_dialog);
        quitBtn = (Button) findViewById(R.id.btn_quit);
    }

    void setListeners() {
        dialogBtn.setOnClickListener(new View.OnClickListener() {

            @Override
            public void onClick(View v) {
```

```
            // TODO Auto-generated method stub
            Intent intent = new Intent( MainActivity. this, DialogActivity. class);
            startActivity( intent); //转向对话框风格的 Activity
        }
    });
    quitBtn. setOnClickListener( new View. OnClickListener( ) {

        @ Override
        public void onClick( View v) {
            // TODO Auto-generated method stub
            Log. i(TAG, "now in finish( )... ");
            finish( );// finish 函数会销毁该 Activity
        }
    });
}

@ Override
protected void onStart( ) {
    // TODO Auto-generated method stub
    super. onStart( );
    Log. i(TAG, "onStart( )... ");
}

@ Override
protected void onDestroy( ) {
    // TODO Auto-generated method stub
    super. onDestroy( );
    Log. i(TAG, "onDestroy( )... ");
}

@ Override
protected void onPause( ) {
    // TODO Auto-generated method stub
    super. onPause( );
    Log. i(TAG, "onPause( )... ");
}

@ Override
```

```
    protected void onRestart() {
        // TODO Auto-generated method stub
        super.onRestart();
        Log.i(TAG, "onRestart()...");
    }

    @Override
    protected void onResume() {
        // TODO Auto-generated method stub
        super.onResume();
        Log.i(TAG, "onResume()...");
    }

    @Override
    protected void onStop() {
        // TODO Auto-generated method stub
        super.onStop();
        Log.i(TAG, "onStop()...");
    }
}
```

（4）运行程序

接下来运行 ActivityLife 工程，通过 LogCat 的输出信息观察 MainActivity 的生命周期方法的调用情况。程序启动后，LogCat 会输出程序调用的方法：onCreate()→onStart()→onResume()。

单击【弹出对话框】按钮，由于 DialogActivity 对应的界面会弹出，导致 MainActivity 对应的界面被遮住一部分，并失去焦点，MainActivity 会进入暂停状态，所以 MainActivity 中会自动调用 onPause()。

按手机上的【返回】键，从 DialogActivity 回到 MainActivity 中，MainActivity 中自动调用 onResume()。

按手机上的【Home】键，将回到桌面，MainActivity 对应的界面被桌面完全遮住，MainActivity 会进入停止状态，因此会自动调用 onPause()→onStop()。

重新回到应用程序后，系统会自动调用 onRestart()→onStart()→onResume()。

单击【退出应用程序】按钮，在事件响应方法中调用 finish()，事实上这个方法会销毁 MainActivity，因此执行 finish()时系统会自动调用 onPause()→onStop()→onDestroy()。

【提示】大家会发现无论是暂停状态、停止状态还是销毁状态，系统都会自动调用 onPause()。因此在平常的开发中，可以把一些重要数据的保存操作写在 onPause() 里，这样，即便应用被非法结束，数据也不会丢失。

五、CheckBox 组件

1. 简介

CheckBox 组件用来实现复选功能，也就是一次可以选中多个选项，比如在选择爱好时可以使用 CheckBox。这个类继承了 Button 类，因此可以直接使用 Button 类支持的各种属性和方法。

2. 重要属性

（1） android：checked

用于指定 CheckBox 的初始选中状态，取值 true，复选框初始状态为选中；取值 false，复选框初始状态为未选中。

（2） android：text

用于设置复选框的标题。

3. 重要方法

（1） public boolean isChecked （ ）

功能：判断复选框的选中状态。

参数：无

返回值：布尔类型，true 表示状态为选中，false 表示状态为未选中。

示例：

```
if(checkbox.isChecked() == true)
        Toast.makeText(MainActivity.this, "当前状态是选中的", Toast.LENGTH_SHORT).
show();
```

（2） public void setOnCheckedChangeListener （CompoundButton. OnChecked Change-Listener l）

功能：为复选框设置状态改变监听器

参数：一个实现了 CompoundButton. OnCheckedChangeListener 接口的类的对象。

返回值：无

示例：

```
checkbox.setOnCheckedChangeListener(new CompoundButton.OnCheckedChangeListener() {
    @Override
    public void onCheckedChanged(CompoundButton buttonView, boolean isChecked) {
        // TODO Auto-generated method stub
        …
    }
});
```

4. 使用范例

下面将通过一个具体的例子来学习 CheckBox 的使用方法。创建一个 Android Studio 应用 CheckBoxExample，该程序的界面布局如图 4-9 所示，界面中存在一个 CheckBox 复选框和一个 Button 按钮。当选中或取消复选框时，会以 Toast 的方式提示复选框的当前状态。当单击按钮时，也会以 Toast 的方式提示当前 CheckBox 的选中状态。

图 4-9 CheckBox 范例界面布局

项目创建完成后，依次向布局中拖放一个 CheckBox 组件和一个 Button 组件，并将 CheckBox 组件的左边界约束到父布局的左边界，上边界约束到父布局的上边界，将 Button 组件的左边界也约束到父布局的左边界，上边界约束到 CheckBox 组件的下边界即可。

在 MainActivity 类中声明组件类型的成员变量：

```
public class MainActivity extends AppCompatActivity {
    CheckBox checkbox;
    Button btn;
}
```

然后在 onCreate( )方法中创建 CheckBox 组件和 Button 组件的事件监听器就可以实现所需功能了。

```
@ Override
protected void onCreate( Bundle savedInstanceState) {
    super. onCreate( savedInstanceState) ;
    setContentView( R. layout. activity_main) ;
    checkbox = ( CheckBox) this. findViewById( R. id. checkBox1) ;
    btn = ( Button) this. findViewById( R. id. button1) ;
    btn. setOnClickListener( new View. OnClickListener( ) {
```

```
            @ Override
            public void onClick( View v) {
                // TODO Auto-generated method stub
                if( checkbox. isChecked( ) == true)
                    Toast. makeText( MainActivity. this, "当前状态是选中的",
                                    Toast. LENGTH_SHORT). show( );
                else
                    Toast. makeText( MainActivity. this, "当前状态是未选中的",
                                    Toast. LENGTH_SHORT). show( );
            }
        });

        checkbox. setOnCheckedChangeListener ( new CompoundButton. OnCheckedChangeLis
tener( ) {
            @ Override
            public void onCheckedChanged( CompoundButton buttonView, boolean isChecked) {
                // TODO Auto-generated method stub
                if( isChecked == true)
                    Toast. makeText ( MainActivity. this, "被选中啦!", Toast. LENGTH_
SHORT). show( );
                else
                    Toast. makeText ( MainActivity. this, "被取消啦!", Toast. LENGTH_
SHORT). show( );
            }
        });
    }
```

程序运行后如图 4-10 所示。

六、SharedPreferences

1. 简介

SharedPreferences 可以提供方便的、轻量级的数据存储，通常用于应用程序中的参数配置或是一些简易数据的存储。例如可以通过它来保存用户上一次输入的信息，下一次应用程序启动后，自动为用户加载上一次输入的信息，减少用户的重复输入，提高用户体验。SharedPreferences 所存储的数据是以“键-值”的格式保存在 xml 文件中。该 xml 文件将存在工程中的/data/data/包名/shared_prefs 目录下。

2. 重要方法

（1） Context 类：public abstract SharedPreferences getSharedPreferences (String name, int mode)

功能：获得 xml 文件对象的引用。

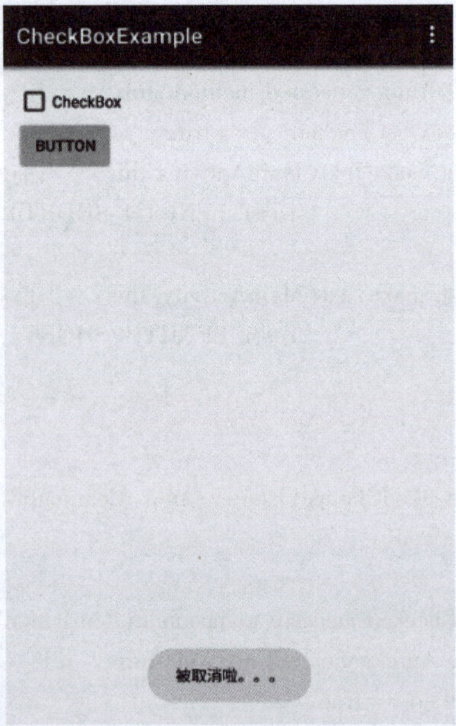

图 4-10　CheckBox 范例运行结果

参数：name 为 xml 文件名（如果该文件名不存在，将会在调用 SharedPreferences. edit( ) 之后新建一个）；mode 为该 SharedPreferences 数据的读写模式，可以取如下值。

- Context. MODE_PRIVATE：默认的操作模式，SharedPreferences 数据只能被本应用程序访问。
- Context. MODE_WORLD_READABLE：SharedPreferences 数据可以被其他应用程序读取，但是不能写入。该模式可能会造成安全漏洞，Android 4. 2 之后就不建议开发者使用这种模式了。
- Context. MODE_WORLD_WRITEABLE：SharedPreferences 数据可以被其他应用程序读取和写入。该模式可能会造成安全漏洞，Android 4. 2 之后就不建议开发者使用这种模式了。

返回值：SharedPreferences 的对象实例。

示例：

```
//获取一个 SharedPreferences 的实例对象,该 xml 文件名为 userinfo
SharedPreferences sp = getSharedPreference("userinfo", MODE_PRIVATE);
```

（2）SharedPreferences 类：public XXX getXXX（String key，XXX defValue）

功能：获得 SharedPreferences 中指定“键”所对应的“值”。

参数：key 为要获取数据的“键”名，如果 key 不存在，则返回默认值 defValue。其中 XXX 可以为 boolean、int、long、float、String 等数据类型。

返回值：返回“键”所对应的“值”。

示例：

```
//获取一个 SharedPreferences 的实例对象,该 xml 文件名为 userinfo
SharedPreferences sp = getSharedPreference("userinfo", MODE_PRIVATE);
//获得键"REMBERPWD"所对应的值,如果该键不存在,则返回默认值 false
sp.getBoolean("REMBERPWD", false);
```

(3) SharedPreferences 类：public Editor edit()

功能：获得 SharedPreferences 所对应的 Editor 编辑器对象。

返回值：Editor 编辑器对象。

示例：

```
SharedPreferences sp = getSharedPreference("userinfo", MODE_PRIVATE);
Editor editor = sp.edit();
                    //获得 sp 对应的编辑器,通过该编辑器可以写入"键-值"内容
```

(4) Editor 类：public Editor putXXX (String key, XXX value)

功能：向 SharedPreferences 中写入“键”所对应的“值”。

参数：key 为“键”，value 为“值”，XXX 同样可以为 boolean、int、long、float、String 等数据类型。

示例：

```
SharedPreferences sp = getSharedPreference("userinfo", MODE_PRIVATE);
Editor editor = sp.edit();
                    //获得 sp 对应的编辑器,通过该编辑器可以写入"键-值"内容
editor.putBoolean("REMBERPWD", false);
                    //将键"REMBERPWD"所对应的值设为 false
```

(5) Editor 类：public Editor remove (String key)

功能：在 SharedPreferences 中删除“键”(key) 所对应的“值”(value)。

参数：key 为“键”。

示例：

```
SharedPreferences sp = getSharedPreference("userinfo", MODE_PRIVATE);
Editor editor = sp.edit();  //获得 sp 对应的编辑器,通过该编辑器可以写入"键-值"内容
editor.remove("REMBERPWD");  //清除键"REMBERPWD"所对应的值
```

(6) Editor 类：public Editor clear()

功能：向 SharedPreferences 中清空所有的“键-值”对。

示例：

```
SharedPreferences sp = getSharedPreference("userinfo", Context.MODE_PRIVATE);
Editor editor = sp.edit();  //获得 sp 对应的编辑器,通过该编辑器可以写入"键-值"内容
editor.clear();             //清除所有的"键-值"对
```

(7) Editor 类：public boolean commit()

功能：向 SharedPreferences 提交修改。

示例：

```
SharedPreferences sp = getSharedPreference("userinfo", Context.MODE_PRIVATE);
Editor editor = sp.edit();    //获得 sp 对应的编辑器,通过该编辑器可以写入"键-值"内容
editor.clear();               //清除所有的"键-值"对
editor.commit();              //提交修改
```

3. 使用范例

下面通过一个“登录”实例来学习 SharedPreferences 的使用，该应用程序中有两个界面（登录界面、欢迎界面）。界面如图 4-11 所示，登录界面中的密码输入框使用一般的文本输入框，系统默认会记住上次登录时输入的用户名。单击【登录】按钮时，如果“记住密码”处于被勾选的状态，下一次启动该应用程序，系统将自动填充密码，无需用户重新输入。单击【登录】按钮之后，系统会跳转到右侧的欢迎界面。

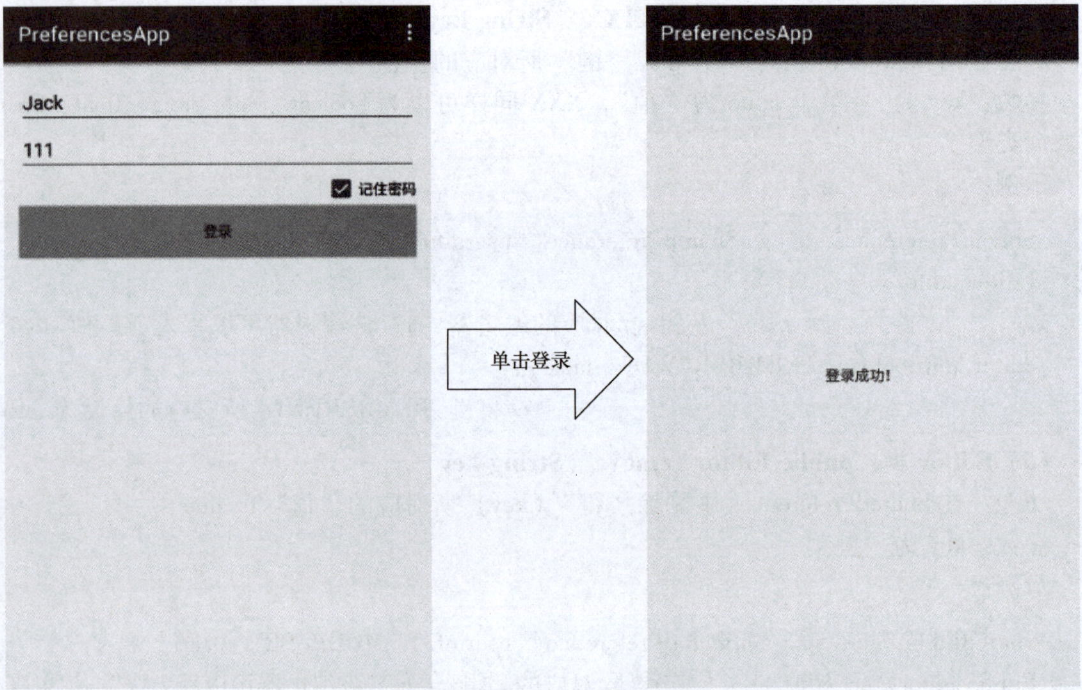

图 4-11　登录界面与欢迎界面

（1）创建项目

创建一个 Android 工程“PreferenceApp”，打开并编辑 res/layout 文件夹的 activity_login. xml 文件，该布局界面用于实现登录界面。

```
<?xml version="1.0" encoding="utf-8"?>
<android.support.constraint.ConstraintLayout xmlns:android="http://schemas.android.com/apk/res/android"
    xmlns:app="http://schemas.android.com/apk/res-auto"
    xmlns:tools="http://schemas.android.com/tools"
```

```
    android:layout_width = "match_parent"
    android:layout_height = "match_parent"
    android:paddingBottom = "@ dimen/activity_vertical_margin"
    android:paddingLeft = "@ dimen/activity_horizontal_margin"
    android:paddingRight = "@ dimen/activity_horizontal_margin"
    android:paddingTop = "@ dimen/activity_vertical_margin"
    tools:context = ". LoginActivity" >
    < EditText
        android:id = "@ + id/username"
        android:layout_width = "match_parent"
        android:layout_height = "wrap_content"
        android:hint = "用户名"
        app:layout_constraintLeft_toLeftOf = "parent"
        app:layout_constraintTop_toTopOf = "parent"/ >
    < EditText
        android:id = "@ + id/pwd"
        android:layout_width = "match_parent"
        android:layout_height = "wrap_content"
        android:hint = "密码"
        app:layout_constraintLeft_toLeftOf = "parent"
        app:layout_constraintTop_toBottomOf = "@ + id/username"/ >
    < CheckBox
        android:id = "@ + id/rememberPwd"
        android:layout_width = "wrap_content"
        android:layout_height = "wrap_content"
        android:text = "记住密码"
        app:layout_constraintRight_toRightOf = "parent"
        app:layout_constraintTop_toBottomOf = "@ + id/pwd"/ >
    < Button
        android:id = "@ + id/login"
        android:layout_width = "match_parent"
        android:layout_height = "wrap_content"
        android:background = "@ android:color/holo_orange_light"
        android:text = "登录"
        app:layout_constraintLeft_toLeftOf = "parent"
```

修改 MainActivity. java 为 LoginActivity. java，在该类的顶部声明五个变量：两个文本输入框组件对应的变量（usernameEdit、pwdEdit）、一个“记住密码”复选框对应的变量（rememberPwdCheck）、一个【登录】按钮对应的变量（loginBtn）以及一个 SharedPreferences 变量（pref）。

```
EditText usernameEdit;
EditText pwdEdit;
CheckBox rememberPwdCheck;
Button loginBtn;
SharedPreferences pref;
```

(2) 新建 Activity

按照前面所学习的方法创建 WelcomeActivity 类，其对应的布局文件 activity_welcome.xml 内容如下：

```
<?xml version="1.0" encoding="utf-8"?>
<android.support.constraint.ConstraintLayout xmlns:android="http://schemas.android.com/apk/res/android"
        xmlns:app="http://schemas.android.com/apk/res-auto"
        xmlns:tools="http://schemas.android.com/tools"
        android:layout_width="match_parent"
        android:layout_height="match_parent"
        tools:context=".WelcomeActivity">
    <TextView
            android:layout_width="match_parent"
            android:layout_height="match_parent"
            android:gravity="center"
            android:text="登录成功!"
            app:layout_constraintLeft_toLeftOf="parent"
            app:layout_constraintTop_toTopOf="parent"
            app:layout_constraintRight_toRightOf="parent"
            app:layout_constraintBottom_toBottomOf="parent"/>
</android.support.constraint.ConstraintLayout>
```

(3) 实现功能

修改 LoginActivity 的 onCreate (Bundle savedInstanceState) 方法，添加两个成员方法 init()、setListeners()：

```
protected void onCreate(Bundle savedInstanceState) {
        super.onCreate(savedInstanceState);
        setContentView(R.layout.activity_login);
        init();
        setListeners();
}
```

实现 init()方法，在该方法中将成员变量进行初始化，并从 userinfo.xml 文件中读取

SharedPreferences 数据，获取用户名信息显示到 usernameEdit 组件上。然后获取键“REMBERPWD”的值，如果为 true，代表之前用户选择了“记住密码”，此时获取密码显示到 pwdEdit 组件中，并勾选“记住密码”组件；如果为 false，代表用户之前没有要求记住密码，pwdEdit 组件显示为空字符串，不勾选“记住密码”组件。

```
private void init() {
    usernameEdit = (EditText) findViewById(R.id.username);
    pwdEdit = (EditText) findViewById(R.id.pwd);
    rememberPwdCheck = (CheckBox) findViewById(R.id.rememberPwd);
    loginBtn = (Button) findViewById(R.id.login);
    pref = getSharedPreferences("userinfo", Context.MODE_PRIVATE);

    usernameEdit.setText(pref.getString("USERNAME", ""));
                                                //获取用户名显示到 EditText 上
    if (pref.getBoolean("REMBERPWD", false)) {          //判断是否记住了密码
        pwdEdit.setText(pref.getString("PWD", ""));
                                    //如果记住了密码,获取密码显示到 EditText 上
        rememberPwdCheck.setChecked(true);  //设定 CheckBox 状态为选中状态
    } else {
        pwdEdit.setText("");            //如果没有记住密码,EditText 上显示空
        rememberPwdCheck.setChecked(false); //设定 CheckBox 状态为非选中状态
    }
}
```

实现 setListeners 方法，监听【登录】按钮事件，单击【登录】按钮时，判断“记住密码”的勾选状态，如果是勾选状态，则保存此时输入的用户名、密码以及勾选状态，否则修改“记住密码”的状态数据。

```
private void setListeners() {
        loginBtn.setOnClickListener(new OnClickListener() {
            @Override
            public void onClick(View v) {
                // TODO Auto-generated method stub
                SharedPreferences.Editor editor = pref.edit();
                if (rememberPwdCheck.isChecked()) {
                    editor.putString("USERNAME", usernameEdit.getText()
                            .toString());
                    editor.putString("PWD", pwdEdit.getText().toString());
                    editor.putBoolean("REMBERPWD", true);
                    editor.commit();
                } else {
```

```
                    editor.putBoolean("REMBERPWD", false);
                    editor.commit();
                }
                Intent intent = new Intent();
                intent.setClass(LoginActivity.this, WelcomeActivity.class);
                startActivity(intent);
                finish();
            }
        });
    }
```

七、Android 的文件存储

1. 简介

Android 手机中的文件（如文本文件、图片、音频视频文件）可以存储在手机内部存储器或外部存储器 SD 卡中，Android 提供了标准的 Java 文件输入输出流（FileInputStream、FileOutputStream）的方式来对文件数据进行读写。

存储在手机内部存储器中的文件是存放在/data/data/包名/files 中，而存储在手机 SD 卡中的文件数据则是存放在/mnt/sdcard/中，随着文件存储位置（内部存储器、外部存储器）的不同，获取 Java 文件输入输出流的方式也不一样。

2. 重要方法

（1）public FileOutputStream openFileOutput（String name，int mode）

功能：对于存储在手机内部存储器中的文件，只需要调用该方法即可获得标准的 Java 文件输出流。

参数：name 为文件名（如果该文件名不存在，则会新建一个），mode 为该文件数据的读写模式，它可以取如下的值。

- 0 或 Context. MODE_PRIVATE：默认的操作模式，文件数据只能被本应用程序访问，新的文件数据将会覆盖原有的文件数据。
- Context. MODE_APPEND：新的文件数据将以追加的方式写入到该文件中。
- Context. MODE_WORLD_READABLE：文件数据可以被其他应用程序读，但是不能写，由于该方式可能会造成安全漏洞，Android 4.2 之后就不建议开发者使用此方式。
- Context. MODE_WORLD_WRITEABLE：文件数据可以被其他应用程序读、写，由于该方式可能会造成安全漏洞，Android 4.2 之后就不建议开发者使用此方式。

返回值：标准的 Java 输出流 FileOutputStream 对象。

示例：

```
FileOutputStream outputStream = openFileOutput(filename, 0);
```

该行代码获得了某个文件的输出流，文件数据只能被本应用程序访问。

（2）public FileInputStream openFileInput（String name）

功能：对于存储在手机内部存储器中的文件，只需要调用该方法即可获得标准的 Java

文件输入流。

参数：name 为文件名。

返回值：标准的 Java 输入流 FileInputStream 对象。

示例：

```
FileInputStream inputStream = openFileInput(filename);
```

（3） public File（File dir，String name）

该方法是 File 类的一个构造方法，主要是用于存储在外部存储器 SD 卡上的文件，在获得 Java 文件输入输出流前，需要调用该方法来获得该文件所对应的 File 对象。

功能：通过该构造方法来创建特定文件路径下的某个文件所对应的 File 对象。

参数：dir 为该文件所在的目录，name 为文件名。

返回值：File 对象。

示例：

```
File file = new File(Environment.getExternalStorageDirectory(), filename);
FileOutputStream    outputStream = new FileOutputStream(file, Context.MODE_APPEND);
FileInputStream inputStream = new FileInputStream(file);
```

其中第一行代码中 Environment. getExternalStorageDirectory 方法是用来获得手机外部存储器 SD 卡的目录，Environment 类可以提供应用当前环境和平台信息，以及操作它们的方法。第二行代码在获得 File 对象之后，调用 Java 中的 FileOutputStream 的构造方法来获得 SD 卡上文件的输出流。第三行代码调用 Java 中的 FileInputStream 的构造方法来获得 SD 卡上文件的输入流。

（4） public static File Environment. getDataDirectory( )

功能：获取 Android 数据目录对应的 File 对象。

返回值：File 对象。

示例：

```
File file = new File(Environment.getDataDirectory(), filename);
```

该行代码创建了 Environment. getDataDirectory( ) 目录（即/data 目录）下 filename 对应的文件对象。

（5） public static File Environment. getExternalStorageDirectory( )

功能：获取手机外部存储器目录即 SD 卡对应的 File 对象。

返回值：File 对象。

示例：

```
File file = new File(Environment.getExternalStorageDirectory(), filename);
```

该行代码创建了 Environment. getExternalStorageDirectory( ) 目录（即/mnt/sdcard 目录）下 filename 对应的文件对象。

（6） public static File Environment. getDownloadCacheDirectory( )

功能：获取 Android 下载/缓存内容目录对应的 File 对象。

返回值：File 对象。

示例：

```
File file = new File(Environment. getDownloadCacheDirectory(), filename);
```

该行代码创建了 Environment. getDownloadCacheDirectory( ) 目录（即/cache 目录）下 filename 对应的文件对象。

（7） public static File Environment. getRootDirectory( )

功能：获取 Android 根目录对应的 File 对象。

返回值：File 对象。

示例：

```
File file = new File(Environment. getRootDirectory(), filename);
```

该行代码创建了 Environment. getRootDirectory( ) 目录（即/system 目录）下 filename 对应的文件对象。

（8） public static String Environment. getExternalStorageState( )

功能：获取手机外部存储器 SD 卡的当前状态。

返回值：当前状态所对应的字符串。在 Android 中，已经定义了一些代表当前状态的字符串常量。

- Environment. MEDIA_BAD_REMOVAL：SD 卡在被卸载前就被拔出。
- Environment. MEDIA_CHECKING：SD 卡正在接受磁盘检查。
- Environment. MEDIA_MOUNTED：手机已插上 SD 卡，并且应用程序对 SD 卡具有读写权限。
- Environment. MEDIA_MOUNTED_READ_ONLY：手机已插上 SD 卡，但是应用程序对 SD 卡只具有读权限。
- Environment. MEDIA_REMOVED：手机上没有 SD 卡。
- Environment. MEDIA_SHARED：SD 卡存在但是没有被安装，可以通过 USB 大容量存储器共享。
- Environment. MEDIA_UNMOUNTABLE：SD 卡存在但是不可以被安装。
- Environment. MEDIA_UNMOUNTED：SD 卡已经被卸载，但是依旧存在于手机上，且没有被安装。

示例：

```
File file = new File(Environment. getExternalStorageDirectory(), filename);
if (Environment. getExternalStorageState(). equals(Environment. MEDIA_MOUNTED))
{…}
```

该行代码创建了手机 SD 卡目录下 filename 对应的文件对象。

3. 使用范例

下面通过一个范例来学习 File 文件存储。界面布局如图 4-12 所示，在写入文件内容之前，通过两个 EditText 来输入文件名和文件内容，CheckBox 复选框“保存在 SD 卡”用来选择写入的文件是存放在手机内部存储器中还是在外部存储器 SD 卡上，CheckBox 复选框“追加模式”决定写入的内容是追加到原来的文件中还是将原来的文件内容覆盖掉。单击【写入】按钮会将输入的内容写入文件中，单击【读取】按钮会将文件内容显示在下方的TextView组件中。

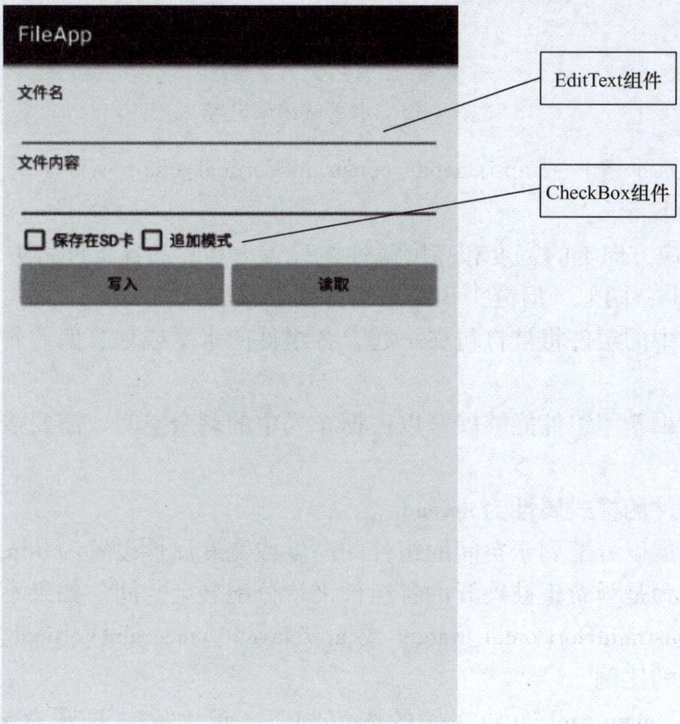

图4-12 界面布局

（1）创建项目

创建一个Android工程“FileApp”，在res/layout文件夹下的activity_main.xml文件中实现图4-12所示的布局界面。其主体布局采用ConstraintLayout布局，两个CheckBox组件水平排列，且整体上居左放置，而两个Button组件则是在水平方向上均匀填充父布局。

该布局中需要注意的是两个Button组件的排列，即如何使两个Button组件在水平方向上均匀铺满父布局。这种效果在之前的线性布局中是通过android:weight属性来实现的，也就是通过设置每个组件所占剩余空间的比例来实现。在目前的ConstraintLayout中，这种效果的实现需要通过链（Chain）来实现。

所谓链就是将一组组件在水平或垂直方向上通过左右约束或上下约束连接起来，之后就可以通过属性控制链中各个组件的显示外观。下面以水平链为例进行说明，比如有A、B两个左右排列的组件，要让这两个组件形成一个水平方向的链，只需要将A组件的右边界约束到B组件的左边界，而B组件的左边界约束到A组件的右边界，最后将链头组件A的左边界约束到父布局的左边界，将链尾组件B的右边界约束到父布局的右边界，这样就创建了一个包含A、B组件的水平链，如图4-13所示。

链建立后，需要设置链的样式。这可以通过为链头组件指定app:layout_constraintHori-

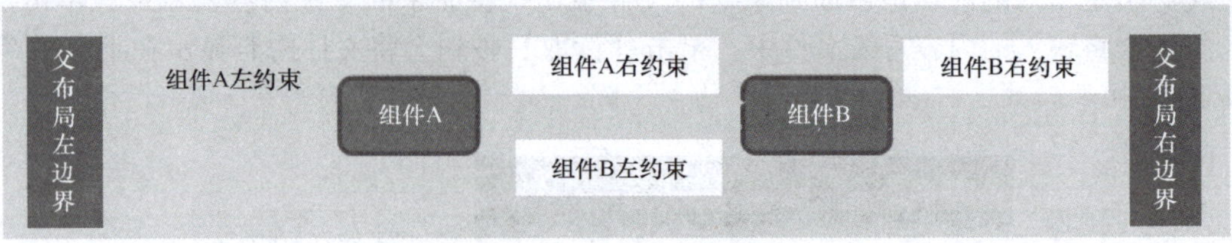

图 4-13　水平链约束设置

zontal_chainStyle（水平链）或 app:layout_constraintVertical_chainStyle（垂直链）来完成。这两个属性的取值如下：

- spread：相应方向上的宽度和高度属性被设置为 0dp 的各组件将被均匀展开。
- spread_inside：同上，但链头和链尾组件不会被展开。
- packed：链中的组件将被打包在一起，各组件的水平或垂直偏差属性将影响各组件的定位。

综上所述，如果希望组件能够展开以占据布局中的剩余空间，需要按照以下步骤操作：

- 建立链。
- 设置链头组件的样式属性为 spread。
- 将希望被扩展以分配剩余空间的组件的高度或宽度属性设置为 0dp。
- 链的默认行为是为希望被展开的各组件平均分配剩余空间。如果不希望这样，则可以通过 app:layout_constraintHorizontal_weight 或 app:layout_constraintVertical_weight 属性设置各组件分配剩余空间的比例。

最终的 activity_main.xml 布局文件的内容如下，请大家认真观察链中各组件的属性设置。

```
<?xml version="1.0" encoding="utf-8"?>
<android.support.constraint.ConstraintLayout xmlns:android="http://schemas.android.com/apk/res/android"
    xmlns:app="http://schemas.android.com/apk/res-auto"
    xmlns:tools="http://schemas.android.com/tools"
    android:layout_width="match_parent"
    android:layout_height="match_parent"
    android:paddingBottom="@dimen/activity_vertical_margin"
    android:paddingLeft="@dimen/activity_horizontal_margin"
    android:paddingRight="@dimen/activity_horizontal_margin"
    android:paddingTop="@dimen/activity_vertical_margin"
    tools:context=".MainActivity">

    <TextView
        android:id="@+id/textView1"
        android:layout_width="wrap_content"
```

```
        android:layout_height = "wrap_content"
        android:text = "文件名"
        app:layout_constraintLeft_toLeftOf = "parent"
        app:layout_constraintTop_toTopOf = "parent"  / >

    < EditText
        android:id = "@ + id/edit_filename"
        android:layout_width = "match_parent"
        android:layout_height = "wrap_content"
        android:lines = "1"
        app:layout_constraintLeft_toLeftOf = "parent"
        app:layout_constraintTop_toBottomOf = "@ + id/textView1" >
         < requestFocus / >
    < /EditText >

    < TextView
        android:id = "@ + id/textView2"
        android:layout_width = "wrap_content"
        android:layout_height = "wrap_content"
        android:text = "文件内容"
        app:layout_constraintLeft_toLeftOf = "parent"
        app:layout_constraintTop_toBottomOf = "@ + id/edit_filename"  / >

    < EditText
        android:id = "@ + id/edit_filecontent"
        android:layout_width = "match_parent"
        android:layout_height = "wrap_content"
        app:layout_constraintLeft_toLeftOf = "parent"
        app:layout_constraintTop_toBottomOf = "@ + id/textView2" >
         < requestFocus / >
    < /EditText >

    < CheckBox
        android:id = "@ + id/check_sd"
        android:layout_width = "wrap_content"
        android:layout_height = "wrap_content"
        android:text = "保存在 SD 卡"
```

```
        app:layout_constraintLeft_toLeftOf = "parent"
        app:layout_constraintTop_toBottomOf = "@+id/edit_filecontent"  />

    <CheckBox
        android:id = "@+id/check_append"
        android:layout_width = "wrap_content"
        android:layout_height = "wrap_content"
        android:text = "追加模式"
        app:layout_constraintLeft_toRightOf = "@+id/check_sd"
        app:layout_constraintTop_toTopOf = "@+id/check_sd"  />

    <Button
        android:id = "@+id/btn_write"
        android:layout_width = "0dp"
        android:layout_height = "wrap_content"
        android:text = "写入"
        app:layout_constraintLeft_toLeftOf = "parent"
        app:layout_constraintRight_toLeftOf = "@+id/btn_read"
        app:layout_constraintHorizontal_chainStyle = "spread"
        app:layout_constraintTop_toBottomOf = "@+id/check_sd"  />

    <Button
        android:id = "@+id/btn_read"
        android:layout_width = "0dp"
        android:layout_height = "wrap_content"
        android:text = "读取"
        app:layout_constraintLeft_toRightOf = "@+id/btn_write"
        app:layout_constraintRight_toRightOf = "parent"
        app:layout_constraintTop_toTopOf = "@+id/btn_write"/>

    <TextView
        android:id = "@+id/view_filecontent"
        android:layout_width = "match_parent"
        android:layout_height = "wrap_content"
        app:layout_constraintLeft_toLeftOf = "parent"
        app:layout_constraintTop_toBottomOf = "@+id/btn_write"/>
</android.support.constraint.ConstraintLayout>
```

由于该应用需要操作 SD 卡，需要在 AndroidManifest. xml 文件中设置在 SD 卡中创建与删除文件、写入数据的权限。

```
<! --在 sd 中创建和删除文件的权限 -- >
<uses-permission android:name = " android.permission.MOUNT_UNMOUNT_FILESYS-
TEMS" / >
<! --在 sd 中写入文件数据的权限 -- >
<uses-permission android:name = "android.permission.WRITE_EXTERNAL_STORAGE"/ >
```

同样地，如果使用的是 Android 6.0 （API 23） 及之后的版本，则还需在手机【设置】中的【应用管理】中显式地为应用赋权，然后程序才能顺利运行。

在 MainActivity.java 类的顶部申明组件变量、int 型变量 mode、boolean 型变量 append、boolean 型变量 append：

```
public class MainActivity extends Activity {
    EditText fileNameEditText;              //文件名的输入框组件变量
    EditText fileContentEditText;           //文件内容的输入框组件变量
    CheckBox appendCheckBox;                //“追加模式”的复选框变量
    CheckBox sdCheckBox;                    //“保存在 SD 卡上”的复选框变量
    Button writeBtn, readBtn;               //【写入】按钮变量、【读取】按钮变量
    TextView fileContentTextView;           //文件内容的文本显示框组件变量
    int mode;                               //文件数据的读写模式
    boolean append;                         //写入的数据是否追加到原有的内容中
    boolean sdSaving;                       //文件数据是否保存到 SD 卡中
```

重写 Activity 类的 onCreate(Bundle savedInstanceState)方法，调用 init()方法初始化组件对象变量，调用 setListeners()方法为组件设定监听器。

```
protected void onCreate(Bundle savedInstanceState) {
    super.onCreate(savedInstanceState);
    setContentView(R.layout.activity_main);
    init();                         //初始化工作:初始化变量
    setListeners();                 //为组件设定监听器
}

void init() {
    fileNameEditText = (EditText) findViewById(R.id.edit_filename);
    fileContentEditText = (EditText) findViewById(R.id.edit_filecontent);
    appendCheckBox = (CheckBox) findViewById(R.id.check_append);
    sdCheckBox = (CheckBox) findViewById(R.id.check_sd);
    writeBtn = (Button) findViewById(R.id.btn_write);
    readBtn = (Button) findViewById(R.id.btn_read);
    fileContentTextView = (TextView) findViewById(R.id.view_filecontent);
```

```
        mode = Context. MODE_PRIVATE;
        append = false;
        sdSaving = false;
    }

    void setListeners() {
        appendCheckBox. setOnCheckedChangeListener(new OnCheckedChangeListener() {
                //设定 appendCheckBox 的选项变化监听器
        });
        sdCheckBox. setOnCheckedChangeListener(new OnCheckedChangeListener() {
                //设定 sdCheckBox 的选项变化监听器
        });
        writeBtn. setOnClickListener(new OnClickListener() {
                //设定【写入】按钮的单击监听器
        });
        readBtn. setOnClickListener(new OnClickListener() {
                //设定【读取】按钮的单击监听器
        });
    }
```

（2） 监听 CheckBox

为“追加模式”的复选框变量 appendCheckBox 实现事件响应方法，通过判断参数 isChecked，设定 mode 和 append 变量。如果选中了“追加模式”，mode 的值为 MODE_APPEND，append 的值为 true。

```
    /* 为“追加模式”的复选框变量 appendCheckBox 添加事件响应 */
    appendCheckBox. setOnCheckedChangeListener(new OnCheckedChangeListener() {
            @Override
            public void onCheckedChanged(CompoundButton buttonView,
            boolean isChecked) {
                // TODO Auto-generated method stub
                if (isChecked) {
                    mode = Context. MODE_APPEND;
                    append = true;
                } else {
                    mode = Context. MODE_PRIVATE;
                    append = false;
                }
            }
    });
```

为“保存在 SD 卡上”的复选框变量 sdCheckBox 实现事件响应，如果选中了该 CheckBox，sdSaving 变量的值为 true。

```
sdCheckBox.setOnCheckedChangeListener(new OnCheckedChangeListener() {
        @Override
        public void onCheckedChanged(CompoundButton buttonView,
                    boolean isChecked) {
            // TODO Auto-generated method stub
            if (isChecked) {
                sdSaving = true;
            } else {
                sdSaving = false;
            }
        }
    });
```

(3) 实现写入文件

为【写入】按钮变量 writeBtn 添加事件响应，通过判断用户是否勾选“保存在 SD 卡”“追加模式”，来决定文件写入的方式，以及写入的文件是在 SD 卡中还是在内部存储器中。

```
writeBtn.setOnClickListener(new OnClickListener() {
        @Override
        public void onClick(View v) {
            // TODO Auto-generated method stub
            String filename = fileNameEditText.getText().toString();  //文件名称
            String filecontent = fileContentEditText.getText().toString();
                                                            //新的文件数据
            FileOutputStream outputStream = null;
            try {
                if (sdSaving == false) {
                    //从手机内部存储器中得到文件的标准 Java 输出流
                    outputStream = openFileOutput(filename, mode);
                } else {
                //判断手机是否已插上 SD 卡,并且应用程序对 SD 卡具有读写权限
                    if (Environment.getExternalStorageState().equals(
                            Environment.MEDIA_MOUNTED)) {
                        File file = new File(Environment
                            .getExternalStorageDirectory(), filename);
                        //获得手机 SD 卡中文件的标准 Java 输出流
                        outputStream = new FileOutputStream(file, append);
```

```
                    }
                }
                outputStream. write( filecontent. getBytes( ) ) ;
                Toast. makeText( MainActivity. this, "保存成功!",
                        Toast. LENGTH_LONG). show( ) ;
                fileContentEditText. setText( "" ) ;
            } catch (FileNotFoundException e) {
                // TODO Auto-generated catch block
                e. printStackTrace( ) ;
            } catch (IOException e) {
                // TODO Auto-generated catch block
                e. printStackTrace( ) ;
            } finally {
                //最后关闭文件
                if (outputStream! = null) {
                    try {
                        outputStream. close( ) ;
                    } catch (IOException e) {
                        // TODO Auto-generated catch block
                        e. printStackTrace( ) ;
                    }
                }
            }
        }
    });
```

（4）实现读取文件

为【读取】按钮变量 readBtn 添加事件响应，判断用户是否勾选“保存在 SD 卡”。如果用户未勾选“保存在 SD 卡”，将从手机内部存储器中将文件读取出来；如果用户勾选了“保存在 SD 卡”，则从手机 SD 卡中将文件读取出来。

```
readBtn. setOnClickListener( new OnClickListener( ) {
    @ Override
    public void onClick( View v) {
        // TODO Auto-generated method stub
        String filename = fileNameEditText. getText( ). toString( ) ;   //文件名称
        FileInputStream inputStream = null;
                                                        //标准的 Java 输入流
        ByteArrayOutputStream bou = new ByteArrayOutputStream( ) ;   //字节数组输出流
```

```
        byte[] buffer = new byte[1024];                //缓冲区
        int length = 0;
        try {
            if (sdSaving == false) {
                inputStream = openFileInput(filename);
            } else {
                File file = new File(Environment
                        .getExternalStorageDirectory(), filename);

                    if (Environment.MEDIA_MOUNTED.equals(Environment
                            .getExternalStorageState())) {
                        inputStream = new FileInputStream(file);
                    }
                }

                //如果文件读取未结束
                while ((length = inputStream.read(buffer)) != -1) {
                    bou.write(buffer, 0, length); //将缓冲区中的数据写入 bou 中
                }
            } catch (FileNotFoundException e) {
                // TODO Auto-generated catch block
                e.printStackTrace();
            } catch (IOException e) {
                // TODO Auto-generated catch block
                e.printStackTrace();
            } finally {
                if (inputStream != null) {
                    try {
                        inputStream.close();
                    } catch (IOException e) {
                        // TODO Auto-generated catch block
                        e.printStackTrace();
                    }
                }
            }
            fileContentTextView.setText(new String(bou.toByteArray()));
        }
    });
```

（5）运行程序

运行该程序后，其界面如图 4-14 所示。输入文件名“1. txt”，输入文件内容“123”，单击【写入】按钮，如果写入成功，系统将会以 Toast 的形式提示用户“保存成功”，同时文件内容的输入框清空。

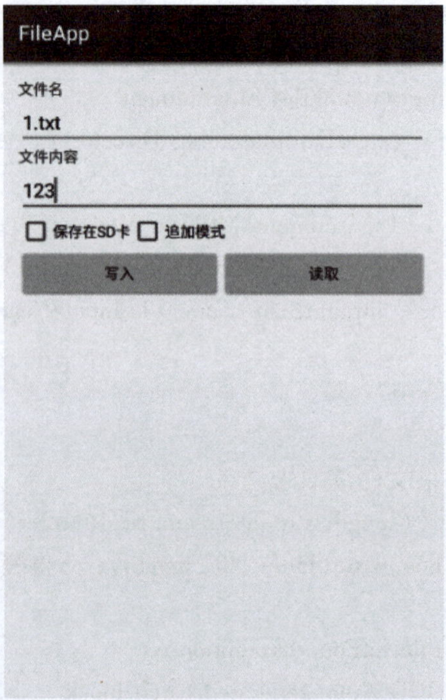

图 4-14　“文件”读写界面功能实现

依次单击菜单【View】、【Tool Windows】和【Device File Explorer】，打开 Device File Explorer 对话框，如图 4-15 所示，可以看到在 data/data/[包名]/files 目录下，存在一个 1. txt 文件。

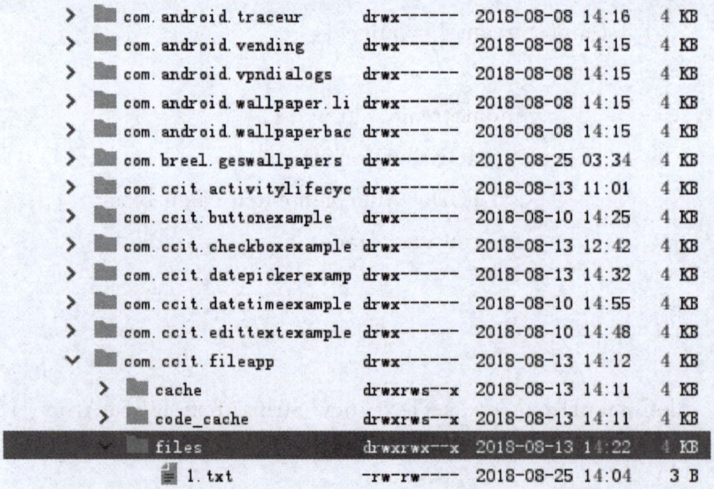

图 4-15　Device File Explorer 视图中的文件

【提示】如果是利用手机进行联机测试，那么在 Device File Explorer 视图中，data 目录下的文件是不可见的。除非将手机重新进行 root，这已不是在本书的范围之内了。

【试一试】本例中为程序授予读写 SD 卡的权限（READ_EXTERNAL_STORAGE、WRITE_EXTERNAL_STORAGE）是危险权限，但本例中使用的是手机【设置】中手动授权的方式，能利用前面所讲的动态授权知识来改写本程序的授权方式吗？自己试一试吧。

任务实施

下面利用已经具备的知识来完成“我的日记”项目，首先进行总体分析了解程序的功能和结构，然后进行项目界面布局和功能编码。

一、总体分析

在“我的日记”应用程序中，需要实现两个 Activity：登录界面和写入日记界面。

登录界面如图 4-16 所示，其中包含两个 EditText（用于输入用户名、密码）、CheckBox（选择是否“记住密码”）、Button（登录）以及一个隐藏的 ProgressBar。其界面并不复杂，利用约束布局可以很方便地实现这样的界面。

写入日记的界面如图 4-17 所示，其中包含了一个 EditText（用于输入日记内容）、一个 Button（用于保存输入的日记内容）。

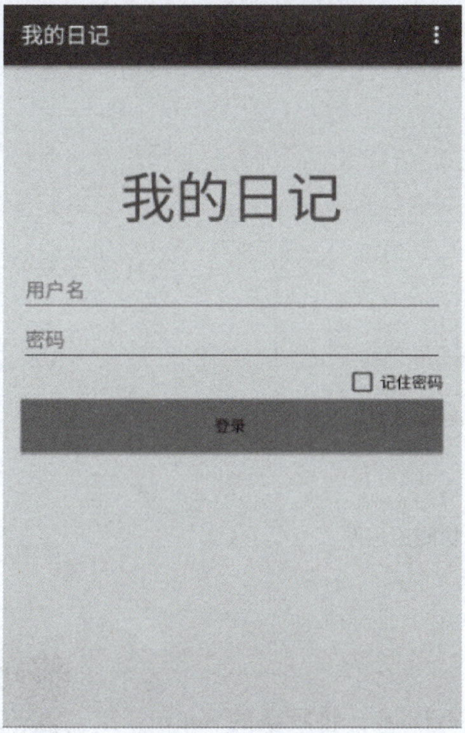

图 4-16　登录界面

图 4-17　写入日记界面

整个应用程序的功能比较简单，在登录界面输入用户名、密码，并且可以选择是否“记住密码”，随后单击【登录】按钮，在用户名与密码正确的情况下，系统会在 5s 后自动跳转到写入日记界面（这 5s 会显示一个 ProgressBar 作为登录进度提示，以防用户误以为系统不响应）。在写入日记界面，系统会自动将当前的日期写入日记的开头。单击【保存】按钮之后，日记内容会被写入 SharedPreferences 中。如果需要退出该应用程序，在手机上连续单击两次【返回键】即可退出该应用。其具体流程如图 4-18 所示。

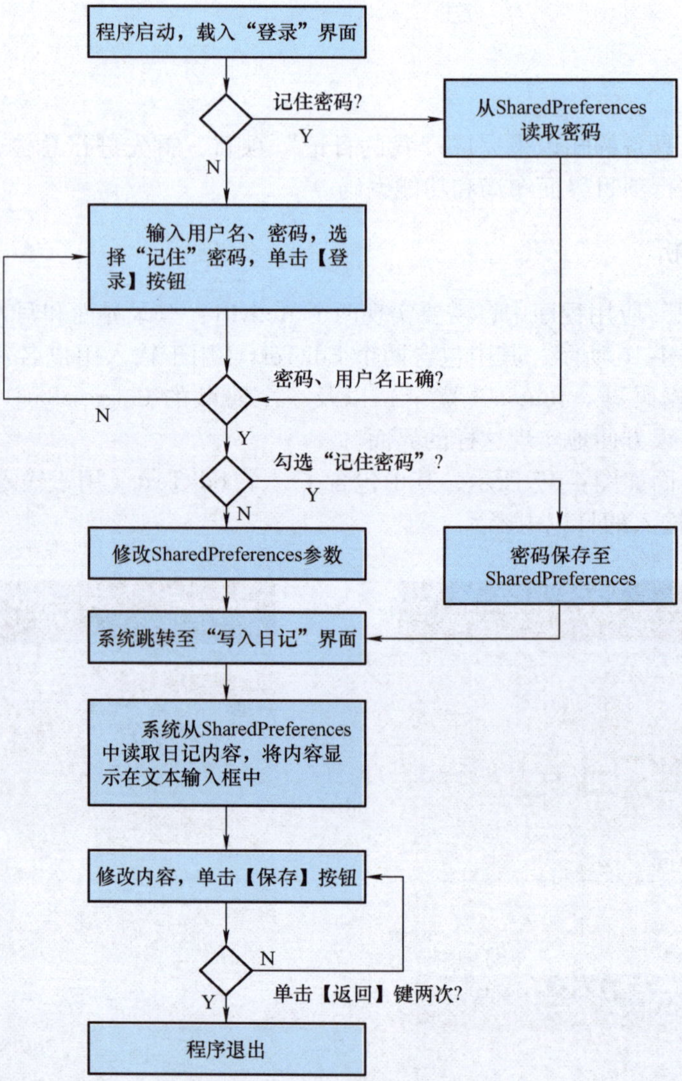

图 4-18　“我的日记”功能流程图

二、界面布局

1. 创建项目

首先创建一个 Android 应用程序项目，取名为 MyDiary，将默认的 Activity 名称 MainActivity. java 重命名为 LoginActivity. java，其对应的 XML 布局文件为 res\

layout\activity_login.xml。如何重命名一个类？只需要在【Project】选项卡的【Android】视图下，右击/java/项目包名/MainActivity.java，选择 Refactor->Rename，然后输入新的类名并单击【Refactor】按钮即可。

2. 创建字符串资源

在该项目中，将所有界面中的文本作为字符串资源存放在 res/values/strings.xml 中。

```
<?xml version="1.0" encoding="utf-8"?>
<resources>
    <string name="app_name">我的日记</string>
    <string name="action_settings">Settings</string>
    <string name="hello_world">Hello world! </string>
    <string name="hint_username">用户名</string>
    <string name="hint_pwd">密码</string>
    <string name="remember_pwd">记住密码</string>
    <string name="btn_login">登录</string>
    <string name="btn_save">保存</string>
    <string name="view_mydiary">我的日记</string>
    <string name="hint_mydiary">请在这儿写下你的心情日记</string>
</resources>
```

3. 创建组件样式

在 Android 中可以利用 ShapeDrawable 资源方便地自定义基本的几何图形（如矩形、圆形、线条等）的样式文件，然后指定组件所使用的样式为自定义的样式，这样就能够非常方便地设计出美观的界面。为了让“写入日记”界面中的文本输入框比较美观，需要自定义样式来将文本输入框组件的边框设置为黑色，背景色设置为黄金色。在 res/drawable 文件夹中，新建一个 background.xml 文件，具体内容如下：

```
<?xml version="1.0" encoding="utf-8"?>
<shape xmlns:android="http://schemas.android.com/apk/res/android" >
    <!--黑色边框,宽度为2dp -->
    <stroke
        android:width="2dp"
        android:color="#000" />
    <!--背景色为黄金色 -->
    <solid android:color="#fbe6c9" />
</shape>
```

4. 登录界面布局

登录界面采用的是约束布局，其中组件的属性设置比较常见，这里不再赘述。值得注意的是，在输入密码的 EditText 组件中，android:inputType="textPassword"设定密码不可见，同时利用 android:visibility="gone"属性将进度条 ProgressBar 初始状态设置为不可见，为了美观将登录界面的背景色设置为黄金色（RGB 为 0xfbe6c9），【登录】按钮的背景色设置为金色（RGB 为 0xCD7F32）。其布局文件 activity_login. xml 代码如下：

```
<?xml version="1.0" encoding="utf-8"?>
<android.support.constraint.ConstraintLayout xmlns:android="http://schemas.android.com/apk/res/android"
    xmlns:app="http://schemas.android.com/apk/res-auto"
    xmlns:tools="http://schemas.android.com/tools"
    android:layout_width="match_parent"
    android:layout_height="match_parent"
    android:background="#fbe6c9"
    android:paddingBottom="@dimen/activity_vertical_margin"
    android:paddingLeft="@dimen/activity_horizontal_margin"
    android:paddingRight="@dimen/activity_horizontal_margin"
    android:paddingTop="@dimen/activity_vertical_margin"
    tools:context=".LoginActivity">
    <!--标题-->
    <TextView
        android:id="@+id/view_mydiary"
        android:layout_width="match_parent"
        android:layout_height="166dp"
        android:gravity="center"
        android:paddingBottom="30sp"
        android:paddingTop="70sp"
        android:text="@string/view_mydiary"
        android:textSize="50sp"
        app:layout_constraintLeft_toLeftOf="parent"
        app:layout_constraintTop_toTopOf="parent" />
    <!--用户名输入框-->
    <EditText
        android:id="@+id/edit_username"
        android:layout_width="match_parent"
        android:layout_height="wrap_content"
        android:hint="@string/hint_username"
        app:layout_constraintLeft_toLeftOf="parent"
        app:layout_constraintTop_toBottomOf="@id/view_mydiary"/>
    <!--密码输入框-->
    <EditText
        android:id="@+id/edit_pwd"
        android:layout_width="match_parent"
```

```
        android:layout_height = "wrap_content"
        android:hint = "@string/hint_pwd"
        android:inputType = "textPassword"
        app:layout_constraintLeft_toLeftOf = "parent"
        app:layout_constraintTop_toBottomOf = "@id/edit_username"/>
    <!--"记住密码"复选框 -->
    <CheckBox
        android:id = "@+id/check_rememberPwd"
        android:layout_width = "wrap_content"
        android:layout_height = "wrap_content"
        android:text = "@string/remember_pwd"
        app:layout_constraintRight_toRightOf = "parent"
        app:layout_constraintTop_toBottomOf = "@id/edit_pwd"/>
    <!--金色的按钮 -->
    <Button
        android:id = "@+id/btn_login"
        android:layout_width = "match_parent"
        android:layout_height = "wrap_content"
        android:background = "#CD7F32"
        android:text = "@string/btn_login"
        app:layout_constraintLeft_toLeftOf = "parent"
        app:layout_constraintTop_toBottomOf = "@id/check_rememberPwd"/>
    <!--进度条 -->
    <ProgressBar
        android:id = "@+id/progressbar"
        style = "?android:attr/progressBarStyleLarge"
        android:layout_width = "match_parent"
        android:layout_height = "wrap_content"
        android:visibility = "gone"
        app:layout_constraintLeft_toLeftOf = "parent"
        app:layout_constraintTop_toBottomOf = "@id/btn_login"/>
</android.support.constraint.ConstraintLayout>
```

5. 创建写入日记界面

新建写入日记的 Activity，将其名字命名为 DiaryActivity。然后打开 res/layout 下的 activity_diary.xml 布局文件，在该文件中定义写入日记的界面。利用约束布局来实现此界面，其中包含了两个组件，一个用于写入日记内容的 EditText、一个【保存】按钮 Button。对于 EditText，通过 android:background = "@drawable/background" 指定其采用了 background.xml 文件中定义的样式来定义边框和背景色，通过 android:scrollbars = "vertical" 设置其包含垂直

的滚动条，通过 android:singleLine = "false" 实现自动换行，gravity 设定为 "left|top" 是为了日记内容从左上角开始显示。

另外需要注意的是，该布局文件中 EditText 组件与 Button 组件在垂直方向上上下排列，EditText 组件需要在垂直方向上铺满 Button 组件以外的空间。首先放入一个 Button 组件，其左边、右边和底部与父布局形成约束关系；然后放入 EditText，其左边和右边与父布局形成约束关系，而底部与 Button 的上边界形成约束关系，为了能够让 EditText 在垂直和水平方向上填满 Button 以外的空间，将其 layout_width 和 layout_height 属性设为 0dp。

```
<?xml version = "1.0" encoding = "utf-8"?>
<android.support.constraint.ConstraintLayout xmlns:android = "http://schemas.android.com/apk/res/android"
    xmlns:app = "http://schemas.android.com/apk/res-auto"
    xmlns:tools = "http://schemas.android.com/tools"
    android:layout_width = "match_parent"
    android:layout_height = "match_parent"
    tools:context = ".DiaryActivity" >
    <Button
        android:id = "@+id/btn_save"
        android:layout_width = "0dp"
        android:layout_height = "wrap_content"
        android:background = "#CD7F32"
        android:text = "@string/btn_save"
        app:layout_constraintLeft_toLeftOf = "parent"
        app:layout_constraintRight_toRightOf = "parent"
        app:layout_constraintBottom_toBottomOf = "parent"/>

    <EditText
        android:id = "@+id/edit_mydiary"
        android:layout_width = "0dp"
        android:layout_height = "0dp"
        android:background = "@drawable/background"
        android:gravity = "left|top"
        android:hint = "@string/hint_mydiary"
        android:paddingLeft = "5dp"
        android:scrollbars = "vertical"
        android:singleLine = "false"
        app:layout_constraintBottom_toTopOf = "@id/btn_save"
        app:layout_constraintLeft_toLeftOf = "parent"
        app:layout_constraintRight_toRightOf = "parent"
```

```
        app:layout_constraintTop_toTopOf = "parent" />
</android.support.constraint.ConstraintLayout>
```

三、功能实现

1. 登录界面功能实现

在 LoginActivity.java 类中申明成员变量，包括各种组件对象、SharedPreferences 对象、处理消息的 Handler 对象等。

```
    EditText usernameEdit;                    //用户名输入框
    EditText pwdEdit;                         //密码输入框
    CheckBox rememberPwdCheck;                //记住密码的复选框
    Button loginBtn;                          //登录按钮
    ProgressBar progressBar;                  //进度条

    final int MSG_JUMP = 0x111;               // 进度完成的标志
    Handler handler;                          //线程的手柄
```

重写 onCreate()方法，调用三个方法 initViews()、setListeners()、initHandler()。initViews()主要做一些组件初始化工作，setListeners()主要为界面中的组件创建监听器，initHandler()则创建 Handler 对象。

```
@Override
protected void onCreate(Bundle savedInstanceState) {
    super.onCreate(savedInstanceState);
    setContentView(R.layout.activity_login);
    initViews();                              //初始化组件
    setListeners();                           //设定组件的监听器
    initHandler();                            //初始化句柄
}
```

实现 initViews()方法，该方法中将对成员变量进行初始化。在该方法中，需要根据用户上次登录时是否选中“记住密码”而做不同的处理。因此先从 SharedPreferences 中读取 Key 为“REMBERPWD”的值，若该值为 true，表明用户上次登录时记住了用户名和密码，需要读取上次输入的用户名和密码，并显示在输入框中，同时勾选 CheckBox；若值为 false，则不做处理，具体代码如下：

```
void initViews() {
        usernameEdit = (EditText) findViewById(R.id.edit_username);
        pwdEdit = (EditText) findViewById(R.id.edit_pwd);
        rememberPwdCheck = (CheckBox) findViewById(R.id.check_rememberPwd);
        loginBtn = (Button) findViewById(R.id.btn_login);
```

```
        progressBar = (ProgressBar) findViewById(R.id.progressbar);

        SharedPreferences pref = getSharedPreferences("userinfo", Context.MODE_PRI-
VATE);
        Boolean rem = pref.getBoolean("REMBERPWD", false);
        if (rem == true) {
            pwdEdit.setText(pref.getString("PWD", ""));
            usernameEdit.setText(pref.getString("USERNAME", ""));
            rememberPwdCheck.setChecked(true);
        }
    }
```

实现 setListeners()方法，为【登录】按钮增加事件响应处理，当“用户名”与“密码”都正确的情况下，根据是否勾选了“记住密码”，将信息保存至 SharedPreferences 中，然后将输入框和按钮禁用，显示进度条，并启动子线程，等待 5s 后发送 MSG_JUMP 消息，跳转到 DiaryActivity。当“用户名”和“密码”组合错误的情况下，弹出 Toast 提示即可。

```
    void setListeners() {
        loginBtn.setOnClickListener(new View.OnClickListener() {

            @Override
            public void onClick(View v) {
                // TODO Auto-generated method stub
                String username = usernameEdit.getText().toString();
                String pwd = pwdEdit.getText().toString();
                if (username.equals("admin") && pwd.equals("admin")) {
                    SharedPreferences pref = getSharedPreferences("userinfo", Context.MODE_
PRIVATE);
                    SharedPreferences.Editor editor = pref.edit();

                    if (rememberPwdCheck.isChecked()) {
                        editor.putBoolean("REMBERPWD", true);
                        editor.putString("USERNAME", username);
                        editor.putString("PWD", pwd);
                        editor.commit();
                    } else {
                        editor.putBoolean("REMBERPWD", false);
                        editor.putString("USERNAME", "");
                        editor.putString("PWD", "");
                        editor.commit();
```

```
                }

                //禁用输入框和按钮,显示滚动条
                usernameEdit.setEnabled(false);
                pwdEdit.setEnabled(false);
                loginBtn.setEnabled(false);
                progressBar.setVisibility(View.VISIBLE);

                //启动子线程,等待5s后发送消息
                new Thread(new Runnable() {
                    @Override
                    public void run() {
                        // TODO Auto-generated method stub
                        try {
                            Thread.sleep(5000);
                            Message msg = new Message();
                            msg.what = MSG_JUMP;
                            handler.sendMessage(msg);
                        } catch (InterruptedException e) {
                            // TODO Auto-generated catch block
                            e.printStackTrace();
                        }
                    }
                }).start();
            } else {
                Toast.makeText(LoginActivity.this, "用户名或密码不正确", Toast.
LENGTH_LONG).show();
            }
        }
    });
}}
```

实现 initHandler()方法时，在 handleMessage()方法中如果接收到 MSG_JUMP 消息，意味着 5s 等待时间结束，界面将转到写入日记的界面中，同时调用 finish()将“登录”界面对应的 Activity 关闭。

```
void initHandler() {
    handler = new Handler() {
        @Override
```

```
            public void handleMessage(Message msg) {
                // TODO Auto-generated method stub
                switch (msg.what) {
                    // 进度完成
                    case MSG_JUMP:
                        Intent intent = new Intent();
                        intent.setClass(LoginActivity.this, DiaryActivity.class);
                        startActivity(intent);
                        finish(); //结束该 Activity
                        break;
                    default:
                        break;
                }
                super.handleMessage(msg);
            }
        };
    }
```

2. “写入日记” 功能实现

在 DiaryActivity 类中申明成员变量，包括各种组件对象、实现连续两次按【返回】键退出应用程序的相关变量和常量。

```
EditText mydiaryEditText;              // "写入日记"的文本输入框
Button saveButton;                     //【保存】按钮
private final long INTERVAL = 2000; // 两次【返回】键最大间隔时间
//最后一次按下【返回】键的时间，-1 为初始值,代表没有按下过【返回】键
private long lastBackKeyTime = -1;
```

onCreate()方法中调用 initViews()、setListeners()方法。initViews ()方法主要做一些初始化工作，setListeners()为界面中组件创建监听器。

```
@Override
    protected void onCreate(Bundle savedInstanceState) {
        // TODO Auto-generated method stub
        super.onCreate(savedInstanceState);
        setContentView(R.layout.activity_diary);
        initViews();            // 初始化组件
        setListeners();         // 设定组件的监听器
    }
```

实现 initViews()方法，在该方法中需要实例化界面中的组件变量，同时要将上一次保

存在 SharedPreferences 中的日记内容显示在“写入日记”文本输入框中，同时为日记加上当前的日期。

```
void initViews() {
        // 实例化"写入日记"的文本输入框
        mydiaryEditText = (EditText) findViewById(R.id.edit_mydiary);
        saveButton = (Button) findViewById(R.id.btn_save); // 实例化【保存】按钮

        //从 SharedPreferences 中读取以前保存的日记内容
        SharedPreferences pref_text = getSharedPreferences("diary_text", Context.MODE_PRI-
VATE);
        String diary_txt = pref_text.getString("DIARY","");

        //在日记尾部拼接当前的日期信息
        Time time = new Time("GMT+8");
        time.setToNow();
        diary_txt = diary_txt + "\r\n" + time.year + "年 - " + (time.month + 1)
              + "月 - " + time.monthDay + "日\n";
        mydiaryEditText.setText(diary_txt);
    }
```

实现 setListeners()方法，在该方法中为【保存】按钮创建单击监听器。单击【保存】按钮后，将“写入日记”文本输入框中的所有内容重新保存至 SharedPreferences 中。

```
void setListeners() {
        saveButton.setOnClickListener(new View.OnClickListener() {
            @Override
            public void onClick(View v) {
                // TODO Auto-generated method stub
                    /*将此次写入的日记保存在 SharedPreferences 文件中 */
                    SharedPreferences pref_text = getSharedPreferences("diary_text",
                                    Context.MODE_PRIVATE);
                    SharedPreferences.Editor editor = pref_text.edit();
                    editor.putString("DIARY", mydiaryEditText.getText().toString());
                    editor.commit();
                    Toast.makeText(DiaryActivity.this, "保存成功", Toast.LENGTH_LONG).
show();
            }
        });
    }
```

重写 DiaryActivity 的 onBackPressed( )方法，该方法在用户按下智能终端的【返回】键（也称后退键）时触发，当第一次按下【返回】键时，记录当前时间并通过 Toast 提示用户再次按下；如果不是第一次按下，则比较上一次【返回】键的按下时间和当前时间的间隔，等于或小于 2s 则退出应用，否则提示用户再次按下【返回】键并将当前时间设定为第一次按下的时间。

```
//按【返回】键两次即退出应用程序
@ Override
public void onBackPressed( ) {
        // TODO Auto-generated method stub
        long timenow = System. currentTimeMillis( );
        if (lastBackKeyTime == -1) {
            lastBackKeyTime = timenow;
            Toast. makeText(DiaryActivity. this, "再按一次【返回】键,退出'我的日记'",
                        Toast. LENGTH_SHORT). show( );
        } else {
            if ((timenow - lastBackKeyTime) <= INTERVAL) {
                finish( );
            } else {
                lastBackKeyTime = timenow;
                Toast. makeText(DiaryActivity. this, "再按一次【返回】键,退出'我的日记'",
                        Toast. LENGTH_SHORT). show( );
            }
        }
}
```

四、运行结果

界面与程序编码实现后，可以利用 Android 虚拟设备或是手机来运行程序查看效果。当用户输入约定的用户名：admin、密码：admin 后，选择“记住密码”，单击【登录】按钮之后，会弹出 5s 的进度条显示，如图 4-19 所示，继而转向“写入日记”界面。注意：此处的用户名和密码仅仅是为了说明问题的自我约定，它并非来自数据库或文件，学习者可以任意修改这种约定。

在“写入日记”界面中，会发现系统已经将之前的日记填写在文本输入框中，并添加了当前的时间。用户写好日记后，单击【保存】按钮，系统会将整个日记内容保存在 SharedPreferences 中，如图 4-20 所示。

如果用户想退出应用程序，按一次【返回】键系统会以 Toast 形式提示用户，连续按【返回】键两次即可退出“我的日记”，如图 4-21 所示。

图 4-19 带进度条显示的登录界面

图 4-20 保存成功的界面

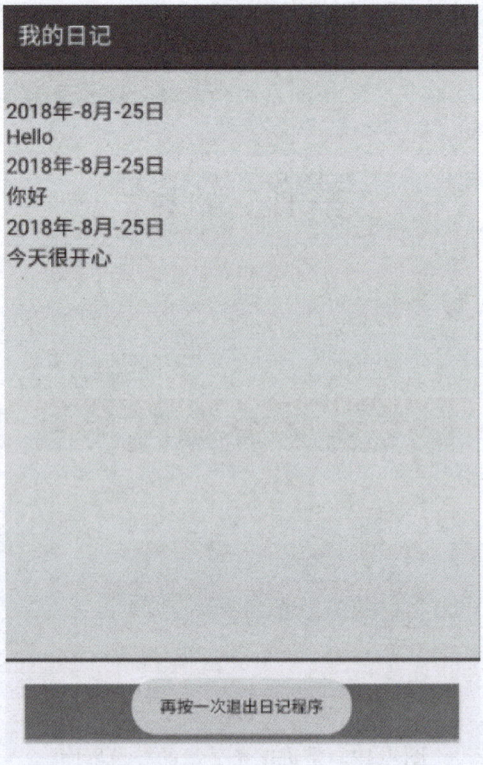

图 4-21 退出日记程序界面

【试一试】根据任务实施这一节的内容，完成“我的日记”。利用 Android Studio 中的 Device File Explorer 看看你的手机内部存储器/data/data/项目包名/shared_prefs 目录下是否有个“diary_text. xml”文件。

任务评价

完成任务四之后，可以根据表 4-3 的任务评价表对完成情况进行评价，并根据评价表创新能力中提到的指标对 APP 进一步改进。最后鼓励大家继续完成后面的拓展任务，进一步巩固和练习任务中学习的知识点和技能点，并将任务实现中的不足之处进行改进。

表 4-3 任务评价表

评价内容	具体指标	完成情况（打分）
基础素养	资料搜索、筛选和整合能力（3 分）	
	信息技术应用与数字化素养（2 分）	
专业知识	基础知识点的预学习情况（5 分）	
	知识点案例的掌握情况（15 分）	
	课后习题的完成情况（10 分）	

（续）

评价内容	具体指标		完成情况（打分）
技术技能	分析问题、解构问题、技术选择、将问题图形化表达的能力（15 分）		
	代码编写能力（20 分）		
	程序调试技术（10 分）		
综合能力	任务报告编制能力（10 分）		
	沟通表达与团队协作（5 分）		
创新能力	改进或重设计 UI（3 分）		
	更新或改进实现方法、程序结构重构或代码优化（2 分）		
目标完成	完成★★	基本完成★☆	未完成☆☆
学习收获			
学习反思			

任务小结

通过“我的日记”项目，学习了进度条 ProgressBar、CheckBox 组件的常见属性与使用方法，以及如何与线程相结合来使用进度条 ProgressBar 组件。

一个 Android 项目中往往会有多个界面（Activity），不同界面之间的切换会影响到 Activity 的生命周期，读者需要掌握 Activity 的生命周期、Intent 的各种属性方法来实现 Activity 之间的跳转。

对于 Android 的存储，通过本项目我们学习到了其中的 SharedPreferencse 和文件存储。一般来说在 Android 项目中，SharedPreferences 主要是用在如参数的设置、“记住密码”等轻量级数据存储的场合。对于具有 Java 文件读写处理经验的读者来说，Android 为文件存储提供了 openFileOutput 和 openFileInput 两个方法，文件存储可以直接套用 Java 文件的读写处理。

课后习题

第一部分 知识回顾与思考

1. Android 中的生命周期中有哪几种状态？
2. Intent 有哪些重要属性？Activity 之间是如何进行信息传递的？

第二部分 职业能力训练

一、单项选择题（下列答案中有一项是正确的，将正确答案填入括号内）

1. 以下哪个组件可以用来显示进度？（ ）

A. EditText　　B. ProgressBar

C. TextView　　D. Button

2. 以下哪个方法可以用来获得进度条的当前进度值？（ ）

A. public synchronized int getProgress( )

B. public synchronized void setIndeterminate(boolean indeterminate)

C. public synchronized void setProgress(int progress)

D. Public final synchronized void incrementProgressBy(int diff)

3. 在 Activity 的生命周期中，当 Activity 处于栈顶时，此时处于哪种状态？(　　)

A. 活动　　B. 暂停

C. 停止　　D. 销毁

4. 在 Activity 的生命周期中，当 Activity 被某个 AlertDialog 覆盖掉一部分之后，会处于哪种状态？(　　)

A. 活动　　B. 暂停

C. 停止　　D. 销毁

5. Action 属性 ACTION_DIAL 代表（　　）标准动作。

A. 显示电话拨号面板　　B. 显示直接打电话的界面

C. 向用户显示数据　　D. 提供编辑数据的途径

6. 如果需要显示 ID 为 1 的联系人信息，Intent 中的 Action 属性与 Data 属性应该设定为什么？(　　)

A. ACTION_VIEW content://contacts/people/1

B. ACTION_DIAL content://contacts/people/1

C. ACITON_EDIT content://contacts/people/1

D. ACTION_CALL content://contacts/people/1

7. Android 线程间消息传递使用的是（　　）类。

A. Thread　　B. Handler

C. Runnable　　D. Message

8. 向 SharedPreferences 提交已修改的数据，应当调用 Editor 类的（　　）方法。

A. getString( )　　B. putString( )

C. commit( )　　D. edit( )

9. Category 类别为（　　）的 Activity 会在 Android 系统的主屏幕（Home）显示。

A. CATEGORY_HOME

B. CATEGORY_PREFERENCE

C. ACTION_MAIN

D. CATEGORY_BROWSABLE

10. Activity 生命周期中调用的第一个回调函数是（　　）。

A. onCreated( )　　B. onStart( )

C. onResume( )　　D. onRestart( )

二、填空题（请在括号内填空）

1. 存放 SharedPreferences 中数据的文件路径为（　　）。

2. SharedPreferences 所存储的数据是以（　　）的格式保存在 XML 文件中。

3. 当 android:indeterminate 取值为（　　）时，开启了进度条的“不确定模式”。

4. Activity 在销毁时，会依次调用（　　）、（　　）以及（　　）三个生命周期方法。

5. Category 类别为（　　　）的 Activity 会在 Android 系统启动的时候最优先启动起来。

三、简答题

1. 简述如何使用线程控制 ProgressBar 的进度显示。

2. 简述 Android 中如何利用 SharedPreferences 来存储数据。

拓展训练

相信大家现在一定对 ProgressBar 组件、Activity 的生命周期、Activity 之间的跳转以及 SharedPreferences、文件存储有了一定的了解。为了巩固这些知识点的掌握，请大家设计一个简单的“备忘录”软件，功能与界面要求如下：

- 用户打开软件后，首先显示欢迎界面，在欢迎界面中要求有进度条（进度条的 style 可以自行选择）。
- 当 5s 之后，也就是进度条的进度结束后，系统转至“备忘录”主界面。在该界面中以列表的方式展示各项备忘录的标题与内容简介。
- 当用户单击【增加】按钮后，可以增加一条备忘录信息。当用户单击列表中的某一项，可以显示该条备忘录的具体内容信息。
- 备忘录信息使用 SharedPreferences 进行存储。

任务五　翻牌游戏的设计与实现

学习目标

【知识目标】

■了解 ListView 组件和 GridView 组件。

■掌握 ListView 组件与不同数据源的绑定方式。

■掌握 GridView 组件与不同数据源的绑定方式。

■掌握 Android 多媒体架构。

■掌握 Android MediaPlayer 的使用方法。

【能力目标】

■能够将 ListView、GridView 与不同数据源进行绑定。

■能够自定义 ListView、GridView 中子项目的布局。

■能够实现 ListView、GridView 中单击等事件的监听与响应。

■能利用 MediaPlayer 类进行多媒体文件的播放和控制。

【重点、难点】 ListView、GridView 与数据源进行绑定；自定义数据项的显示布局。

【素质目标】

■通过同类组件的比较，培养学生知识迁移的能力，树立学生自我学习、终身学习的意识。

■通过编写代码，培养学生严谨细致、精益求精的程序员品质。

任务简介

本任务将制作一个运行在 Android 终端上的翻牌游戏，能够实现牌面的显示、隐藏、信息提示及游戏背景音乐的选择。

任务分析

将要制作的翻牌游戏界面如图 5-1 所示，整个程序由两个界面构成：游戏界面和音乐列表界面。

游戏界面由两部分组成。上方是【开始游戏】按钮与背景音乐选择按钮，下方是游戏区域。初始化状态下，游戏区域显示9张默认图片。用户单击【开始游戏】按钮后，随机显示9张水果图片及对应名称，5s后恢复成默认图片。此时游戏会提示用户找到某种水果所在的位置，用户根据记忆单击某张图片，系统根据用户选择是否正确给出对应的提示消息。

游戏默认无背景音乐，单击背景音乐选择按钮进入音乐列表界面。列表上显示了用户SD卡上所有的歌曲信息，用户单击某首歌曲后即可将其作为背景音乐。

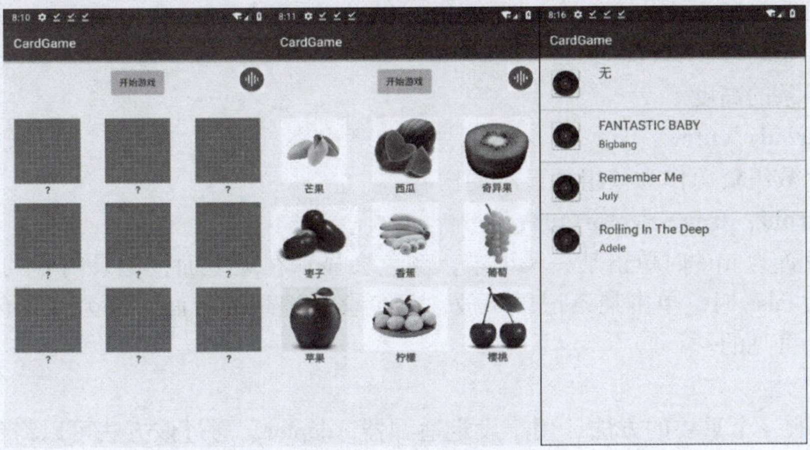

图5-1　游戏界面

支撑知识

已经了解了翻牌游戏的规则，要完成这个游戏的设计还需要学习以下知识：

- 如何使用ListView、GridView组件。
- 如何将ListView、GridView组件与数据进行绑定。
- 如何对ListView、GridView进行事件监听。
- 如何使用MediaPlayer播放音频。

一、ListView组件

1. 简介

ListView是Android中最为常用的列表类型组件，它的本质是容器，可以包含多个“列表项”，并将多个“列表项”以垂直列表的形式显示出来。ListView中的列表项样式可以是纯文字的，也可以带有图片。创建ListView有两种方式：

- 直接使用ListView组件。
- 让Activity继承ListActivity。

2. 重要属性

（1）android：stackFromBottom

设置是否从底端开始排列列表项。

（2）android：transcriptMode

设置该组件的滚动模式，该属性支持以下值。

- disabled：关闭滚动，若该属性不设置，则默认为该值。
- normal：当该组件收到数据改变通知，且最后一个列表项可见时，该组件会滚动到底端。
- alwaysScroll：该组件总会自动滚动到底端。

（3）android：divider

设置列表项的分隔条，分隔条可以是颜色或图片。如 android:divider = "@ drawable/list_driver" 设定了分隔条为一张图片，其中@ drawable/list_driver 是一个图片资源，如果不想显示分隔条，只要设置 android:divider = "@ drawable/@ null" 即可。

（4）android：dividerHeight

设置分隔条的高度。

（5）android：entries

指定一个数组资源作为该组件显示的内容。

（6）android：drawSelectorOnTop

该属性设置为 true 时单击某一条记录，颜色会显示在最上面，记录内容的文字被遮住。该属性设置为 false 时，单击某条记录不放，颜色会在记录的后面，成为背景色，但是记录内容的文字是可见的。

3. 重要方法

ListView 有一个重要的方法，用于设定适配器 Adapter，通过该方法可以将创建的 Adapter 与 ListView 组件连接在一起，该方法的语法为

public void setAdapter(Adapter adapter)

功能：为一个 ListView 组件设定 Adapter。

参数：adapter 可以为 ArrayAdapter、SimpleAdapter、SimpleCursorAdapter 或其他支持的 Adapter。

示例：

```
ListView myList = (ListView)findViewById(R.id.myList);
myList.setAdapter(adapter);
```

4. 监听器

ListView 里面的各项可供用户单击，当选择了某一项时，需要对这一事件进行处理，ListView 的父类 AdapterView 提供了一个单击选项的监听器，设定该监听器的方法为

public void setOnItemClickListener(AdapterView. OnItemClickListener listener)

功能：用于监听该组件某一列表项被单击的事件。

说明：AdapterView. OnItemClickListener 是一个接口，抽象方法为 onItemClick(AdapterView <?>arg0, View arg1, int arg2, long arg3)，在这四个参数中，arg0 代表用户操作的 ListView 对象，arg1 为当前被单击列表项的 View，arg2 为被单击列表项的位置，arg3 为被单击列表项的 ID。

```
ListView listView = (listView)findViewById(R.id.listview);      //获得组件的对象
listView.setOnItemClickListener(new AdapterView.OnItemClickListener()
{
    public void onItemClick(AdapterView<?>arg0, View arg1, int arg2,long arg3)
```

```
        {
            //TODO Auto-generated method stub
        }
    });
```

5. 使用范例

这里简单地使用 ListView 显示一个 string 数组 myarray 中的内容。在 XML 布局文件中指定 android:entries = "@ array/myarray"，这意味着该 ListView 组件将以列表的方式显示字符串数组 myarray 中的每一个元素。

```
<android.support.constraint.ConstraintLayout xmlns:android = "http://schemas.android.com/apk/res/android"
        xmlns:app = "http://schemas.android.com/apk/res-auto"
        xmlns:tools = http://schemas.android.com/tools
        android:layout_width = "match_parent"
        android:layout_height = "match_parent"
        tools:context = ".MainActivity" >
        <ListView
            android:id = "@+id/myList"
            android:entries = "@array/myarray"
            android:layout_width = "match_parent"
            android:layout_height = "wrap_content" >
        </ListView>
</android.support.constraint.ConstraintLayout>
```

字符串数组 myarray 的定义在目录/res/values/strings.xml 文件中。与添加字符串类似，此处首先添加一个名为 myarray 的字符串数组，区别在于添加完字符串数组还要为它添加数组中的每一项。与添加其他资源一样，可以在界面中完成，也可以在 XML 文件中完成。这里的 myarray 数组内容如下：

```
<array name = "myarray" >
    <item>北京市</item>
    <item>上海市</item>
    <item>广州市</item>
    <item>南京市</item>
</array>
```

运行程序后，可以看到图 5-2 所示的显示结果，myarray 定义的四个城市均以列表的方式显示出来。

为 ListView 添加简单的单击监听器，当监听到单击时，将选择结果输出到屏幕。以下是 OnCreate( ) 函数中设置监听器的代码：

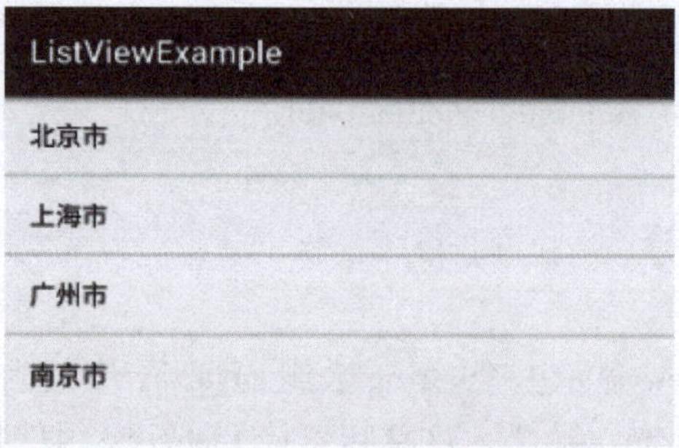

图 5-2 ListView 显示结果

```
ListView listView = (ListView)findViewById(R.id.myList); //获得组件的对象
listView.setOnItemClickListener(new AdapterView.OnItemClickListener() {
    @Override
    public void onItemClick(AdapterView<?> arg0, View arg1, int arg2, long arg3) {
        // TODO Auto-generated method stub
        TextView tv = (TextView)arg1;
        Toast.makeText(getApplicationContext(), tv.getText(),
                Toast.LENGTH_SHORT).show();
    }
});
```

运行程序后，如图 5-3 所示，单击“北京市”后，出现 Toast 进行提示。

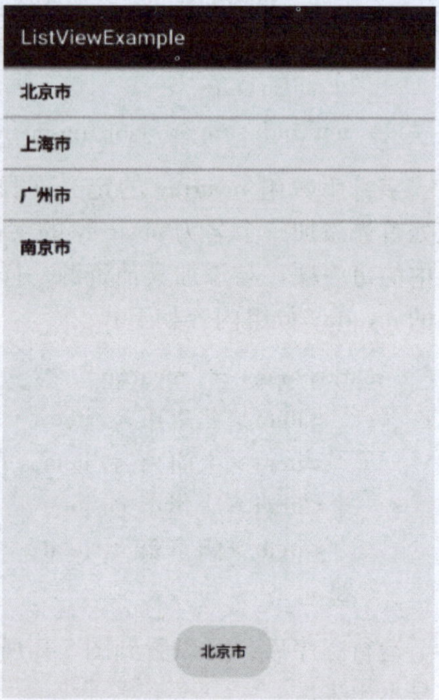

图 5-3 单击 ListView 效果展示

二、Adapter

Adapter 就是适配器的意思。何为适配器？举个简单例子：众所周知，笔记本计算机的电源插头一般是三孔的，假如没有三孔的插座，而只有两孔的怎么办？解决方法很简单，就是买一个带三孔的接线板，并且接线板的插孔应该是两孔的，这样问题就解决了。这种解决方法就是一种适配器模式，而接线板就是适配器。

简单地说，Adapter 就是 AdapterView 组件视图与数据之间的桥梁，Adapter 提供对数据项的访问，同时负责为每一项数据生成一个 View。本任务学习的 ListView 和 GridView 都是 AdapterView 的子类，它们与数据绑定需要一个中间桥梁：Adapter。图 5-4 展现了 Adapter、ListView 组件和数据之间的关系。

ListView 或 GridView 与不同的数据源进行绑定时，需要不同的 Adapter 接口的实现类。Adapter 常用的实现类如下：

- ArrayAdapter：用于与数组进行数据绑定。
- SimpleAdapter：用于与 List 集合的多个对象进行数据绑定。
- SimpleCursorAdapter：用于与数据库查询结果返回的 Cursor 对象进行绑定。
- BaseAdapter：通常被继承扩展，继承后可对各列表项进行最大限度的自定义。

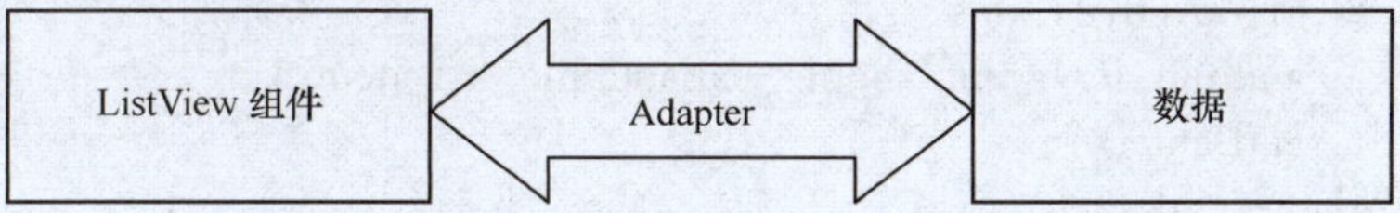

图 5-4　Adapter、ListView 组件和数据之间的关系图

三、ArrayAdapter

1. 简介

ArrayAdapter 一般用于显示一行或多行文本信息，所以比较容易。ArrayAdapter 构造函数为

public ArrayAdapter(Context context, int textViewResourceId, List <T> objects)

该方法中各参数的作用如下：

- 参数 context：上下文环境，比如 MainActivity. this，关联 ArrayAdapter 运行的 Activity 的上下文环境。
- 参数 textViewResourceId：布局文件的 ID，注意这里的布局文件描述的是列表的每一项的布局。
- 参数 objects：数据源，一般是一个 List 集合。

ArrayAdapter 配置好以后，需要用 setAdapter()将 ListView 和 Adapter 绑定。

2. 使用范例

下面将创建一个应用，使用 ArrayAdapter 显示一组简单的文字。在默认的 Activity 所对应的布局文件中，添加一个 ListView 组件：

```
<android.support.constraint.ConstraintLayout xmlns:android="http://schemas.android.com/apk/res/android"
        xmlns:app="http://schemas.android.com/apk/res-auto"
        xmlns:tools=http://schemas.android.com/tools
        android:layout_width="match_parent"
        android:layout_height="match_parent"
        tools:context=".MainActivity" >
        <ListView
            android:id="@+id/listview"
            android:layout_width="fill_parent"
            android:layout_height="wrap_content" />
</android.support.constraint.ConstraintLayout>
```

在 Activity 的 onCreate()函数中添加创建 ArrayAdapter 的代码，并调用 setAdapter()方法与监听器绑定。

```
public void onCreate(Bundle savedInstanceState) {
    super.onCreate(savedInstanceState);
    setContentView(R.layout.main);
    ListView lv = (ListView)findViewById(R.id.listview);
    ArrayAdapter<String> adapter = new ArrayAdapter<String>(
            MainActivity.this,
            android.R.layout.simple_expandable_list_item_1,
            getData());
    lv.setAdapter(adapter);
}

private ArrayList<String>  getData()
{
    ArrayList<String> list = new ArrayList<String>();
    list.add("北京市");
    list.add("上海市");
    list.add("广州市");
    list.add("南京市");
    list.add("苏州市");
    return list;
}
```

本例通过一个 ArrayAdapter 将 ListView 与一个字符串类型的 List 进行绑定，ListView 每一项的布局采用的是 android. R. layout. simple_expandable_list_item_1，该布局 ID 以“android.”开头，是 Android 系统自带的布局文件，不需要创建，实际上该布局中仅含有一个 TextView。程序运行结果如图 5-5 所示。

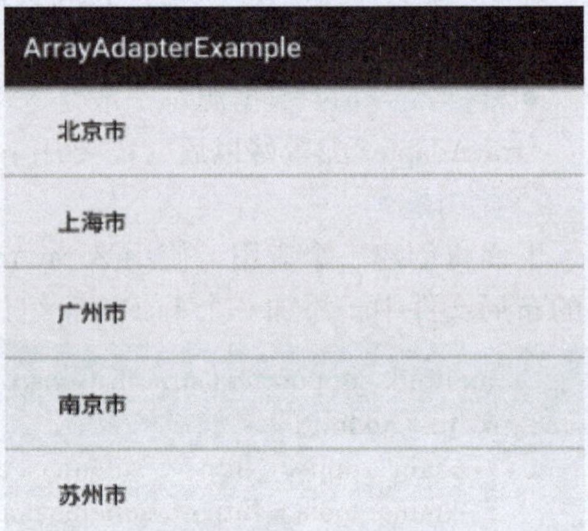

图 5-5　ArrayAdapter 示例程序运行结果

四、SimpleAdapter

1. 简介

SimpleAdapter 是扩展性很好的适配器，和 ArrayAdapter 相比，SimpleAdapter 可以方便地定义数据项的布局。SimpleAdapter 的构造函数为

SimpleAdapter(Context context, List<? extends Map<String, ?>> data, int resource, String[] from, int[] to)

该方法中各参数的作用如下：

- 参数 context：上下文对象，关联 SimpleAdapter 运行的 Activity 的上下文对象。
- 参数 data：Map 列表，用于显示数据。这部分需要用户自己定义，每条数据要与 from 中指定条目一致。
- 参数 resource：ListView 单项布局文件的 ID，这个布局可以是自定义的布局，必须包括 to 中定义的组件 ID。

● 参数 from：关联 Map 列表的数据项名称的数组，数组的元素是 Map 中键的名称。

● 参数 to：关联自定义布局中各个组件 ID 的数组，数组元素需要与上面的 from 对应。

2. 使用范例

下面创建一个项目展示如何使用 SimpleAdapter 将数据显示到 ListView 组件上。默认 Activity 所使用的布局文件中，添加一个 ListView 组件。

```
<android.support.constraint.ConstraintLayout xmlns:android="http://schemas.android.com/apk/res/android"
    xmlns:app="http://schemas.android.com/apk/res-auto"
    xmlns:tools="http://schemas.android.com/tools"
    android:layout_width="match_parent"
    android:layout_height="match_parent"
    tools:context=".MainActivity">
    <ListView
        android:id="@+id/listview"
        android:layout_width="fill_parent"
        android:layout_height="wrap_content"/>
</android.support.constraint.ConstraintLayout>
```

在 Activity 的 onCreate()方法中首先创建一个 List<Map<String，String>>类型的对象 data，data 含有四个 Map 数据，每一个 Map 包含两对键值（key-value），分别是（“城市”，value）和（“省份”，value）。

```
protected void onCreate(Bundle savedInstanceState) {
    super.onCreate(savedInstanceState);
    setContentView(R.layout.activity_main);
    ListView lv = (ListView)findViewById(R.id.listview);    //获得组件的对象

    //创建 List<Map<String,String>>类型数据
    ArrayList<HashMap<String,String>> data = new ArrayList<HashMap<String,
String>>();
    //泛型 Map<String,String>前后要一致,也可都用 HashMap
    HashMap<String, String> item1 = new HashMap<String, String>();
    HashMap<String, String> item2 = new HashMap<String, String>();
    HashMap<String, String> item3 = new HashMap<String, String>();
    HashMap<String, String> item4 = new HashMap<String, String>();
    item1.put("城市", "南京市");
    item1.put("省份", "江苏省");
    data.add(item1);
    item2.put("城市","杭州市");
    item2.put("省份", "浙江省");
    data.add(item2);
```

```
        item3.put("城市","成都市");
        item3.put("省份","四川省");
        data.add(item3);
        item4.put("城市","广州市");
        item4.put("省份","广东省");
        data.add(item4);

        //创建 SimpleAdapter
        SimpleAdapter adapter = new SimpleAdapter(this, data, android.R.layout.simple_list_
item_2, new String[]{"城市","省份"}, new int[]{android.R.id.text1, android.R.
id.text2});
        lv.setAdapter(adapter);
    }
```

创建 SimpleAdapter 时的第三个参数android. R. layout. simple_list_item_2 为 ListView 每一项所使用的布局，该布局 ID 以“android.”开头，是 Android 系统自带的布局，它实际上包含了上下两个 TextView，上面的 TextView 字体大，ID 为 android. R. id. text1，下方的字体小，ID 为 android. R. id. text2。

第四个参数 from 为 new String[]{"城市","省份"}，第五个参数 to 为 new int[]{android. R. id. text1,android. R. id. text2}，意思是将 Map 对象中 key 为“城市”的 value 显示到 R. id. text1 上，将 Map 对象中 key 为“省份”的 value 显示到 R. id. text2 上。ListView 显示时是分行显示的，每一个 List 元素显示为一行，每行显示一个 Map 元素（不是整个 Map）的 Value。数据与布局组件的对应关系如图 5-6 所示。

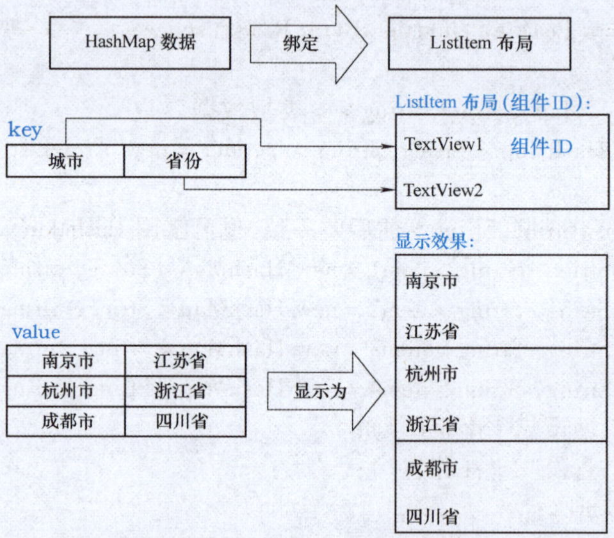

图 5-6 SimpleAdapter 数据与布局组件的对应关系

运行结果如图 5-7 所示，四组城市和省份依次显示在 ListView 上，城市以较大的字体显示，省份以较小的字体显示。

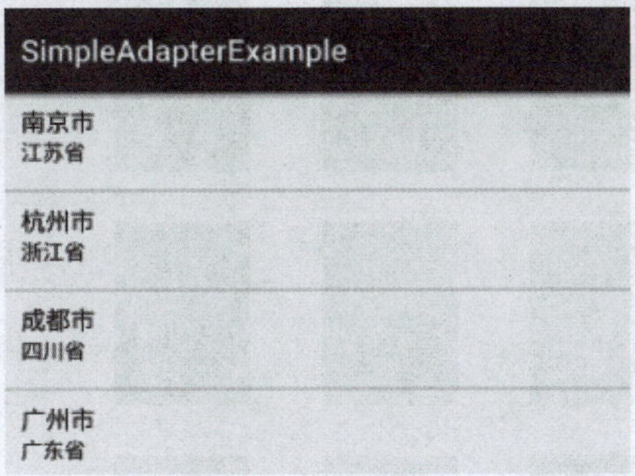

图 5-7　SimpleAdapter 示例程序运行结果

五、GridView 组件

1. 简介

GridView 用于在界面上按网格分布的方式显示多个组件或项目。GridView 和 ListView 具有共同的父类 AbsListView，AbsListView 的父类为 AdapterView，因此 GridView、ListView 用法很相似。它们唯一的区别在于：ListView 以列表方式显示数据，而 GridView 以网格方式显示数据。换个角度看，ListView 是一种特殊的只有一列的 GridView。

由于父类均是 AdapterView，与 ListView 类似，GridView 也需要通过 Adapter 来绑定显示的数据。可以使用任意一种方式来创建 Adapter，并通过 setAdapter( ) 方法将 GridView 组件与创建的 Adapter 进行数据绑定。也可以为 GridView 添加监听器，处理单击、选择等多种事件，处理方法与 ListView 基本相同。

2. 重要属性

（1） android:columnWidth

设置列的宽度。

（2） android:gravity

设置对齐方式。

（3） android:horizontalSpacing

设置各元素之间的水平间距。

（4） android:verticalSpacing

设置各元素之间的垂直间距。

horizontalSpacing 与 verticalSpacing 是相辅相成的，horizontalSpacing 体现列间的水平间距，verticalSpacing 体现行间的垂直间距。图 5-8 展示了它们的相互关系。

（5） android:numColumns

设置列数，如图 5-8 中设定为整数值"3"。如果设定值为"auto_fit"，系统将自动调整列数。

3. 使用范例

本例是一个简单的图片浏览器，将会使用 GridView 以网格形式来组织所有图片的预览

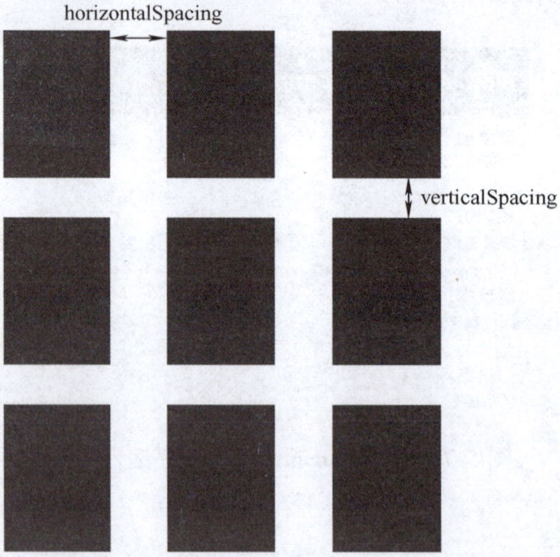

图 5-8　horizontalSpacing 与 verticalSpacing

视图。单击 GridView 中的某张图片，下方的 ImageView 会显示所单击图片的大图。

（1）编写主界面布局文件

界面分为两个部分。上面是一个 GridView 组件，用于显示所有缩略图，下面是一个 ImageView，用于显示大图。以下是本例的界面布局文件。

```
<android.support.constraint.ConstraintLayout xmlns:android="http://schemas.android.com/apk/res/android"
        xmlns:app="http://schemas.android.com/apk/res-auto"
        xmlns:tools="http://schemas.android.com/tools"
        android:layout_width="match_parent"
        android:layout_height="match_parent"
        tools:context=".MainActivity">
        <!--定义一个 GridView 组件-->
        <GridView
            android:id="@+id/gridView"
            android:layout_width="match_parent"
            android:layout_height="wrap_content"
            android:horizontalSpacing="1pt"
            android:verticalSpacing="1pt"
            android:numColumns="3"
            android:gravity="center"></GridView>
        <!--定义一个 ImageView 显示大图-->
        <ImageView
            android:id="@+id/fullImage"
```

```
        android:layout_width="120dp"
        android:layout_height="120dp"
        app:layout_constraintLeft_toLeftOf="parent"
        app:layout_constraintRight_toRightOf="parent"
        app:layout_constraintTop_toBottomOf="@+id/gridView"/>
</android.support.constraint.ConstraintLayout>
```

上面的布局文件中定义了一个 GridView 及一个 ImageView。通过 android:numColumns="3" 指定 GridView 网格包含 3 列，GridView 的行数由 Adapter 绑定的元素个数来决定。

（2）自定义单项布局

之前的例子中我们使用了系统提供的两种列表项的布局：R.layout.simple_list_item_1 和 R.layout.simple_list_item_2。本例中，GridView 中需要显示缩略图及名称，Android 没有提供对应的布局文件资源，用户需要自定义数据项的布局。

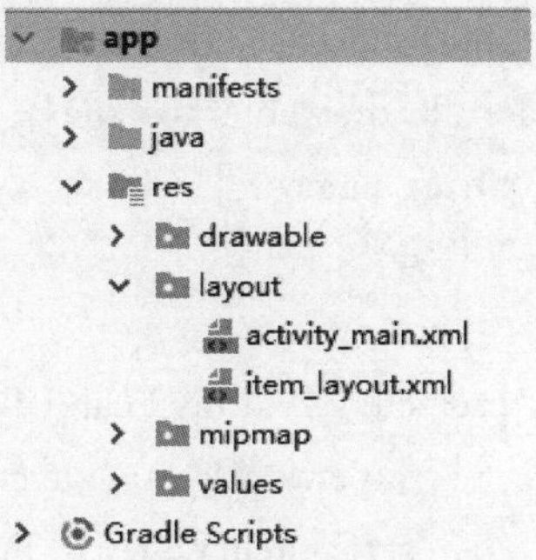

图 5-9　自定义布局文件所在目录

● 创建自定义布局 XML 文件。如图 5-9 所示，在/res/layout 目录下新建布局 XML 文件 item_layout.xml，该文件定义了 GridView 中每一项的布局样式。

● 编写自定义布局 XML 文件。在编写自定义布局文件的时候，为每个绑定数据的组件加上 ID。以下是 GridView 单项布局文件代码。

```
<LinearLayout xmlns:android="http://schemas.android.com/apk/res/android"
    xmlns:app="http://schemas.android.com/apk/res-auto"
    android:orientation="vertical" android:layout_width="match_parent"
    android:layout_height="match_parent">
    <ImageView
        android:id="@+id/imageView"
        android:layout_width="80dp"
        android:layout_height="80dp"/>
    <TextView
        android:id="@+id/textView"
        android:layout_width="match_parent"
        android:layout_height="wrap_content"
        android:gravity="center"
        android:textSize="15dp"
        android:textStyle="bold"/>
</LinearLayout>
```

item_layout.xml 使用垂直线性布局，上面的 ImageView 显示缩略图，下面的 TextView 显示对应名称，样式如图 5-10 所示。

● 使用自定义布局。在 SimpleAdapter 构造函数中可以指定单项布局样式为自定义布局。本例中使用 SimpleAdatper 对象作为 GridView 的 Adapter。在 Activity 的 onCreate( ) 方法中创建一个 List < Map < String, Object > > 类型对象 items，items 包含 9 个 Map 数据，每一个 Map 数据包含两对键值（key-value），分别是（“image”，value）和（“name”，value），分别代表每个数据项中的缩略图片的 ID 和名称。

图 5-10　自定义布局样式

```
int[] images = new int[]{R.drawable.kiwi, R.drawable.jujube, R.drawable.lemon, R.drawable.cherry, R.drawable.mango, R.drawable.apple, R.drawable.grape, R.drawable.watermenlon, R.drawable.banana};
String names[] = {"奇异果","枣子","柠檬","樱桃","芒果","苹果","葡萄","西瓜","香蕉"};

protected void onCreate(Bundle savedInstanceState) {
    super.onCreate(savedInstanceState);
    setContentView(R.layout.activity_main);

    gridView = (GridView)findViewById(R.id.gridView);
    fullImage = (ImageView)findViewById(R.id.fullImage);
    //创建一个 List 对象,List 对象内每一个元素都是 Map 对象
    ArrayList<HashMap<String,Object>> items = new ArrayList<HashMap<String,Object>>();
    //将对应图片及名称元素放入 List 中
    for(int i = 0; i < images.length; i++) {
        HashMap<String,Object> item = new HashMap<String,Object>();
        item.put("image", images[i]);
        item.put("name", names[i]);
        items.add(item);
    }

    //创建一个 SimpleAdapter
    simpleAdapter = new SimpleAdapter(this, items, R.layout.item_layout,
            new String[]{"image","name"}, new int[]{R.id.imageView, R.id.textView});

    //为 GridView 设置 adapter
```

```
        gridView. setAdapter( simpleAdapter) ;

        //添加列表项被单击的监听器
        gridView. setOnItemClickListener( new AdapterView. OnItemClickListener( ) {
            @ Override
            public void onItemClick( AdapterView < ? > adapterView, View view, int i, long
l) {
                //显示被选中的图片
                fullImage. setImageResource( images[ i] ) ;
            }
        }) ;
    }
```

创建 SimpleAdapter 时，第三个参数 R. layout. item_layout 是预先写好的 GridView 子项目布局文件 item_layout. xml。第四个参数 from 为 new String[ ] {"image","name"}，第五个参数 to 为 new int[ ] {R. id. imageView, R. id. textView}，表示将 items 的 Map 对象中 key 为 “image” 的 value 值显示到 R. id. imageView 组件中，将 key 为 “name” 的 value 值显示到 R. id. textView 中。

上例还为 GridView 添加了单击事件的监听器，将被单击项目的图片显示到 GridView 下方的 ImageView 组件中。

运行结果如图 5-11 所示，9 个项目以 3 行 3 列形式在界面中进行显示，单击其中一项，大图在下方区域显示。

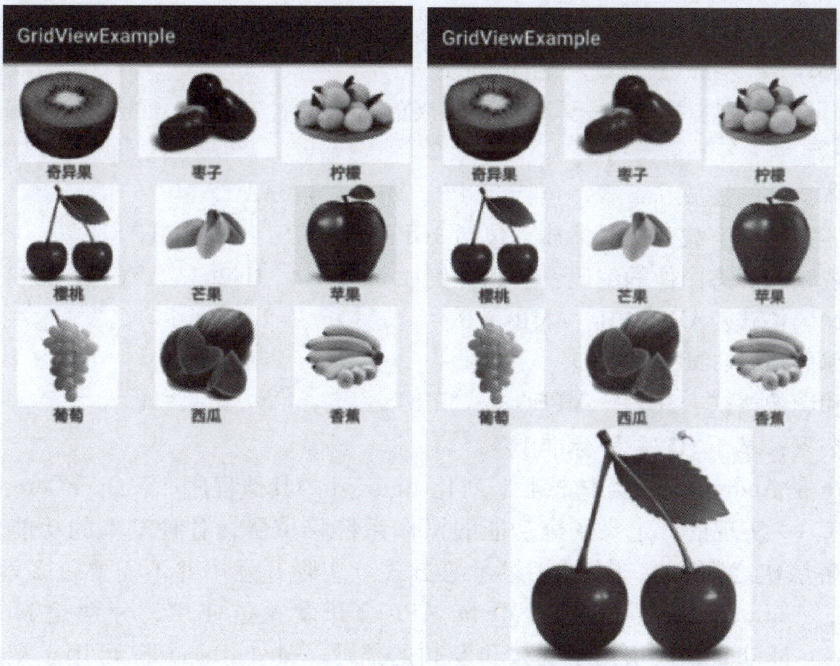

图 5-11　GridView 示例程序运行结果

六、Android 播放音频文件

1. Android 多媒体架构

图 5-12 给出了多媒体框架在整个 Android 系统中所处的位置，从架构图可以看出 Media Framework 处于 LIBRARIES 这一层，该层提供的库函数不是用 Java 实现，而是用 C/C ++ 实现的，它们通过 Java 的 JNI 方式调用。

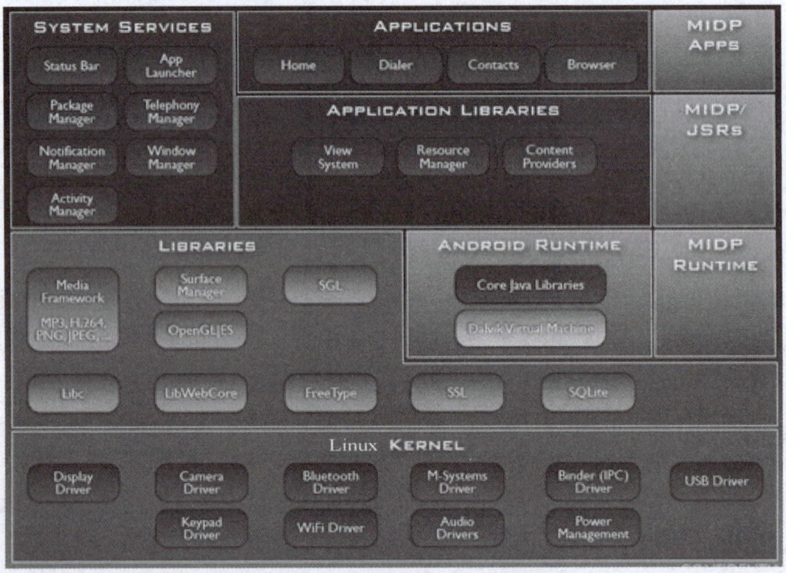

图 5-12 Android 系统架构图

Android 多媒体架构基于 PacketVideo 公司制定的 OpenCore 平台来实现，支持所有通用的视频、音频和静态图像格式。支持的格式包括 MPEG-4、H. 264、MP3、AAC、AMR、JPG、PNG、GIF 等，可以实现的功能如下：

- OpenCore 多媒体框架有一套通用可扩展的接口，针对第三方的多媒体编解码器、输入/输出设备等。
- 多媒体文件的播放、下载，包括 3GPP、MPEG-4、AAC、MP3。
- 流媒体文件的下载、实时播放，包括 3GPP、HTTP、RTSP/RTP。
- 动态视频和静态图像的编码、解码，例如 MPEG-4、H. 263、AVC(H. 264)、JPEG。
- 语音编码格式：AMR-NB、AMR-WB。
- 音乐编码格式：MP3、AAC、AAC +。
- 视频和图像格式：3GPP、MPEG-4、JPEG。
- 视频会议：基于 H324-M 标准。

OpenCore 是 Android 的多媒体核心。对比 Android 的其他程序库，OpenCore 的代码非常多，是使用 C ++ 实现的，定义了全功能的操作系统移植层，各种基本的功能均被封装成类的形式，各层次之间的接口多使用继承等方式。实际开发中并不需要过多地研究 OpenCore 的实现，Android 提供了上层的 Media API 给开发人员使用，分别是 MediaPlayer 和 MediaRecorder。MediaPlayer 可用于视频和音频的播放，MediaRecorder 可用于视频和音频的录制。

2. 重要方法

使用 MediaPlayer 播放音乐时，首先应该为 MediaPlayer 指定加载的音频文件。指定加载文件的方法分为两类：使用 MediaPlayer 提供的静态方法 create( )和非静态方法 setDataSource( )。

(1) public static void create(Context context, Uri uri)

功能：创建一个多媒体播放器并加载指定 uri 的多媒体文件。

参数：context 为程序上下文环境，uri 为多媒体文件标志。

示例：

```
Uri uri = Uri. parse("http://www. abc. com/test. mp3");
MediaPlayer mp = MediaPlayer. create(this, uri);
```

(2) public static void create(Context context, int resid)

功能：创建一个多媒体播放器并加载指定资源 ID 的多媒体文件。

参数：context 为程序上下文环境，resid 为多媒体资源文件 ID。

示例：MediaPlayer 将加载 test. mp3，该文件位于/res/raw 目录下，是手动添加的资源文件，R. raw. test 是该资源的 ID。

```
MediaPlayer mp = MediaPlayer. create(this, R. raw. test);
```

(3) public void setDataSource(String path)

功能：通过文件路径为多媒体播放器指定加载文件。

参数：path 为多媒体文件路径。

示例：

```
String path = "/mnt/sdcard/test. mp3";
MediaPlayer mp = new MediaPlayer();
mp. setDataSource(path);
```

(4) public void setDataSource(Context context, Uri uri)

功能：通过文件 uri 为多媒体播放器指定加载文件。

参数：context 为程序上下文环境，uri 为多媒体文件标志。

示例：

```
Uri uri = Uri. parse("http://www. abc. com/test. mp3");
MediaPlayer mp = new MediaPlayer();
mp. setDataSource(this, uri);.
```

(5) public void prepare()

功能：同步加载，方法返回时已加载完毕。

参数：无。

示例：

```
String path = "/mnt/sdcard/test. mp3";
MediaPlayer mp = new MediaPlayer();
```

```
mp. setDataSource( path) ;.
mp. prepare( ) ;
```

(6) public void prepareAsync( )

功能：异步加载，方法返回时未加载完毕，常用于网络文件的加载。加载完毕之后，才可以对音频文件进行播放控制。

参数：无。

示例：

```
Uri uri = Uri. parse( "http://www. abc. com/test. mp3" ) ;
MediaPlayer mp = new MediaPlayer( ) ;
mp. setDataSource( this, uri) ;.
mp. prepareAsync( ) ;
```

(7) public void start( )

功能：开始播放。

参数：无。

示例：

```
Uri uri = Uri. parse( "http://www. abc. com/test. mp3" ) ;
MediaPlayer mp = new MediaPlayer( ) ;
mp. setDataSource( this, uri) ;.
mp. prepareAsync( ) ;
mp. start( ) ;
```

(8) public void stop( )

功能：终止播放。

参数：无。

示例：

```
mp. stop( ) ;
```

(9) public void pause( )

功能：暂停播放。

参数：无。

示例：

```
mp. pause( ) ;
```

(10) 其他常用 API

- getDuration( )：返回 int 类型数据，得到歌曲的总时长，以 ms（毫秒）为单位。
- isLooping( )：返回 boolean 类型数据，表示是否循环播放。
- isPlaying( )：返回 boolean 类型数据，表示是否正在播放。
- release( )：无返回值，释放 MediaPlayer 对象。
- reset( )：无返回值，重置 MediaPlayer 对象。

- seekTo(int msec)：无返回值，指定歌曲的播放位置，以 ms（毫秒）为单位。
- setLooping(boolean looping)：无返回值，设置是否循环播放。
- setVolume(float leftVolume, float rightVolume)：无返回值，设置音量。

3. 监听器

播放过程中，MediaPlayer 提供了一些用于监听特定事件的方法。

（1）public void setOnCompletionListener(MediaPlayer. OnCompletionListener listener)

功能：用于监听 MediaPlayer 的播放结束事件。

说明：MediaPlayer. OnCompletionListener 是一个接口，含有一个抽象方法为 public void onCompletion(MediaPlayer mp)，参数 mp 表示当前 MediaPlayer 组件。

示例：MediaPlayer 可以通过 setOnCompletionListener 设置 OnCompletionListener 监听器。

```
MediaPlayer mp = new MediaPlayer();
mp.setOnCompletionListener(new OnCompletionListener() {
    @Override
    public void onCompletion(MediaPlayer mp) {
        // TODO Auto-generated method stub
    }
})
```

（2）public void setOnPreparedListener(MediaPlayer. OnPreparedListener listener)

功能：用于监听 MediaPlayer 的 prepare 结束事件。

说明：MediaPlayer. OnPreparedListener 是一个接口，含有一个抽象方法为 public void onPrepared（MediaPlayer mp），参数 mp 表示当前 MediaPlayer 组件。

示例：MediaPlayer 可以通过 setOnPreparedListener 设置 OnPreparedListener 监听器。

```
MediaPlayer mp = new MediaPlayer();
mp.setOnPreparedListener (new OnPreparedListener () {
    @Override
    public void onPrepared(MediaPlayer mp) {
        // TODO Auto-generated method stub
    }
})
```

4. MediaPlayer 的状态图

Android 使用一个状态机来管理音频、视频文件和流的控制。图 5-13 显示了一个 MediaPlayer 对象的生命周期和状态，圆角矩形代表 MediaPlayer 对象可能的状态，箭头线表示播放控制操作。这里有两种类型的箭头线，由单箭头开始的箭头线表示同步方法的调用，而以双箭头开始的箭头线表示异步方法的调用。

（1）Idle 和 End 状态

有两种方式可以得到一个处于 Idle 状态的 MediaPlayer 对象：用 new 操作符创建一个新的 MediaPlayer 对象，对已有对象调用 reset()方法。当调用了 release()方法后，MediaPlayer 对象就会处于 End 状态。这两种状态之间是 MediaPlayer 对象的生命周期。

用 new 操作符创建的 MediaPlayer 对象和一个调用了 reset( ) 方法的 MediaPlayer 对象是有区别的。当一个 MediaPlayer 对象刚开始被创建的时候，调用 getCurrentPosition( )、getDuration( )、setLooping(boolean)、setVolume(float, float)、pause( )、start( )、top( )、seekTo(int)、prepare( ) 或者 prepareAsync( ) 等方法都是不允许的，此时强行调用这些方法，发生错误时系统无法调用 OnErrorListener. onError( ) 方法。如果这个 MediaPlayer 对象调用了 reset( ) 方法之后，再调用以上的那些方法，出错时系统就可以调用 OnErrorListener. onError( ) 方法了，并将错误的状态传入。

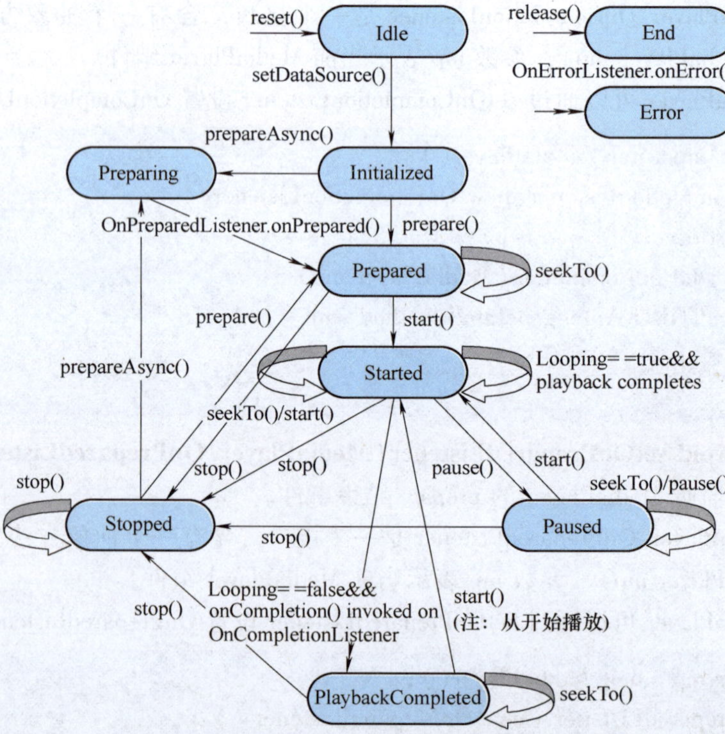

图 5-13　MediaPlayer 状态图

当确定 MediaPlayer 对象不再被使用时，应调用 release( ) 方法来释放这个 MediaPlayer 对象所占用的资源。否则可能会导致之后创建的 MediaPlayer 对象无法使用相关资源，从而导致程序运行异常或出错。一旦 MediaPlayer 对象进入了 End 状态，它就不能再被使用，也不能转变到其他状态。

使用 new 操作符创建的 MediaPlayer 对象处于 Idle 状态，而那些通过 create( ) 方法创建的 MediaPlayer 对象却不是处于 Idle 状态，这些对象已经是 Prepared 状态了。

(2) Error 状态

当碰到以下情况时 MediaPlayer 可能会出错：不支持的音频、视频格式，缺少隔行扫描的音频、视频，分辨率太高，流超时等。因此，MediaPlayer 提供了错误报告和恢复。在出错的情况下，系统会调用一个由程序员实现的 OnErrorListener. onError( ) 方法。可以通过调用 MediaPlayer. setOnErrorListener (android. media. MediaPlayer. OnErrorListener) 方法来注册 OnErrorListener。

一旦发生错误，MediaPlayer 对象会进入 Error 状态。如果要重新使用一个处于 Error 状态的 MediaPlayer 对象，可以调用 reset( )方法把这个对象恢复成 Idle 状态。

（3） Initialized 状态

调用 setDataSource（FileDescriptor） 方法、setDataSource（String） 方法、setDataSource（Context，Uri） 方法或 setDataSource(FileDescriptor，long，long) 方法会使处于 Idle 状态的对象转变为 Initialized 状态。然而如果 MediaPlayer 处于其他的状态，调用 setDataSource( )方法会使其抛出 IllegalStateException 异常。

（4） Preparing 与 Prepared 状态

开始播放之前，MediaPlayer 对象必须要进入 Prepared 状态。有两种方法（同步和异步）可以使 MediaPlayer 对象进入 Prepared 状态：

- 调用 prepare( )方法（同步），此方法返回后，就表示该 MediaPlayer 对象已经进入 Prepared 状态。
- 调用 prepareAsync( )方法（异步），此方法会使该 MediaPlayer 对象进入 Preparing 状态并立刻返回，而系统会继续完成准备工作。

无论使用同步还是异步的准备方法，只要准备工作完成就会调用程序员提供的 OnPreparedListener. onPrepared( )监听方法。可以调用 MediaPlayer. setOnPreparedListener(android. media. MediaPlayer. OnPreparedListener)方法来注册 OnPreparedListener。

Preparing 是一个中间状态，在此状态下调用其他方法的结果是未知的。在不合适的状态下调用 prepare( )和 prepareAsync( )方法会抛出 IllegalStateException 异常。当 MediaPlayer 对象处于 Prepared 状态时，可以调整音频、视频的属性，如音量大小、播放时是否一直亮屏、是否循环播放等。

（5） Started 状态

播放多媒体文件时，必须调用 start( )方法。当此方法成功返回时，MediaPlayer 的对象处于 Started 状态。可以调用 isPlaying( )方法来测试某个 MediaPlayer 对象是否处于 Started 状态。对一个已经处于 Started 状态的 MediaPlayer 对象，调用 start( )方法后状态不发生变化。

如果希望调整播放位置，可以调用 seekTo(int)方法。seekTo(int)方法是异步执行的，所以它可以马上返回，但是实际的定位播放操作可能需要一段时间才能完成，尤其是播放流形式的音频、视频。当实际的定位播放操作完成之后，系统会调用 OnSeekComplete. onSeekComplete( )方法，该方法可以通过 setOnSeekCompleteListener(OnSeekCompleteListener)方法注册。

注意，seekTo(int)方法也可以在其他状态下调用，比如 Prepared、Paused 和 PlaybackCompleted 状态。此外，目前的播放位置实际可以调用 getCurrentPosition( )方法得到，它可以帮助如音乐播放器等应用程序不断更新播放进度。

（6） Paused 状态

播放可以被暂停、停止以及调整当前播放位置。当调用 pause( )方法并返回时，会使 MediaPlayer 对象进入 Paused 状态。调用 start( )方法会让一个处于 Paused 状态的 MediaPlayer 对象从之前暂停的地方恢复播放。当调用 start( )方法返回的时候，MediaPlayer 对象的状态又会变成 Started 状态。对一个已经处于 Paused 状态的 MediaPlayer 对象，调用 pause( )方法后状态不发生变化。

（7） Stopped 状态

调用 stop( )方法会停止播放，并且还会让一个处于 Started、Paused、Prepared 或 PlaybackCompleted 状态的 MediaPlayer 进入 Stopped 状态。对一个已经处于 Stopped 状态的 MediaPlayer 对象，调用 stop( )方法后状态不发生变化。

（8） PlaybackCompleted 状态

当播放到流的末尾时，播放就完成了。如果调用了 setLooping(boolean)方法开启了循环模式，那么这个 MediaPlayer 对象会重新进入 Started 状态。若没有开启循环模式，那么系统会调用 OnCompletion. onCompletion( )方法，可以通过 MediaPlayer. setOnCompletionListener(OnCompletionListener)方法来设置。系统一旦调用了 OnCompletion. onCompletion( )方法，说明这个 MediaPlayer 对象进入了 PlaybackCompleted 状态。

当处于 PlaybackCompleted 状态时，可以调用 start( )方法来让这个 MediaPlayer 对象再进入 Started 状态。

5. 使用范例

在本例中我们制作一个简单的播放器，它包含两个按钮，播放按钮播放项目的音乐资源，停止按钮可以停止播放。需要注意的是，每次单击播放按钮，先将原有的播放器释放，然后通过 MediaPlayer. create( )方法重新创建一个播放器，并加载音乐资源 R. raw. kalimba。

向工程导入音乐资源，需要首先在工程的 res 资源目录中，新建一个 raw 子目录（与任务三中新建 menu 目录的方法类似），然后将歌曲文件复制至 raw 目录即可（歌曲名称需要遵循 Android 资源的命名规范）。

```
Button btnPlayLocal, btnStop;
MediaPlayer player = new MediaPlayer();

@Override
protected void onCreate(Bundle savedInstanceState) {
    super.onCreate(savedInstanceState);
    setContentView(R.layout.activity_main);
    btnPlayLocal = findViewById(R.id.buttonPlayLocal);
    btnStop = findViewById(R.id.buttonStop);

    btnPlayLocal.setOnClickListener(new View.OnClickListener() {
        @Override
        public void onClick(View view) {
            player.release();
            player = MediaPlayer.create(MainActivity.this, R.raw.kalimba);
            player.start();//开始播放
        }
    });

    btnStop.setOnClickListener(new View.OnClickListener() {
        @Override
```

```
            public void onClick(View v) {
                // TODO Auto-generated method stub
                player.reset();
            }
        });
    }
```

七、游标 Cursor

1. 简介

在 Android 中很多结构化数据是存储在 SQLite 数据库中的，SD 卡中所有歌曲的信息也不例外。由于本任务中需要访问 SD 卡中的所有歌曲信息，因此先简单介绍一下数据库的查询，SQLite 数据库更详细的内容将在任务六中学习。从数据库中查询数据后，Android 会以 Cursor 类型将结果返回。Cursor 类是基于数据库服务产生的，位于 android.database 包中。当对数据库对象 db 使用 db.query()查询方法时，就会得到 Cursor 对象，Cursor 所指向的就是查询所返回的数据集。query()方法的调用方式为

query(String table, String[] columns, String selection, String[] selectionArgs, String groupBy, String having, String orderBy)

该方法返回值为 Cursor 对象。各参数的意义如下：

- 参数 table：数据库中表格的名称。
- 参数 columns：需要查询的列名的数组。
- 参数 selection：数据库查询条件，相当于 SQL 语句中 where 后面的条件，如果没有则用 null 代替。
- 参数 selectionArgs：selection 语句中可以使用“?”来指定数值，数据库 where 条件后面经常会带“?”，这个就是“?”的替代者，如果没有则用 null 代替。
- 参数 groupBy：查询数据时分组的规则，如果没有则用 null 代替。
- 参数 having：聚合操作，如果没有则用 null 代替。
- 参数 orderBy：查询数据时排序的规则，如果没有则用 null 代替。

这里举一个使用 Cursor 访问数据库的简单例子，假设数据库 db 有表 5-1 所示的数据表，该表存储的是某公司客户订单信息，表名为“Orders”。表中字段分别是 Id（编号）、CustomerName（客户名称）、OrderPrice（订单价格）、Country（国家）、OrderDate（订单日期）。

表 5-1 Orders 数据表的内容

Id	CustomerName	OrderPrice（单位：元）	Country	OrderDate
1	Arc	100	China	2010/1/2
2	Bor	200	USA	2010/3/20
3	Cut	500	Japan	2010/2/20
4	Bor	300	USA	2010/3/2
5	Arc	600	China	2010/3/25
6	Doom	200	China	2010/3/26

以下代码表示从 Orders 表中查找出来自中国的所有客户的名称及其订单价格，并按订单价格排序（默认为升序排序）。

```
String table = "Orders";
String[] columns = new String[]{"CustomerName", "OrderPrice"};
String selection = "Country = ?";
String[] selectionArgs = new String[]{"China"};
String orderBy = " OrderPrice";
Cursor c = db.query(table, columns, selection, selectionArgs,null, null, orderBy);
```

Cursor 类型的对象 c 中的查询结果见表 5-2。

表 5-2 查询结果表

CustomerName	OrderPrice
Arc	100
Doom	200
Arc	600

2. 使用范例

在本例中，希望能够读出 SD 卡中所有歌曲的信息并将其显示到 ListView，SD 卡中所有歌曲的信息保存在 Android 系统的数据库中，通过 ContentProvider 封装提供。

在 Activity 当中通过 getContentResolver()可以得到当前应用能够访问的 Android 系统数据信息，而 SD 卡中的歌曲信息也在其中。通过 getContentResolver(). query()函数可以访问指定 Android 系统信息。MediaStore. Audio. Media. EXTERNAL_CONTENT_URI 实际上是 Android 系统数据库中存放歌曲信息的统一资源标志符（Uniform Resource Identifier）。查询语句也非常简单，没有 where 条件，没有分组和聚合，仅仅使用默认排序。MediaStore. Audio. Media. DEFAULT_SORT_ORDER 是一个字符串，用以表示 MediaStore. Audio. Media 这张表的默认排序。

```
protected void onCreate(Bundle savedInstanceState) {
        super.onCreate(savedInstanceState);
        setContentView(R.layout.activity_main);
        ListView myList = (ListView)findViewById(R.id.listview);
        ArrayList<HashMap<String,Object>> musicList = new ArrayList<HashMap
<String,Object>>();
        // 从 Content Provider 中获得 SD 卡上的歌曲信息
        Cursor c = getContentResolver().query(MediaStore.Audio.Media.EXTERNAL_CON-
TENT_URI,
                null, null, null, MediaStore.Audio.Media.DEFAULT_SORT_ORDER);
        //控制 Cursor
        startManagingCursor(c);
```

```
        //将数据项绑定到布局文件中
        while(cursor.moveToNext()){//当前遍历行不是最后一行时
            //读取歌曲名称
             String title = cursor.getString(cursor.getColumnIndex(MediaStore.Audio.Media.
TITLE));
            //读取歌手姓名
             String singer = cursor.getString(cursor.getColumnIndex(MediaStore.Audio.Media.
ARTIST));

            HashMap<String,Object> music = new HashMap<String,Object>();
            music.put("title",title);
            music.put("singer",singer);
            musicList.add(music);
        }
        SimpleAdapter adapter = new SimpleAdapter(this,
                musicList,
                R.layout.item layout,
                new String[]{"title", //歌曲名称
                             "singer"}, //演唱者
                new int[]{R.id.title,R.id.singer});
        myList.setAdapter(adapter);
    }
```

本例中，虽然获取了所有歌曲信息，但是仅仅将数据库中歌曲名称（MediaStore. Audio. Media. TITLE）和演唱者（MediaStore. Audio. Media. ARTIST）的信息显示出来，ListView组件每一项的布局使用 android. R. layout. simple_list_item_2 这一系统自带的布局，将歌曲名称（MediaStore. Audio. Media. TITLE）和演唱者（MediaStore. Audio. Media. ARTIST）分别绑定到text1 与 text2 组件上。程序运行结果如图 5-14 所示。

需要特别注意的是，由于读取了外部存储，需要在 AndroidManifest 中添加读取外部存储权限。

```
<uses-permission android:name="android.permission.READ_EXTERNAL_STORAGE">
</uses-permission>
```

对于较高版本的 Android 系统，还需要添加动态申请权限的代码，在用户赋予 APP 权限后，再进行数据获取和显示（具体可以参考本节任务实施中背景音乐播放的代码）。

【提示】本例中使用到了很多数据库相关的代码，读者可以先模仿使用，在任务六中将会详细讲解 SQLite 数据库。

图 5-14　Cursor 示例程序运行结果

任务实施

下面将综合运用前面的知识来完成翻牌游戏项目，首先总体分析程序的功能和结构，然后进行界面设计和功能编码。

一、总体分析

在翻牌游戏应用程序中，需要实现两个 Activity：游戏界面和音乐列表界面。

游戏界面为程序的入口界面，如图 5-15 所示。界面由两部分组成。上方是【开始游戏】

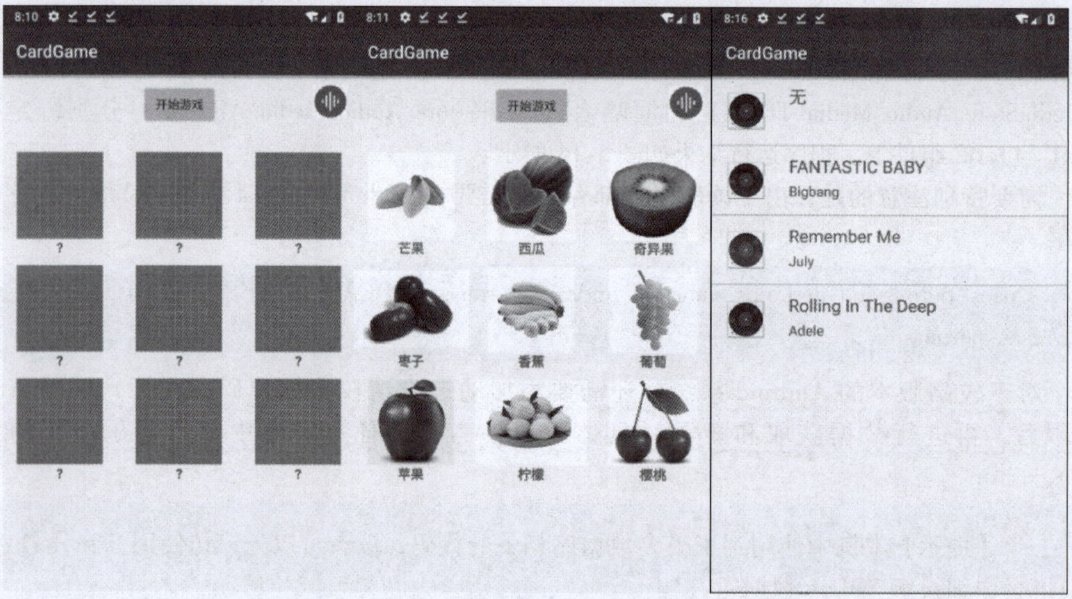

图 5-15　游戏界面

按钮与背景音乐选择按钮，下方是游戏区域。游戏区域包含 9 张图片，显示默认图案。用户单击【开始游戏】按钮后，随机显示水果图片及对应名称，5s 后恢复成默认图案。随机生成目标水果，系统根据用户选择是否正确给出对应提示消息。游戏流程如图 5-16 所示。

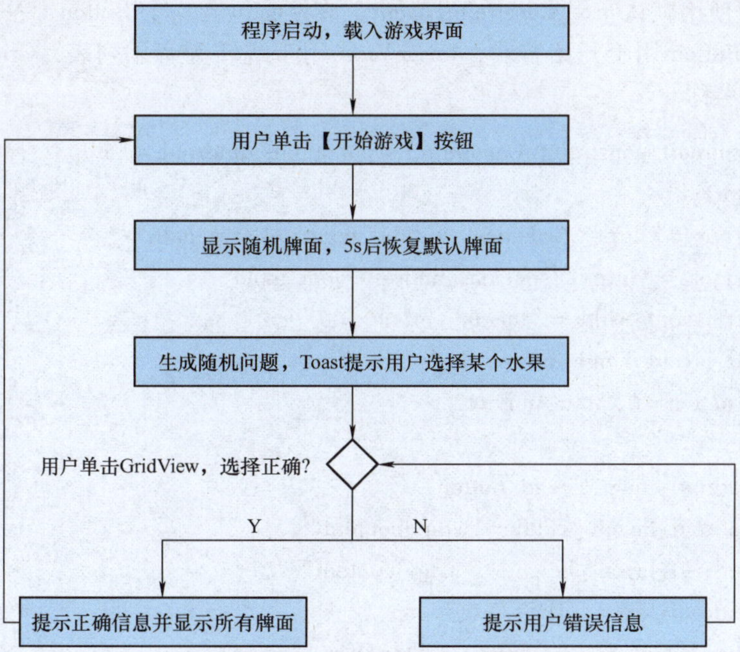

图 5-16　翻牌游戏功能流程图

游戏默认无背景音乐，单击背景音乐选择按钮进入音乐列表界面。如图 5-15 所示，列表上显示了用户 SD 卡上所有歌曲的相关信息，如歌曲名称、演唱者。用户单击歌曲选择背景音乐，音乐循环播放，子任务流程如图 5-17 所示。

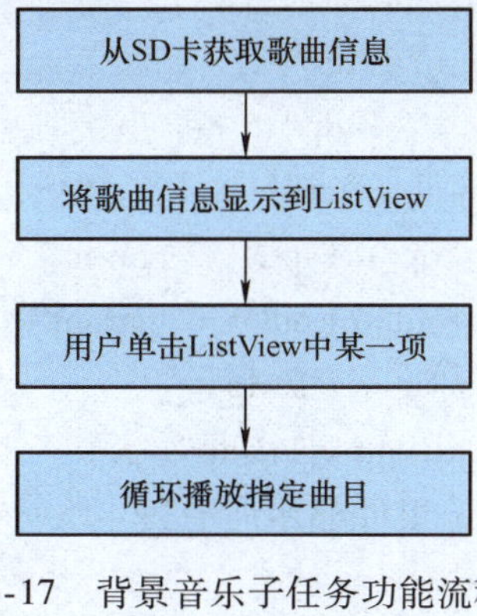

图 5-17　背景音乐子任务功能流程图

二、界面布局

1. 创建项目

首先创建一个 Android 应用程序项目，取名为 CardGame，默认的 Activity 名称为 MainActivity，其对应的 XML 布局文件为 res \ layout \ activity_main. xml，该 Activity 用于翻牌游戏主界

面。另外，新建一个新的 BgMusicActivity，对应 XML 布局文件为 res \ layout \ activity_bg_music. xml，该 Activity 用于显示 SD 卡上所有的歌曲并播放。

2. 游戏界面布局

MainActivity 使用默认布局 ConstraintLayout。该界面包含一个 Button、一个 ImageView 和一个 GridView。Button 用于开始游戏，ImageView 用于跳转到音乐列表，GridView 用于显示所有水果图片与名称。

```
<android.support.constraint.ConstraintLayout xmlns:android="http://schemas.android.com/apk/res/android"
    xmlns:app="http://schemas.android.com/apk/res-auto"
    xmlns:tools="http://schemas.android.com/tools"
    android:layout_width="match_parent"
    android:layout_height="match_parent"
    tools:context=".MainActivity" >
    <Button
        android:id="@+id/button"
        android:layout_width="wrap_content"
        android:layout_height="wrap_content"
        android:text="开始游戏"
        app:layout_constraintStart_toStartOf="parent"
        app:layout_constraintEnd_toEndOf="parent"
        app:layout_constraintTop_toTopOf="parent"
        android:layout_marginTop="10dp"/>
    <ImageView
        android:id="@+id/bgMusic"
        android:layout_width="40dp"
        android:layout_height="40dp"
        android:src="@drawable/music"
        app:layout_constraintTop_toTopOf="parent"
        app:layout_constraintEnd_toEndOf="parent"
        android:layout_marginTop="10dp"
        android:layout_marginRight="10dp"/>
    <!--定义一个 GridView 组件显示所有牌-->
    <GridView
        android:id="@+id/gridview"
        android:layout_width="match_parent"
        android:layout_height="wrap_content"
        android:layout_marginTop="32dp"
        android:gravity="center"
```

```
            android:horizontalSpacing = "2pt"
            android:numColumns = "3"
            android:verticalSpacing = "5pt"
            app:layout_constraintEnd_toEndOf = "parent"
            app:layout_constraintStart_toStartOf = "parent"
            app:layout_constraintTop_toBottomOf = "@+id/button" > </GridView >
    </android.support.constraint.ConstraintLayout >
```

GridView 的每一项需要显示水果图片与名称，Android 没有提供对应的布局方式，需要用户自定义布局，创建 gridview_item.xml 为 GridView 单项布局文件。采用垂直线性布局，包含一个 ImageView 与一个 TextView。

```
    < LinearLayout
        xmlns:android = "http://schemas.android.com/apk/res/android"
        android:orientation = "vertical"  android:layout_width = "match_parent"
        :layout_height = "match_parent" >
        < ImageView
            android:id = "@+id/imageView"
            android:layout_width = "match_parent"
            android:layout_height = "100dp"
            android:src = "@drawable/ic_launcher_background" / >
        < TextView
            android:id = "@+id/textView"
            android:layout_width = "match_parent"
            android:layout_height = "wrap_content"
            android:gravity = "center"
            android:textSize = "15dp"
            android:textStyle = "bold"/ >
    </LinearLayout >
```

3. 音乐列表界面布局

BgMusicActivity 采用默认的 ConstraintLayout 布局。该界面只包含一个 ListView 组件用于显示所有歌曲信息。

```
    < android.support.constraint.ConstraintLayout xmlns:android = "http://schemas.android.
com/apk/res/android"
        xmlns:app = "http://schemas.android.com/apk/res-auto"
        xmlns:tools = "http://schemas.android.com/tools"
        android:layout_width = "match_parent"
        android:layout_height = "match_parent"
        tools:context = ".BgMusicActivity" >
```

```
    <ListView
        android:id = "@+id/musicList"
        android:layout_width = "match_parent"
        android:layout_height = "wrap_content"
        android:layout_marginTop = "10dp" > </ListView >
</android.support.constraint.ConstraintLayout >
```

除此之外，ListView 中每一项的布局方式需要用户自定义，创建布局文件 music_item.xml。该布局采用的是水平线性布局样式，包含 ImageView 和一个垂直线性布局。ImageView 用于显示一个固定音乐图标，它位于整个布局的左侧；垂直线性布局包括两个 TextView：ID 为 title 的 TextView，用于显示歌曲的名称；ID 为 singer 的 TextView，用于显示歌曲的演唱者。

```
<LinearLayout xmlns:android = "http://schemas.android.com/apk/res/android"
    xmlns:app = "http://schemas.android.com/apk/res-auto"
    xmlns:tools = "http://schemas.android.com/tools"
    android:layout_width = "match_parent"
    android:layout_height = "wrap_content"
    android:orientation = "horizontal" >
    <ImageView
        android:id = "@+id/imageView"
        android:layout_width = "50dp"
        android:layout_height = "50dp"
        android:src = "@drawable/default_album"
        android:layout_margin = "15dp"
        android:gravity = "center"/ >
    <LinearLayout
        android:layout_width = "match_parent"
        android:layout_height = "60dp"
        android:layout_margin = "10dp"
        android:orientation = "vertical" >
        <TextView
            android:id = "@+id/title"
            android:layout_width = "match_parent"
            android:layout_height = "wrap_content"
            android:textSize = "20sp"/ >
        <TextView
            android:id = "@+id/singer"
            android:layout_width = "match_parent"
            android:layout_height = "wrap_content"
```

```
            android:textSize = "16sp"
            android:layout_marginTop = "5dp"/>
        </LinearLayout>
    </LinearLayout>
```

运行效果如图 5-18 所示。

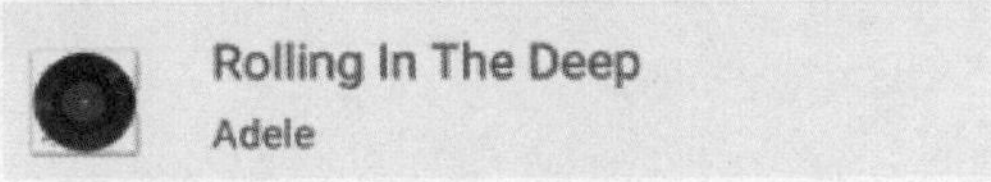

图 5-18　music_item. xml 布局样式

三、功能实现

1. 游戏界面初始化

上面的分析中，已经解析出 MainActivity 所需的成员变量，包括与组件相关的对象及对应的 Adapter 对象、保存水果图片和文字信息的两个常量数组、处理子线程消息的 Handler 对象等。因为每次游戏的水果排列是随机生成的，所以除了按顺序存放水果信息的 imgRes 与 nameRes 数组外，还需要 listFruitPos 数据用于保存随机生成的水果序号信息。

```
    private Button button;              //开始游戏
    private GridView gridView;          //用于显示所有水果图片及名称
    private ImageView gbMusic;          //背景音乐图标,用于跳转到音乐列表界面
    private SimpleAdapter adapter;  //用于绑定 GridView 数据
    //GridView 要绑定的数据
    ArrayList<HashMap<String, Object>>listData = new ArrayList<HashMap<String, Object>>();
    //水果图片资源数组
    final int[]imgRes = new int[]{R. drawable. kiwi, R. drawable. jujube, R. drawable. lemon, R. drawable. cherry, R. drawable. mango, R. drawable. apple, R. drawable. grape, R. drawable. watermenlon, R. drawable. banana};
    //水果名称数组
    final String[]nameRes = {"奇异果","枣子","柠檬","樱桃","芒果","苹果","葡萄","西瓜","香蕉"};

    int MAX =9;                                             //水果个数
    int guessNum = -1;                                      //目标水果下标
    ArrayList<Integer>listFruitPos = new ArrayList<>();    //每张牌对应的水果序号
    Handler handler;                                        //用于处理倒计时 Handler
```

在 onCreate( )方法中，分别调用 initViews( )、setListeners( )、initHandler( )三个方法，完成组件初始化、监听器的设定和 Handler 的初始化工作。

```
protected void onCreate(Bundle savedInstanceState) {
    super.onCreate(savedInstanceState);
    setContentView(R.layout.activity_main);
    initViews();
    setListeners();
    initHandler();
}
```

在 initViews( )方法中，通过 findViewById 获取所有组件对象；调用 initListData( )方法，设置初始界面上所有牌都是默认图案，对应文字信息均为“?”；然后创建 SimpleAdapter 绑定数据和 GridView；最后，初始化九宫格分别显示图片的序号，初始顺序为九宫格分别显示 0~8 号水果。

```
private void initViews() {
    button = findViewById(R.id.button);
    gridView = findViewById(R.id.gridview);
    gbMusic = findViewById(R.id.bgMusic);
    textViewResult = findViewById(R.id.textViewResult);

    initListData();//生成初始牌面的数据
    adapter = new SimpleAdapter(
            MainActivity.this,
            listData,
            R.layout.gridview_item,
            new String[]{"img", "name"}, new int[]{R.id.imageView, R.id.textView});
    gridView.setAdapter(adapter);

    for (int i = 0; i < MAX; i++)
        listFruitPos.add(new Integer(i));
}
```

用户进入应用程序，此时游戏尚未开始，初始界面上所有牌都是默认图案，对应文字信息均为“?”。在 initListData( )方法中，通过循环向 listData 中添加 9 组 Map 对象。每一个 Map 数据包含两对键值（key-value），分别是（"img"，value）和（"name"，value），对应子项目的缩略图和名称。初始情况下，“img”值对应的 value 值均为 R.drawable.ic_launcher_background，“name”值对应的 value 值均为“?”。

```
private void initListData() {
    listData.clear();
```

```
        for (int i = 0; i < MAX; i ++) {
            HashMap < String, Object > map = new HashMap < String, Object > ();
            map. put("img", R. drawable. ic_launcher_background);
            map. put("name", "?");
            listData. add(map);
        }
    }
```

2. 开始游戏

setListeners()中，需要监听【开始游戏】按钮、背景音乐按钮、GridView 单击项的事件。首先介绍开始游戏按钮的实现，用户单击【开始游戏】按钮，需要将 9 张图片随机打乱。Collections. shuffle()方法能够迅速地随机打乱九宫格显示图片的序号，然后调用 updateListData()方法，重新更新 listData 数据，调用 adapter. notifyDataSetChanged()，使其显示随机的水果图片和名称。然后开启子线程，休眠 5s 后向 Handler 发送消息。

```
    private void setListeners() {
        //开始按钮单击事件监听器
        button. setOnClickListener(new View. OnClickListener() {
            @ Override
            public void onClick(View view) {
                guessNum = -1;
                //随机排列所有牌
                Collections. shuffle(listFruitPos);
                //刷新数据源
                updateListData();
                //刷新 GridView 中水果图片与文字
                adapter. notifyDataSetChanged();

                //子线程完成观察计时功能
                Thread t = new Thread(new Runnable() {
                    @ Override
                    public void run() {
                        try {
                            Thread. sleep(5000);  //休眠 5s
                            handler. sendEmptyMessage(1); //向主线程发送信息
                        } catch (InterruptedException e) {
                            e. printStackTrace();
                        }
                    }
```

```
                    });
                    t. start();
                }
            });
```

创建 updateListData()方法，用于将随机排列的水果序号信息 listFruitPos，以 key-value 的形式存入 listData 列表中，这样 listData 数据就存储了九宫格每个位置上随机的水果图片和名称。

```
private void updateListData() {
    listData. clear();  //清空 listData 中原有数据
    for (int i=0; i<listFruitPos. size(); i++) {
        int fruitPos=listFruitPos. get(i);
        HashMap<String, Object>map=new HashMap<String, Object>();
        map. put("img", imgRes[fruitPos]);
        map. put("name", nameRes[fruitPos]);
        listData. add(map);
    }
}
```

随机排列的水果牌生成后，用户可以观察并记忆随机排列的图片 5s，5s 后恢复到默认牌面。在开始按钮单击方法中，已经创建了一个子线程实现计时功能，使用 Handler 处理线程间的消息。子线程通过 Thread. sleep()休眠固定时间后，通过 handler 向主线程发送信息表明 5s 已到。

创建 initHandler()方法，在该方法中首先创建 handler 对象，然后重写 handleMessage 方法。主线程收到消息后，通过之前定义的 initListData()方法将牌面恢复成初始状态，并随机生成用户需要单击九宫格的序号，提示用户根据记忆找出对应的水果名称。

```
private void initHandler() {
    //处理主线程与子线程间的通信,子线程休眠 5s 后,跳转回主线程
    handler=new Handler() {
        @Override
        public void handleMessage(Message msg) {
            super. handleMessage(msg);
            //恢复默认牌面
            initListData();
            adapter. notifyDataSetChanged();
            //生成目标水果的位置下标
            Random r=new Random();
            guessNum=r. nextInt(MAX);
```

```
                //输出目标水果名称
                    Toast.makeText(MainActivity.this, "请选择" + nameRes[listFruit-
Pos.get(guessNum)], Toast.LENGTH_LONG).show();
                }
            };
        }
```

用户根据游戏要求找出目标水果的位置，若用户选择正确，则输出提示消息并显示水果牌面信息；若用户选择失败，则输出错误信息。在 setListeners()方法中，添加 GridView 单击事件监听器，判断用户选择是否正确。若用户单击项目的下标与随机生成的目标水果的下标相同，代表用户选择正确，直接调用 updateListData()方法和 adapter.notifyDataSetChanged()方法，向用户显示实际的牌面信息，反之则选择错误。

```
    //GridView 单击事件监听器
    gridView.setOnItemClickListener(new AdapterView.OnItemClickListener() {
    @Override
    public void onItemClick(AdapterView<?>adapterView, View view, int i, long l) {
        if (guessNum == -1) {    //游戏未开始,没有生成目标水果
            Toast.makeText(MainActivity.this, "请先单击【开始游戏】按钮!", Toast.
LENGTH_LONG).show();
            return;
        }

        if (i == guessNum) {    //用户选择正确
            guessNum = -1;
            Toast.makeText(MainActivity.this, "猜对了!", Toast.LENGTH_LONG).show();
            updateListData();   //显示所有水果牌信息
            adapter.notifyDataSetChanged();    //刷新 GridView 中水果图片与文字
        } else {    //用户选择错误
            Toast.makeText(MainActivity.this, "猜错了!", Toast.LENGTH_LONG).show();
        }
    }});
```

3. 跳转至音乐列表界面

单击 MainActivity 页面右上角的图标，程序跳转至音乐列表界面。在 MainActivity 的 setListeners()方法中，为此图标添加单击事件监听器，使用 Intent 完成两个界面的跳转。

```
    gbMusic.setOnClickListener(new View.OnClickListener() {
        @Override
        public void onClick(View view) {
```

```
            Intent intent = new Intent( ) ;
            intent. setClass( MainActivity. this, BgMusicActivity. class) ;
            startActivity( intent) ;
        }});
```

4. 显示歌曲列表

BgMusicActivity 需要显示 SD 卡中所有歌曲的信息。MediaStore 是 Android 系统提供的一个多媒体数据库，Android 多媒体信息都可以从这里提取。MediaStore 包括了多媒体数据库的所有信息，包括音频、视频和图像，Android 把所有的多媒体数据库接口进行了封装，所有的数据库不用自己进行创建，而是系统自带。除了多媒体数据库之外，Android 系统还自带了通讯录等数据库。

所有应用都需要权限才能读写 SD 卡中的数据。首先在 AndroidManifest. xml 文件中声明所需的权限。

```
    <uses-permission android:name = "android. permission. READ_EXTERNAL_STORAGE" > </
uses-permission >
```

对于较高的 Android 版本，还需要动态申请权限。可以使用 ContextCompat. checkSelfPermission( ) 方法判断用户是否授权，如果没有，使用 ActivityCompat. requestPermissions( ) 方法向用户申请权限。当 Android 版本较低或者用户已经获取了权限后，直接调用自定义的 updateMusicList( ) 方法，刷新歌曲列表显示即可。

```
    //版本判断,当手机系统大于 23 时,才有必要判断权限是否获取
    private void judgePermmison( ) {
        if (android. os. Build. VERSION. SDK_INT  > =android. os. Build. VERSION_CODES. M) {
    //判断权限是否获取,返回 PERMISSION_GRANTED(已授权)或 PERMISSION_DENIED
      (未授权)
            int hasPermission = checkSelfPermission( Manifest. permission. READ_EXTERNAL_
STORAGE);
            if (hasPermission ! = PackageManager. PERMISSION_GRANTED) {
                //动态申请权限
                    requestPermissions( new String[ ] { Manifest. permission. READ_EXTERNAL_
STORAGE} , 0);
            } else {
                updateMusicList( ) ;
            }
        } else {
            updateMusicList( ) ;
        }
    }
```

在用户赋予或者拒绝赋予权限后，onRequestPermissionsResult 会被触发，判断用户的操作。如果用户赋予权限，调用 updateMusicList()更新显示音乐列表，否则 Toast 提示用户。

```
@Override
public void onRequestPermissionsResult(int requestCode, @NonNull String[]permissions, @NonNull int[]grantResults) {
    super.onRequestPermissionsResult(requestCode, permissions, grantResults);
    switch (requestCode) {
        case 0:
            if (grantResults.length >0 && grantResults[0] == PackageManager.PERMISSION_GRANTED) {
                updateMusicList();
            }else {
                Toast.makeText(this,"You denied the permission!",Toast.LENGTH_SHORT).show();
            }
            break;
        default:
            break;
    }
}
```

获取权限后，APP 可以读取 SD 卡的数据，根据分析 APP 需要读取 SD 卡上所有歌曲的名称、演唱者、路径并绑定到 ListView 组件上。根据需求，定义了相关的成员变量。

```
private ListView listView;                                   //显示所有歌曲列表
private ArrayList<HashMap<String,Object>>musicList;   //保存歌曲信息数据
private SimpleAdapter simpleAdapter;                         //绑定歌曲信息到 ListView 组件
private Cursor cursor;                                  //用于访问 SD 卡上所有歌曲的游标
public static MediaPlayer mediaPlayer;                       //控制歌曲播放
```

在 onCreate()函数中，分别调用 initViews()、setListeners() 两个方法，完成组件初始化、监听器的设定。

```
protected void onCreate(Bundle savedInstanceState) {
    super.onCreate(savedInstanceState);
    setContentView(R.layout.activity_bg_music);

    initViews();
    setListeners();
}
```

在 initViews( )方法中，创建了 ArrayList 数据 musicList，创建“无背景音乐”Map 数据并加入到 musicList，通过 simpleAdapter 绑定数据和 ListView。然后调用 judgePermmison( )方法，判断是否具有读取 SD 卡权限并更新显示歌曲列表。

```
private void initViews() {
    listView = findViewById(R.id.musicList);

    musicList = new ArrayList<Map<String, String>>();
    Map<String, String> music = new HashMap<String, String>();
    //添加默认"无背景音乐"的子项目
    music.put("title", "无");
    music.put("singer", "");
    music.put("data", "");
    musicList.add(music);

    simpleAdapter = new SimpleAdapter(
            BgMusicActivity.this,
            musicList,
            R.layout.music_item,
            new String[]{"title", "singer"},
            new int[]{R.id.title, R.id.singer});
    listView.setAdapter(simpleAdapter);

    //判断权限
    judgePermmison();
}
```

在 updateMusicList( )方法中，利用 AppCompatActivity 类自带的函数 getContentResolver( )就可以对 Android 自带的系统数据进行访问。SD 卡中所有歌曲的信息保存在 MediaStore.Audio.Media.EXTERNAL_CONTENT_URI 中，可以通过 getContentResolver( ).query( )对该表进行查询，查询返回结果为一个 cursor 对象。通过 while 循环对返回结果进行遍历，并将歌曲名称、演唱者和路径保存到 musicList 列表中，最后通过调用 simpleAdapter.notifyDataSetChanged( )将最新的数据更新显示到 ListView 组件上。

```
private void updateMusicList() {
    // 从 Content Provider 中获得 SD 卡上的歌曲信息
    cursor = getContentResolver().query(MediaStore.Audio.Media.EXTERNAL_CON-
                                        TENT_URI, null, null, null,
            MediaStore.Audio.Media.DEFAULT_SORT_ORDER);
```

```
        //遍历所有歌曲
        while (cursor.moveToNext()) {
            //读取歌曲名称
            String title = cursor.getString(cursor.getColumnIndex(MediaStore.Audio.Media.
TITLE));
            //读取演唱者
            String singer = cursor.getString(cursor.getColumnIndex(MediaStore.Audio.Media.
ARTIST));
            //读取歌曲路径
            String data = cursor.getString(cursor.getColumnIndex(MediaStore.Audio.Media.
DATA));
            //保存到列表中
            Map<String, String> music = new HashMap<String, String>();
            music.put("title", title);
            music.put("singer", singer);
            music.put("data", data);
            musicList.add(music);
        }
        simpleAdapter.notifyDataSetChanged();
    }
```

5. 播放歌曲

在 BgMusicActivity 上单击某一首歌，播放歌曲。在 BgMusicActivity 中，创建 setListeners() 方法，对 ListView 设定单击项的监听器。获取当前用户选择歌曲的路径并设置其为 mediaPlayer 的数据源，用 mediaPlayer 控制音乐的播放。背景音乐通常是循环播放的，为 mediaPlayer 添加播放结束事件的监听器，一旦歌曲播放结束，mediaPlayer 调用 start() 方法重新开始播放(此处主要为了演示监听器的使用方法，实际上更快捷的方法是调用 mediaPlayer 的 setLooping() 方法来实现循环播放)。

```
    private void setListeners() {
        listView.setOnItemClickListener(new AdapterView.OnItemClickListener() {
            @Override
            public void onItemClick(AdapterView<?> adapterView, View view, int i, long l) {
                String path = (String) musicList.get(i).get("data");  //获取歌曲路径
                try {
                    mediaPlayer.reset();                        //切换到 Idle 状态
                    mediaPlayer.setDataSource(path); //根据歌曲路径指定加载文件
                    mediaPlayer.prepare();              //同步加载歌曲
                    mediaPlayer.start();                //开始播放
```

```
            } catch (IOException e) {
                e.printStackTrace();
            }
            //歌曲播放结束后,重新开始播放,实现循环播放功能
            mediaPlayer.setOnCompletionListener(new MediaPlayer.OnCompletionListener() {
                @Override
                public void onCompletion(MediaPlayer mediaPlayer) {
                    mediaPlayer.start();
                }
            });
        }
    });
}
```

四、运行程序

程序编码完毕后，打开程序，进入游戏界面，如图 5-19 所示。

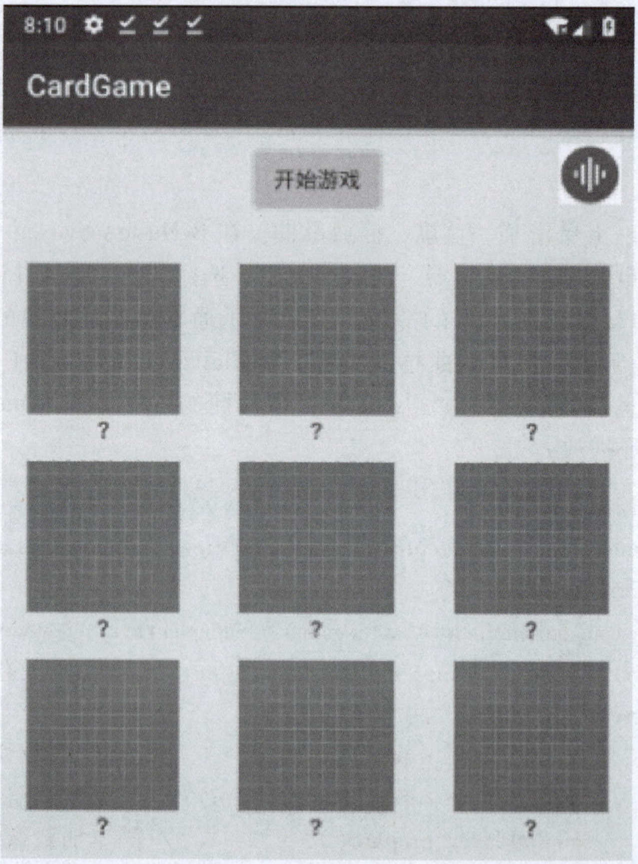

图 5-19　游戏运行初始界面

单击【开始游戏】按钮，将 9 个水果随机打乱，并在 GridView 上显示 5s，如图 5-20 所示。

图 5-20　游戏开始后界面

单击右上角音乐图标，切换到音乐列表界面。单击列表上第一项可以关闭背景音乐，单击其他项，该歌曲将循环播放，如图 5-21 所示。

图 5-21　音乐列表界面

【试一试】在游戏界面实现单击两次回退按钮，关闭音乐并退出 APP 的功能。

任务评价

完成任务五之后，可以根据表 5-3 的任务评价表对完成情况进行评价，并根据评价表创新能力中提到的指标对 APP 进一步改进。最后鼓励大家继续完成后面的拓展任务，进一步巩固和练习任务中学习的知识点和技能点，并将任务实现中的不足之处进行改进。

表 5-3　任务评价表

评价内容	具体指标		完成情况（打分）
基础素养	资料搜索、筛选和整合能力（3 分）		
	信息技术应用与数字化素养（2 分）		
专业知识	基础知识点的预学习情况（5 分）		
	知识点案例的掌握情况（15 分）		
	课后习题的完成情况（10 分）		
技术技能	分析问题、解构问题、技术选择、将问题图形化表达的能力（15 分）		
	代码编写能力（20 分）		
	程序调试技术（10 分）		
综合能力	任务报告编制能力（10 分）		
	沟通表达与团队协作（5 分）		
创新能力	改进或重设计 UI（3 分）		
	更新或改进实现方法、程序结构重构或代码优化（2 分）		
目标完成	完成★★	基本完成★☆	未完成☆☆
学习收获			
学习反思			

任务小结

翻牌游戏是一个入门级的游戏，通过分步学习、实践，可以掌握很多 Android 知识并顺利完成该项目。

首先学习了如何读取并播放 SD 卡上的歌曲。

ListView 和 GridView 的使用是这个项目的重点。通过本次任务，掌握了 ListView、GridView 如何与不同数据源进行绑定，以及列表中如何自定义每项的布局。

另外，通过 Cursor 类，学会了查询系统数据；结合 MediaPlayer 多媒体播放类，了解 MediaPlayer 对象的不同状态和不同状态间的切换，学会了控制音频文件的播放。

最后，为了能实现定时功能，使用 Thread 类创建子线程进行计时，通过 Handler 类完成线程之间的通信。

课后习题

第一部分　知识回顾与思考

1. ListView 如何与数据进行绑定？
2. ArrayAdapter、SimpleAdatper 的作用分别是什么？如何使用它们？
3. MediaPlayer 对象的生命周期是怎样的？
4. GridView 子项目如何进行自定义布局？

第二部分　职业能力训练

一、单项选择题（下列答案中有一项是正确的，将正确答案填入括号内）

1. ListView 是常用的（　　）类型组件。

A. 按钮　　　　B. 图片

C. 列表　　　　D. 下拉列表

2. ListView 与数组类型的数据进行绑定时，最方便的方式是使用（　　）。

A. ArrayAdapter　　　　B. SimpleAdapter

C. SimpleCursorAdapter　　　　D. BaseAdapter

3. ListView 与 List 类型的数据进行绑定时，最方便的方式是使用（　　）。

A. ArrayAdapter　　　　B. SimpleAdapter

C. SimpleCursorAdapter　　　　D. BaseAdapter

4. GridViw 与 List 类型的数据进行绑定时，最方便的方式是使用（　　）。

A. ArrayAdapter　　　　B. SimpleAdapter

C. SimpleCursorAdapter　　　　D. BaseAdapter

5. Android 中 MediaPlayer 无法播放（　　）。

A. Raw 资源内的音乐文件

B. 网络上的音乐文件

C. SD 卡上的音乐文件

D. Drawable 资源内的文件

6. MediaPlayer 对象执行（　　）之后处于 Idle 状态。

A. start( )　　B. stop( )

C. pause( )　　D. reset( )

7. 下列说法错误的是（　　）。

A. prepare( )是同步加载

B. prepare( )方法返回时已加载完毕

C. prepareAsync( )是异步加载

D. prepareAsync( )方法返回时已加载完毕

8. （　　）用于设置 GridView 的列数。

A. android:columnWidth

B. android:gravity

C. android:horizontalSpacing

D. android:numColumns

二、填空题（请在括号内填空）

1. 创建 ListView 有两种方式，包括直接使用 ListView 组件和（　　）。

2. ListView 和 GridView 的父类是（　　）。

3. Adapter 配置好以后，需要用（　　）方法将 ListView 和 Adapter 绑定。

4. 为 MediaPlayer 指定加载的音频文件时，可以使用 MediaPlayer 提供的静态方法（　　）和非静态方法（　　）。

5. 调用 prepareAsync( )方法会使 MediaPlayer 对象进入（　　）状态并返回。

6. 线程间的通信一般需要调用 Handler 的（　　）方法。

三、简答题

1. 简述构造 SimpleAdapter 时各个参数的作用。

2. 简述 MediaPlayer 对象的 prepareAsync( )方法和 prepare( )方法的区别及各自使用场景。

拓展训练

训练 1：本任务中的音乐列表界面只显示了歌曲名称和演唱者姓名，完全可以根据自己的喜好挑选歌曲长度、专辑名称、文件位置等其他信息组合并显示在列表界面中。

【提示】了解 MediaStore. Audio. Media 中保存的信息即可轻松完成拓展训练。

训练 2：制作一个音乐播放器 APP，如图 5-22 所示，首页面是音乐列表界面，其实现方法可以参照任务实施中的背景音乐 Activity。当用户单击 ListView 中某个歌曲项后，跳转到音乐播放界面，在播放界面可以进行暂停、继续、前一首、后一首、拖动进度和返回音乐列表界面等操作。

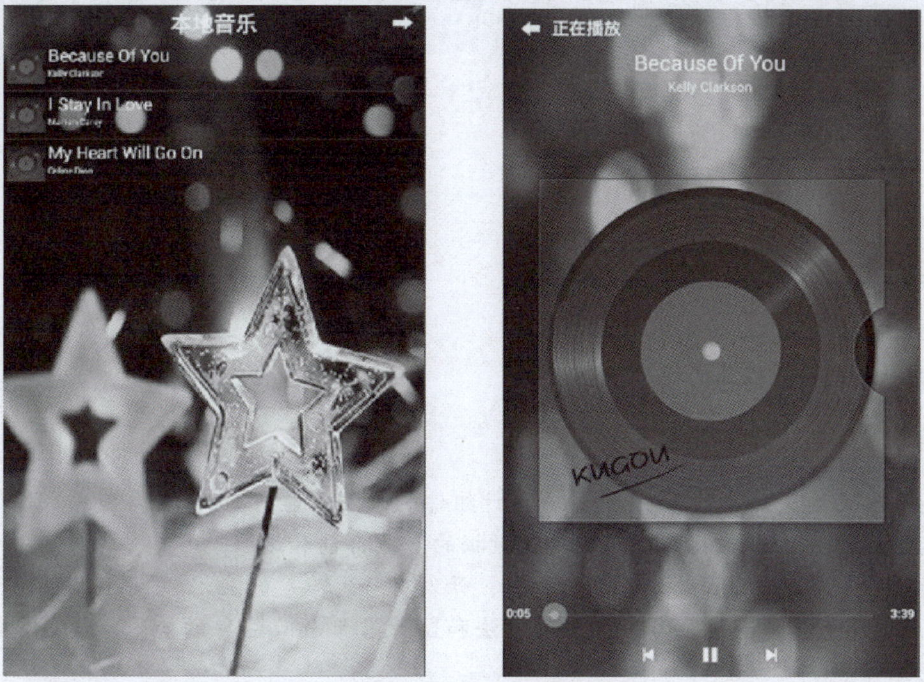

图 5-22　音乐播放器 APP

任务六　贪吃蛇游戏的设计与实现

学习目标

【知识目标】

■掌握自定义 View 的基本方法。
■掌握 SQLite 数据库的操作方法。

【能力目标】

■能够自己定义简单的 View 组件，设计组件的方法、监听器。
■能够通过 SQLite 数据库实现结构化数据的本地存储和读取。
■能够将所学的 Android 知识灵活运用，开发有一定难度的应用。

【重点、难点】 自定义 View 组件的方法和监听器、View 组件的绘图、SQLite 数据库的增删改查操作。

【素质目标】

■通过游戏对象的建立及运动控制、边界判断等功能的实现，提升学生的抽象建模思维能力、逻辑思维能力和计算思维能力。
■通过任务分解和任务划分，培养学生复用性设计思维和模块化思维。
■通过任务合作开发，培养学生高效、精准的沟通能力，树立良好的团队合作精神。

任务简介

本任务将制作一个简单的贪吃蛇游戏，能够实现贪吃蛇的定时游动、获取食物、通过按钮控制它游动的方向以及积分榜前十名玩家信息的存储和显示。

任务分析

贪吃蛇游戏的界面如图 6-1 所示，从图中可以看到该程序由几部分组成：上方是贪吃蛇的游戏区域，下方是六个按钮，分别控制游戏的开始、暂停和上下左右四个方向，而中部是游戏当前的分数以及历史最高分数。游戏区域包含一条蛇和一个食物（正方形），蛇会定时游动，而通过上下左右按钮能够改变蛇游动的方向。

蛇吃到食物后分数就会增加，并且会在随机的位置生成下一个食物。随着吃的食物越来越多，当玩家的分数超过了历史最高分数时，最高分数也随之变化。

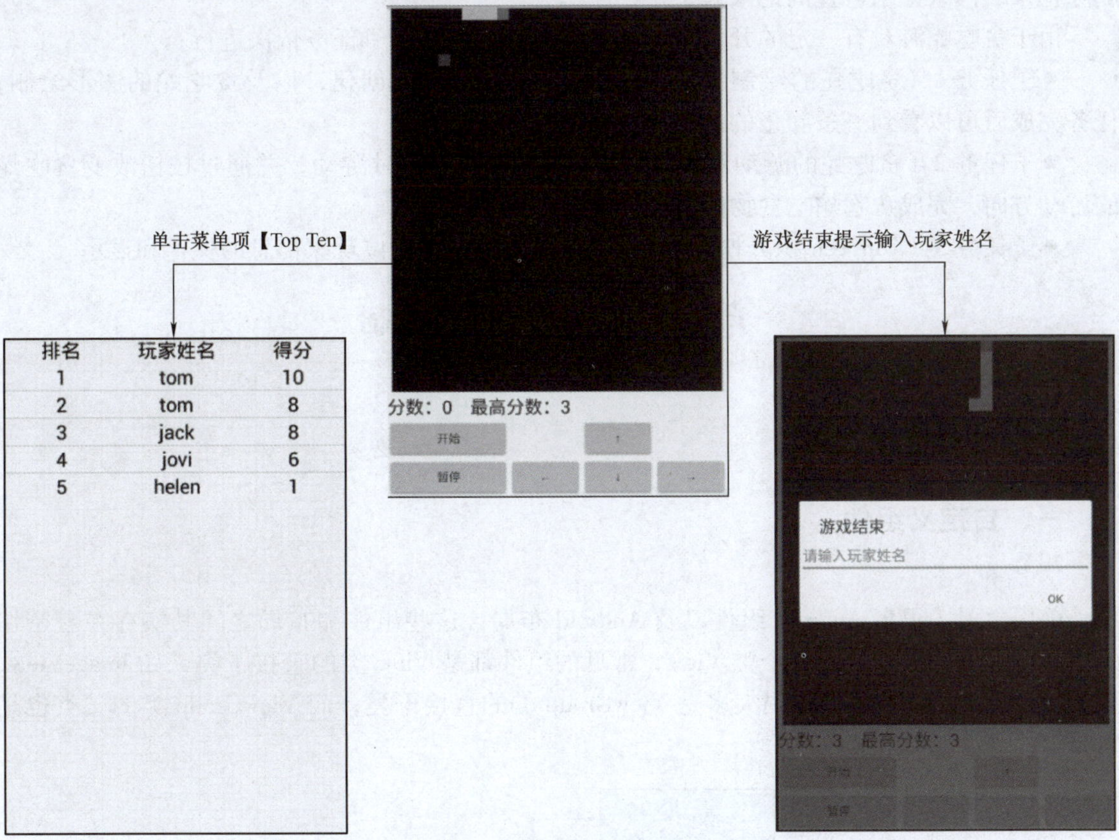

图 6-1　贪吃蛇游戏的界面

单击 Android 虚拟机的菜单键会弹出一个 Option Menu，含有一个菜单项【Top Ten】，单击【Top Ten】菜单项会跳转到积分榜 Activity，显示积分榜中分数最高的十位玩家信息，如果玩家信息不满十个，则显示全部玩家信息。当玩家控制的贪吃蛇撞到游戏区域边框时，游戏结束并弹出 Dialog，提示玩家输入姓名，单击【确定】按钮后会记录玩家的分数和姓名。

任务分解

看似简单的贪吃蛇游戏实际上需要许多新的知识，首先最上方的游戏区域是自己定义的 View 组件，前面的任务都是使用 Android 系统自带的组件（如 Button、EditText 等），现在要试着自己定义一个 View 组件。

蛇的定时游动，会涉及子线程的控制。另外积分榜中的玩家信息需要保存在手机本地，再次打开游戏时才能从本地中读取并显示，这一次不再使用 SharedPreference 方式，因为对于有一定结构的数据，数据库无疑是最好的选择。

- 自定义 View 组件：涉及很多知识，如图形的绘制、尺寸的计算、组件的方法和监听器的创建。

- 定时器：利用 Thread 和 Handler 进行定时器任务的启动和停止。
- 数据库的操作：数据库的创建、数据表的创建、数据表记录的增删改查（插入记录、删除记录、修改记录、查询记录）。

由于贪吃蛇游戏有一定的开发量，把本任务分解为三个子任务依次进行：

- 子任务 1（贪吃蛇的绘制）：完成贪吃蛇数据结构的创建，以及贪吃蛇的图形绘制，任务完成后可以看到一条静止的蛇出现在界面中。
- 子任务 2（贪吃蛇的游动和控制）：实现贪吃蛇的定时游动，并通过按钮改变贪吃蛇的游动方向，完成贪吃蛇吃食物的功能。
- 子任务 3（Top Ten 积分榜功能）：实现积分榜中前十位玩家信息的保存和显示。

子任务 1　贪吃蛇的绘制

支撑知识

一、自定义组件

1. 简介

前面学习了很多 Android 组件以及 Android 布局，这些组件和布局之间其实存在着密切的关系，它们均继承自同一个类 View，常见的组件都是 View 类的直接子类，如 ImageView、TextView 等。读者熟悉的布局大多是 ViewGroup 类的直接子类，而 ViewGroup 类的父类也是 View 类，如图 6-2 所示。

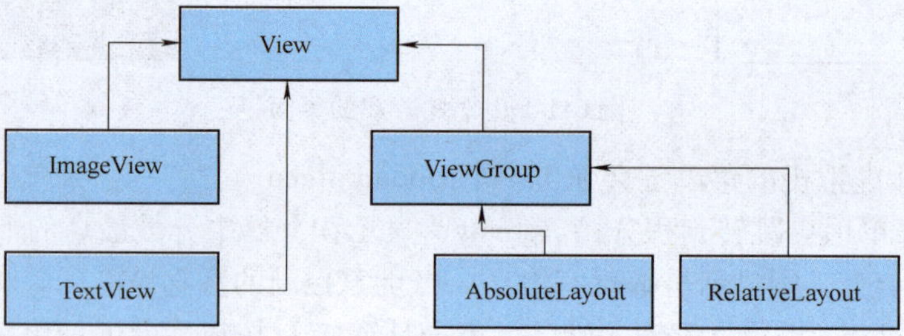

图 6-2　View 和 ViewGroup 的关系图

View 类是所有界面元素的基类，它包含和处理了很多内容：

- View 所在区域的位置信息。
- 计算 View 及其所有子 View 尺寸的方法。
- 绘制 View 及其所有子 View 的方法。
- 排列子 View 的方法。
- 焦点处理方法。
- 窗口滚动方法。
- 按钮和手势的处理方法。

正因为 View 类实现了这么多方法，Android 组件都基本上继承自 View 类。而与 View 类有着紧密关系的是 ViewGroup 类，ViewGroup 类是一个抽象类，也是 View 的子类，但与

Android 组件不同的是，它本身没有实质性的内容，仅仅是一个容器，可以包含其他 View 形成一个整体。布局的作用也正是如此，所以布局类的父类为 ViewGroup。

那么什么时候需要自己定义组件？一般出于以下几种原因：

● Android 自带的系统组件或布局无法直接满足应用程序的需要，需要创建一个崭新的组件或布局。

● 需要组合多个 Android 自带的系统组件，形成一个具有复合功能的组件。

● 需要完全控制某个组件的图形绘制方法，展现不同于现有 Android 自带的系统组件的外观。

● 需要修改某个组件的现有事件处理方法。

根据实际的需求不同，自定义 View 组件也有多种开发方法：

● 继承已有的 Android 系统组件，在其基础上做一些修改。

● 组合多个已有的 Android 系统组件，形成一个功能强大的整体。

● 继承自 View 类，完全重新定义一个组件。

贪吃蛇组件由于找不到相似的 Android 系统组件，将会采用第三种方法。

2. 重要方法

View 类提供了很多方法（见表 6-1），对应不同的事件处理，自定义组件时就需要利用好 View 类的相关方法。自定义贪吃蛇组件需要重写其中一部分方法，下面将重点介绍相关的方法。

表 6-1　View 类重要方法一览表

分类	方　法	说　明
创建	构造方法	当 View 组件被创建时，构造方法会被调用。一般情况下，View 组件可以通过代码或者 XML 布局被创建，不同的创建方式对应不同的构造方法
	onFinishInflate( )	当 View 组件通过 XML 布局方式被创建完毕后，该方法会被调用
布局	onMeasure（int，int）	被调用来测量 View 的高度和宽度
	onLayout（boolean，int，int，int，int）	被调用来测量 View 显示的坐标和尺寸大小
	onSizeChanged（int，int，int，int）	当 View 组件尺寸发生变化时，该方法被调用
绘制	onDraw（Canvas）	当系统觉得 View 组件需要重新绘制时，该方法被调用
事件处理	onKeyDown（int，KeyEvent）	终端按钮被按下时，该方法被调用
	onKeyUp（int，KeyEvent）	终端按钮被按下弹起时，该方法被调用
	onTouchEvent（MotionEvent）	终端屏幕被触摸时，该方法被调用
焦点	onFocusChanged（boolean，int，android.graphics.Rect）	当 View 组件获得焦点或者失去焦点时，该方法被调用
	onWindowFocusChanged（boolean）	当 View 所在窗体获得焦点或者失去焦点时，该方法被调用
内嵌窗口	onAttachedToWindow( )	当 View 内嵌到某个窗体时，该方法被调用
	onDetachedFromWindow( )	当 View 从某个窗体中移除时，该方法被调用
	onWindowVisibilityChanged（int）	当 View 所在窗体的可见性发生变化时，该方法被调用

表 6-1 仅列出来 View 的一些常见方法，针对贪吃蛇游戏，下面着重介绍将会使用到的几个方法。

(1) 构造方法：View (Context context) 和 View (Context context, AttributeSet attrs)

功能：View 类的两种构造方法，第一种是代码创建 View 组件时被调用的，第二种方法是在 XML 布局文件中创建组件时被调用的（在本书中，大部分时候均是将 Android 组件放在 XML 布局文件中，Andorid 组件被创建时就会调用第二种构造方法）。

参数：context 代表该 View 对象所运行的 Activity 环境；当使用 XML 布局文件创建 View 组件时，常在布局文件中指定 View 组件的属性（如 height、width 等属性），attrs 参数会将这些属性传递给构造方法。

返回值：无。

自定义组件一般都需要实现这两个构造方法，实际上 View 还有第三种构造方法，由于比较复杂也不常用，所以不做说明。

(2) protected void onSizeChanged (int w, int h, int oldw, int oldh)

功能：当 View 组件的尺寸发生变化时，该方法被调用。

参数：w 和 h 分别为 View 组件最新的宽度和高度，oldw 和 oldh 为该组件以前的宽度和高度。

返回值：无。

(3) protected void onDraw (Canvas canvas)

功能：当 View 组件需要绘制自身内容时，该方法被调用。

参数：canvas 为该组件的绘图面板，可以将 View 组件想象为一张空白的油画板，如果希望让组件显示漂亮的形状或者文字，就需要在这个油画板上画画。

返回值：无。

Android 系统会在以下几种情况下认为 View 需要重新绘制从而触发 onDraw( )方法：

- View 组件被创建显示时，系统需要重绘。
- View 组件被其他界面遮挡，遮挡界面离开 View 组件再次显示时需要重绘。
- 开发者调用了 invalidate( )方法命令组件重绘。

(4) public void invalidate( )

功能：触发组件重绘，调用 invalidate( )方法后，onDraw( )方法被触发。

参数：无。

返回值：无。

二、图形绘制

1. 简介

View 类中有一个重要的方法 onDraw( )可以实现组件的绘制，如果希望自定义的组件是个蓝色矩形或红色圆形，那么就需要在 onDraw( )方法中编写代码来实现。可以将 onDraw( )的 canvas 参数想象为一张油画板，而我们就是画家，通过调用 Canvas 类的图形绘制方法，可以绘制一幅美丽的油画。那么画家画画，除了油画板还需要什么？答案是画笔，在 Android 编程中如果希望在 Canvas 上画画，还需要了解 Paint 类（画笔类）。

2. 重要方法

如同画家画画前需要准备好画笔一样，程序员进行图形绘制前需要先创建好 Paint 对象，

Paint 类有很多方法可以设定画笔特性。

(1) Paint 类：public void setARGB(int a, int r, int g, int b)

功能：设定画笔的透明度和颜色。

参数：a 代表透明度，取值范围为 0 ~ 255，数值越小越透明，颜色上表现越淡。

r、g、b 分别代表红色、绿色、蓝色的比重，取值范围为 0 ~ 255，0 代表没有该颜色，255 为最高的比重。

返回值：无。

示例：

```
//生成一个画笔
Paint pt = new Paint();
//设定画笔为红色
pt.setARGB(255, 255, 0, 0);
```

(2) Paint 类：public void setColor(int color)

功能：设定画笔的颜色。

参数：color 为颜色值，实际上一个颜色是由透明度和红、绿、蓝色组成的，常用 Color.argb（A, R, G, B）将透明度和红、绿、蓝转换为一个颜色值。

返回值：无。

示例：

```
//生成一个画笔
Paint pt = new Paint();
//设定画笔为绿色
pt.setColor(Color.argb(255, 0,255, 0));
```

(3) Paint 类：public void setAntiAlias(boolean aa)

功能：设定是否抗锯齿。

参数：aa 为 true 代表使用抗锯齿，false 反之。

返回值：无。

由于计算机屏幕都是由一个个像素组成的，在绘制斜线时会出现锯齿，采用抗锯齿效果会让图形看上去更加顺滑。

示例：

```
//生成一个画笔
Paint pt = new Paint();
//设定画笔为黑色且抗锯齿
pt.setColor(Color.argb(255, 0, 0, 0));
pt.setAntiAlias(true);
```

(4) Paint 类：public void setTextSize(float textSize)

功能：如果使用画笔绘制文字，可以使用该方法设定文字的大小。

参数：textSize 为大于 0 的浮点数，用来指定文字大小。

返回值：无。

【试一试】Paint 还有很多方法，比如 setTextAlign 方法可以设定文本对齐的方式，可以配合 Canvas 类的 drawText 方法查看效果。

有了 Paint 对象，还要学习 Canvas 类的方法，将两者配合起来就可以绘制图形了。

（1） Canvas 类：public void drawPoint(float x, float y, Paint paint)

功能：绘制一个点。

参数：x 和 y 为该点的坐标，paint 为画笔。

返回值：无。

（2） Canvas 类：public void drawLine(float startX, float startY, float stopX, float stopY, Paint paint)

功能：绘制一条线。

参数：startX 和 startY 为起始点的坐标，stopX 和 stopY 为终止点的坐标，paint 为画笔。

返回值：无。

（3） Canvas 类：public void drawText(String text, float x, float y, Paint paint)

功能：绘制一段文字。

参数：text 为需要绘制的字符串，x 和 y 为开始绘制文字的基线坐标，paint 为画笔。

返回值：无。

（4） Canvas 类：public void drawRect(float left, float top, float right, float bottom, Paint paint)

功能：绘制一个矩形。

参数：left 和 top 为矩形左上角点的坐标，right 和 bottom 为矩形右下角点的坐标，paint 为画笔。

返回值：无。

（5） Canvas 类：public void drawBitmap(Bitmap bitmap, float left, float top, Paint paint)

功能：绘制一张位图。

参数：bitmap 为需要绘制的位图对象，left 和 top 为绘制位图的左上角起始点的坐标，paint 为画笔。

返回值：无。

【试一试】Canvas 还有很多方法，可以通过 Android 的帮助文件学习并编写代码进行尝试，比如 drawCircle 方法就可以绘制一个圆形。

3. 使用范例

下面创建一个工程，默认的 Activity 为 MainActivity。

如图 6-3 所示，右击工程的包，在右键菜单中单击【New⇒Java Class】，创建 MyView 类，设定其父类（SuperClass）为 View 类。

单击 Android Studio 开发工具的菜单【Code⇒Generate...⇒Constructor】，在如图 6-4 所示的对话框中，添加两个构造方法。

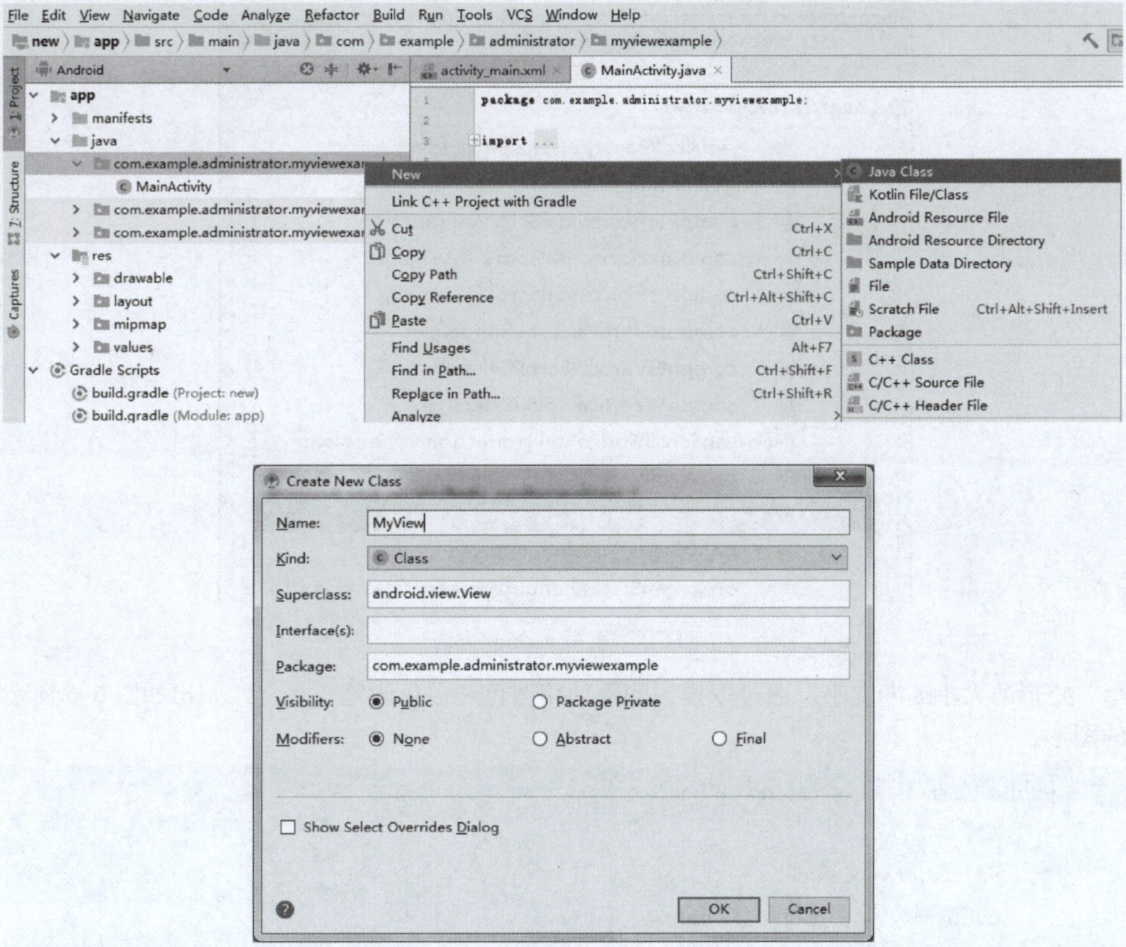

图 6-3 创建继承自 View 的子类

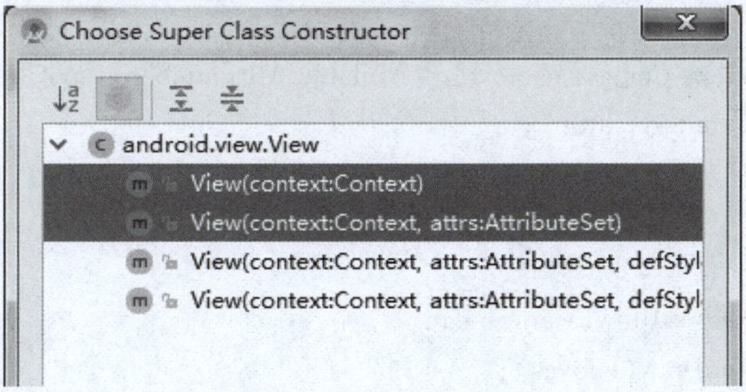

图 6-4 生成 MyView 类的构造方法

单击 Android Studio 开发工具的菜单【Code⇒Generate...⇒Override Methods...】，在如图 6-5 所示的对话框中，搜索 onDraw 和 onSizeChanged，重写这两个方法。

在 onDraw 方法中，将 View 组件的宽度和高度除以 2，保存在成员变量 centerX 和 centerY 中，这就是 View 组件的中心点坐标。

在 onDraw 方法中，创建蓝色和白色两种画笔，通过循环从外层向内层，不断地绘制矩

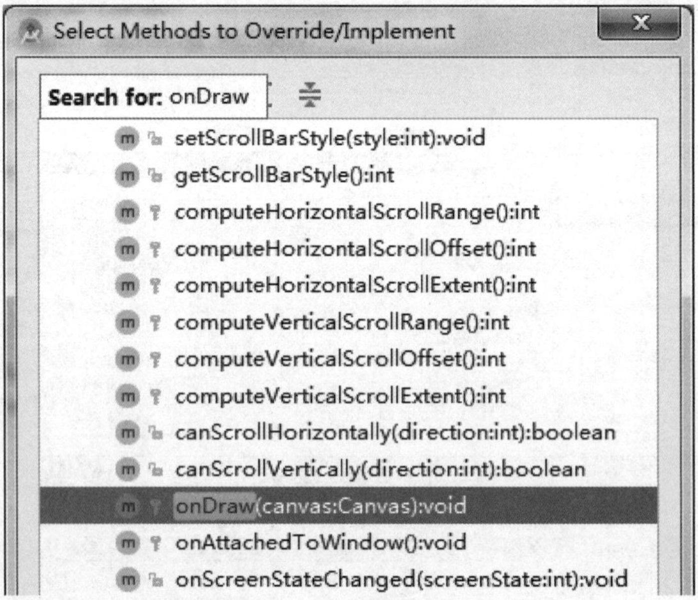

图 6-5　重写 onDraw 方法

形，矩形的大小逐渐变小。通过取模，间隔使用蓝色和白色画笔，最终绘制出如图 6-6 所示的图形。

```
public class MyView extends View {

    int centerX, centerY;
    public MyView(Context context) {
        super(context);
    }

    public MyView(Context context, @Nullable AttributeSet attrs) {
        super(context, attrs);
    }

    @Override
    protected void onDraw(Canvas canvas) {
        super.onDraw(canvas);

        Paint ptBlue = new Paint();
        ptBlue.setColor(Color.argb(255, 0, 0, 255));            //创建蓝色画笔
        Paint ptWhite = new Paint();
        ptWhite.setColor(Color.argb(255, 255, 255, 255));       //创建白色画笔
        int top,left,right,bottom;
```

```
        for( int i =5; i > =1; i -- )          //由外层向内层,逐个绘制正方形
        {
            top = centerY  -  i * 100;
            bottom = centerY  +  i * 100;
            left = centerX  -  i * 100;
            right = centerX  +  i * 100;

            if(i%2 ==0)                        //间隔使用白色和蓝色画笔
                canvas.drawRect(left, top, right, bottom, ptBlue);
            else
                canvas.drawRect(left, top, right, bottom, ptWhite);
        }
    }

    @Override
    protected void onSizeChanged(int w, int h, int oldw, int oldh) {
        super.onSizeChanged(w, h, oldw, oldh);
        centerX = w/2;        //将 View 的宽度和高度折半,作为中心点
        centerY = h/2;
    }
}
```

打开 MainActivity 所对应的布局文件 activity_main.xml，将原有的 TextView 类的名称修改为自定义的 MyView 类，然后设置宽度、高度为 match_parent，那么 MyView 组件将充满整个 Activity。另外设定 MyView 组件的背景属性 background 为黑色，便于观察其所占的区域。

```
<android.support.constraint.ConstraintLayout xmlns:android="http://schemas.android.com/apk/res/android"
    xmlns:app="http://schemas.android.com/apk/res-auto"
    xmlns:tools="http://schemas.android.com/tools"
    android:layout_width="match_parent"
    android:layout_height="match_parent"
    tools:context=".MainActivity" >

    <com.example.administrator.myviewexample.MyView
        android:layout_width="match_parent"
        android:layout_height="match_parent"
        android:background="@android:color/black" />

</android.support.constraint.ConstraintLayout>
```

运行程序后就可以看到如图 6-6 所示的效果，从黑色区域可以看出，整个 Activity 被 MyView 充满，界面显示向中心收缩的白色和蓝色边框。

图6-6　自定义组件 MyView 运行效果图

【提示】前面已经实现了向内收缩的正方形，请思考：
onDraw 方法中的 for 循环是从 5 向 1 不断递减的，如果是从 1 向 5 不断递增是否可以？
for(int i =1; i< =5; i++)

任务实施

一、子任务分析

前面学习了自定义 View 组件的相关方法，下面开始来实现贪吃蛇游戏的第一个子任务。首先要了解贪吃蛇游戏的数据结构，通过什么样的数据结构可以描述贪吃蛇游戏？这就需要仔细分析游戏里面的元素。可以将贪吃蛇界面抽象化，如图 6-7 所示，贪吃蛇游戏本质上就是由很多小方格组成的一个游戏区域，一个食物占据一个小方格，而蛇由多段身体组成，每段身体占据一个小方格。

贪吃蛇游戏具有三个明确的要素：

- 游戏区域：游戏区域由 regionWidth × regionHeight 个单元格组成，regionWidth 为游戏区域中横向单元格数，regionHeight 为纵向单元格数。而每个单元格是固定尺寸的正方形，定义每个正方形的边长为 BLOCKSIZE。
- 蛇：蛇由多段身体组成，也就是身长。每段身体占据一个单元格，这意味着需要定义蛇每段身体的坐标。另外不能忽略的是，蛇是具有游动方向的（上下左右四个方向）。
- 食物：食物只占有一个单元格，需要描述食物的坐标。

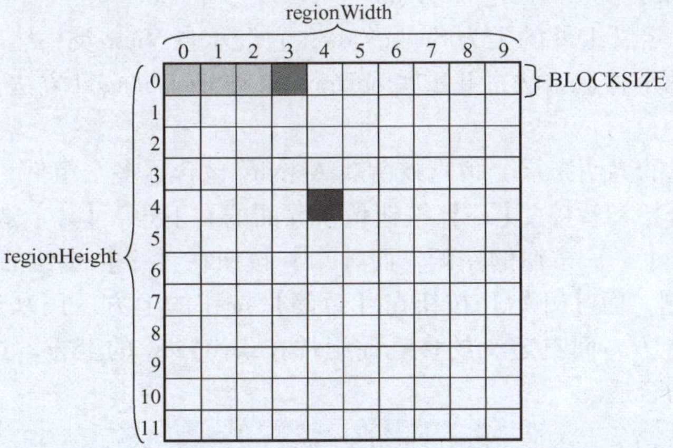

图 6-7　游戏区域示意图

表 6-2 列举了这些元素所对应的数据结构。

表 6-2　贪吃蛇游戏的数据结构

属　　性	说　　明
final int BLOCKSIZE;	单元格的边长（像素为单位）
int regionWidth，regionHeight;	游戏区域的范围（单元格为单位）
int snakeLen;	蛇的长度
int[ ]snakeX，snakeY;	蛇的身体坐标
int snakeDir;	蛇游动的方向
int foodX，foodY;	食物的坐标
int foodCnt;	已经吃到的食物个数

需要特别说明的是 BLOCKSIZE、regionWidth 和 regionHeight 的单位，BLOCKSIZE 以像素为单位，而 regionWidth 和 regionHeight 以单元格为单位。假定一个单元格为 50×50 像素大小，以图 6-7 为例，regionWidth = 10，regionHeight = 12（游戏区域中，横向有 10 个单元格，纵向有 12 个单元格），那么整个游戏区域包含 10×12 个单元格，如果要换算为像素，游戏区域占据了 500×600 个像素。

另外定义左上角单元格为游戏区域的原点，坐标为（0，0），原点向右 X 轴坐标增加，原点向下 Y 轴坐标增加，那么食物所在的坐标为（4，4），mFoodX 和 mFoodY 的值应该均为 4。

蛇的身长 mSnakeLen 为 4，蛇头的坐标为（3，0），蛇尾的坐标为（0，0）。

【提示】目前使用的是两个整型变量来描述一个位置的 X 和 Y 坐标，实际上也可以使用 Point 类，如果感兴趣可以试试。

二、界面布局

1. 创建项目

首先创建一个 Android 应用项目，取名为 SnakeGame，默认的 Activity 为 MainActivity，

其对应的 XML 布局文件为 activity_main. xml。

然后添加一个自定义组件的类为 SnakeView，它继承自 View 类，然后单击菜单【Code⇒Generate...】创建两个构造方法，并重写 onDraw 和 onSizeChanged 方法。

2. 界面布局

分析图 6-1 所示的界面布局，贪吃蛇游戏 Activity 包含了多个组件，在底部为六个按钮，分别是上下左右、开始和暂停。【→】按钮位于界面的右下角，【↓】按钮在【→】按钮的左侧，【←】按钮在【↓】按钮的左侧，而【↑】按钮在【↓】按钮的上方。【暂停】按钮在【←】按钮的左侧，而【开始】按钮在【暂停】按钮的上方。用来记录分数的 TextView 在【暂停】按钮的上方，而自定义的贪吃蛇组件在 TextView 的上方。这样复杂的关系，无疑采用约束布局最为合适。

```
<?xml version="1.0" encoding="utf-8"?>
<android.support.constraint.ConstraintLayout xmlns:android="http://schemas.android.com/apk/res/android"
    xmlns:tools="http://schemas.android.com/tools"
    android:layout_width="match_parent"
    android:layout_height="match_parent"
    xmlns:app="http://schemas.android.com/apk/res-auto">

    <Button
        android:id="@+id/buttonRight"
        android:layout_width="wrap_content"
        android:layout_height="wrap_content"
        android:text="→"
        app:layout_constraintBottom_toBottomOf="parent"
        app:layout_constraintEnd_toEndOf="parent"/>

    <Button
        android:id="@+id/buttonDown"
        android:layout_width="wrap_content"
        android:layout_height="wrap_content"
        android:text="↓"
        app:layout_constraintBottom_toBottomOf="parent"
        app:layout_constraintEnd_toStartOf="@+id/buttonRight" />

    <Button
        android:id="@+id/buttonLeft"
        android:layout_width="wrap_content"
        android:layout_height="wrap_content"
```

```
        android:text = "←"
        app:layout_constraintBottom_toBottomOf = "parent"
        app:layout_constraintEnd_toStartOf = "@+id/buttonDown"/>
    <Button
        android:id = "@+id/buttonUp"
        android:layout_width = "wrap_content"
        android:layout_height = "wrap_content"
        android:text = "↑"
        app:layout_constraintBottom_toTopOf = "@+id/buttonDown"
        app:layout_constraintStart_toStartOf = "@+id/buttonDown"/>
    <Button
        android:id = "@+id/buttonPause"
        android:layout_width = "0dp"
        android:layout_height = "wrap_content"
        app:layout_constraintStart_toStartOf = "parent"
        app:layout_constraintBottom_toBottomOf = "parent"
        app:layout_constraintEnd_toStartOf = "@+id/buttonLeft"
        android:text = "暂停" />
    <Button
        android:id = "@+id/buttonStart"
        android:layout_width = "0dp"
        android:layout_height = "wrap_content"
        app:layout_constraintStart_toStartOf = "parent"
        app:layout_constraintBottom_toTopOf = "@+id/buttonPause"
        app:layout_constraintEnd_toStartOf = "@+id/buttonLeft"
        android:text = "开始" />
    <TextView
        android:id = "@+id/textView_Score"
        android:layout_width = "wrap_content"
        android:layout_height = "wrap_content"
        app:layout_constraintStart_toStartOf = "parent"
        app:layout_constraintBottom_toTopOf = "@+id/buttonStart"
        android:text = "分数:0    最高分数:0"
        android:textAppearance = "?android:attr/textAppearanceLarge" />
    <com.example.administrator.snakegame.SnakeView
        android:id = "@+id/snakeView"
        android:layout_width = "0dp"
        android:layout_height = "0dp"
```

```
            app:layout_constraintStart_toStartOf = "parent"
            app:layout_constraintEnd_toEndOf = "parent"
            app:layout_constraintTop_toTopOf = "parent"
            app:layout_constraintBottom_toTopOf = "@+id/textView_Score" />
    </android.support.constraint.ConstraintLayout>
```

其中 com. example. administrator. snakegame. SnakeView 是自定义组件的完整类名（项目的包名加上类名），它位于 TextView 的上方，并充满整个容器的剩余部分。

三、功能实现

1. 成员变量

在子任务分析中，已经解析出了所需要的成员变量，考虑到游戏各个部分绘制的颜色不同，还定义了四种画笔，四个静态常量用来表示蛇游动的四个方向。另外确定单元格的大小为 50×50 个像素。

```
private final int BLOCKSIZE = 50;        //单元格固定为 50×50 个像素大小
private int regionWidth, regionHeight;   //游戏区域:横向、纵向占据的单元格个数
private int snakeLen;                    //蛇的长度(包含蛇头)
private int[] snakeX = new int[100];     //蛇的 X 坐标数组
private int[] snakeY = new int[100];     //蛇的 Y 坐标数组
private int snakeDir;                    //蛇的方向
private int foodX, foodY;                //食物的 X 和 Y 坐标
private int foodCnt;                     //已经吃到的食物个数

private Paint ptBackground = new Paint();  //用于绘制背景的画笔
private Paint ptHead = new Paint();      //用于绘制蛇头的画笔
private Paint ptBody = new Paint();      //用于绘制蛇身的画笔
private Paint ptFood = new Paint();      //用于绘制食物的画笔

public static final int DIR_UP = 0;      //蛇方向:向上
public static final int DIR_RIGHT = 1;   //蛇方向:向右
public static final int DIR_DOWN = 2;    //蛇方向:向下
public static final int DIR_LEFT = 3;    //蛇方向:向左
```

【试一试】使用数组的第 0 个元素表示蛇头坐标，蛇身长增加时，多出来的蛇身体将放在数组后面的元素中。但是定义的数组大小是有限的，如果超过了数组元素最大个数，势必会造成数组越界。如果使用 List<T>类来管理蛇身体就会灵活很多，可以试一试。

2. 构造方法

目前已经添加了两个构造方法，现在需要添加代码进行一些游戏变量的初始化。为了让程序容易看到效果，假设蛇和食物的初始位置如图 6-7 所示。

首先定义了一个 initGame 方法，用于进行游戏的初始化，在该方法中初始化四只画笔的颜色，以及蛇的坐标、游动方向、食物的初始坐标等信息。为了确保 SnakeView 组件在创建时就能够初始化相关变量，在两个构造方法中均调用了 initGame 方法。

```
public SnakeView(Context context) {
    super(context);
    initGame();
}

public SnakeView(Context context, @Nullable AttributeSet attrs) {
    super(context, attrs);
    initGame();
}

private void initGame()
{
    snakeLen = 4;                   //初始化蛇的四段身体
    snakeX[0] = 3;
    snakeY[0] = 0;
    snakeX[1] = 2;
    snakeY[1] = 0;
    snakeX[2] = 1;
    snakeY[2] = 0;
    snakeX[3] = 0;
    snakeY[3] = 0;
    foodX = 4;                      //初始化食物的坐标
    foodY = 4;
    foodCnt = 0;                    //蛇吃到的食物数清零
    snakeDir = DIR_RIGHT;           //蛇初始向右游动

    ptBackground.setColor(Color.argb(255, 0, 0, 0));
    ptHead.setColor(Color.argb(255, 255, 0, 0));
    ptBody.setColor(Color.argb(255, 255, 211, 55));
    ptFood.setColor(Color.argb(255, 0, 11, 255));
}
```

3. 游戏区域的计算

目前每个单元格占据 50×50 个像素，但是手机的屏幕分辨率是不同的，这就意味着不同手机，游戏区域的横向和纵向单元格个数会不同。为了能够自动计算游戏区域的大小，需要重写 onSizeChanged 方法，该方法在组件大小发生变化时会被自动调用。其中 w 和 h 为组件当前占据屏幕的尺寸（单位为像素），通过 w/BLOCKSIZE 和 h/BLOCKSIZE，可以计算出游戏区域横向和纵向所包含的单元格个数。

```
@ Override
protected void onSizeChanged(int w, int h, int oldw, int oldh) {
    super.onSizeChanged(w, h, oldw, oldh);
    regionWidth = w / BLOCKSIZE;
    regionHeight = h / BLOCKSIZE;
}
```

4. 游戏元素的绘制

仔细分析游戏，无论是游戏区域，还是蛇和食物，本质上都是绘制单元格，食物和蛇的每段身体均占据一个单元格也就是一个正方形，而游戏区域占据 regionWidth × regionHeight 个单元格。

定义一个方法 drawBlock 绘制单元格，前两个参数 x 和 y 是指单元格位于游戏区域的坐标，xCnt 和 yCnt 为在横向和纵向上占据的单元格数，p 和 c 分别为画笔和画布。

```
private void drawBlock(int x, int y, int xCnt, int yCnt, Paint p, Canvas c)
{
    c.drawRect(x * BLOCKSIZE, y * BLOCKSIZE,
            (x + xCnt) * BLOCKSIZE, (y + yCnt) * BLOCKSIZE, p);
}
```

如图 6-8 所示，就是以（2，4）坐标为起点，绘制 3 × 2 大小的单元格，画笔为蓝色，可以使用 drawBlock（2，4，3，2，ptBlue，canvas）的参数实现。

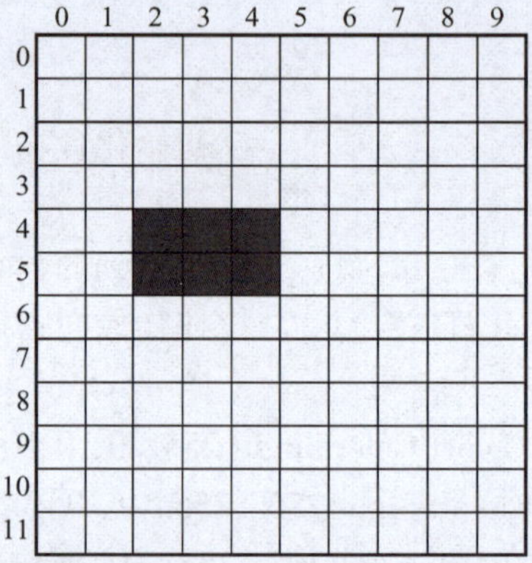

图 6-8 drawBlock 方法示例图

基于 drawBlock 方法，重写 onDraw 方法，进行游戏元素的绘制。由于 drawBlock 方法的参数均是基于游戏区域的坐标体系，onDraw 的实现就会方便很多。

```
@ Override
protected void onDraw(Canvas canvas) {
    super.onDraw(canvas);
```

```
        //绘制游戏区域背景
        drawBlock(0, 0, regionWidth, regionHeight, ptBackground, canvas);

        //绘制食物
        drawBlock(foodX, foodY, 1, 1, ptFood, canvas);

        //绘制蛇,蛇头和蛇身采用不同颜色的画笔
        for(int i = 0; i < snakeLen; i ++)
            drawBlock(snakeX[i], snakeY[i], 1, 1, i == 0? ptHead:ptBody, canvas);
    }
```

其中游戏区域使用 ptBackground 画笔，从（0，0）坐标开始绘制 regionWidth × regionHeight 个单元格，而食物和蛇均是根据食物和蛇的坐标绘制 1 个单元格。需要说明的是，蛇头和蛇身的颜色不同，采用不同的画笔即可。

【提示】注意元素绘制顺序是非常重要的，如果将背景绘制放在最后，会发生什么现象？

5. 运行游戏

编码完成运行，就可以看到一条静止的蛇和食物出现在游戏区域上了，如图 6-9 所示。

如果仔细观察的话，会发现游戏区域右侧出现了一段白色区域，这是由于 regionWidth = w / BLOCKSIZE 进行整除后，SnakeView 组件占据左上角区域后，余下一部分没有被绘制。比如 SnakeView 占据了 1440 × 2020 的像素，通过整除 regionWidth = 1440/50 = 28，regionHeight = 2020/50 = 40，实际上游戏背景区域仅占用了横向（regionWidth × 50）= 1400，纵向（regionHeight × 50）= 2000 的范围，也就是说 1440 × 2020 的 SnakeView 组件区域中 1400 × 2000 的范围被绘制，右侧 40 和下侧 20 的区域是留白的。

为了让游戏区域能够占据 SnakeView 组件的中心，可以定义两个整型的成员变量 regionOffsetX 和 regionOffsetY 实现游戏区域的偏移。在 onSizeChanged 中，将右侧和下侧的留白除以 2，赋值给 regionOffsetX 和 regionOffsetY。

图 6-9　游戏运行效果图

```
protected void onSizeChanged(int w, int h, int oldw, int oldh) {
        super.onSizeChanged(w, h, oldw, oldh);
        regionWidth = w / BLOCKSIZE;
        regionHeight = h / BLOCKSIZE;
```

```
        regionOffsetX = ( w-regionWidth * BLOCKSIZE)/2;
        regionOffsetY = ( h-regionHeight * BLOCKSIZE)/2;
    }
```

另外修改 drawBlock 方法，单元格的绘制偏移，其实就是向右偏移 regionOffsetX，向下偏移 regionOffsetY，进行游戏区域偏移后的运行效果图如图 6-10 所示。

```
    private void drawBlock( int x, int y, int xCnt, int yCnt, Paint p, Canvas c)
    {
        c.drawRect( x * BLOCKSIZE + regionOffsetX, y * BLOCKSIZE + regionOffsetY,
            ( x + xCnt) * BLOCKSIZE + regionOffsetX, ( y + yCnt) * BLOCKSIZE + re-
gionOffsetY, p);
    }
```

图 6-10　进行游戏区域偏移后的运行效果图

子任务 2　贪吃蛇的游动和控制

支撑知识

现在我们拥有了一条静止的蛇，接下来的任务是让蛇游起来，并能够实现对贪吃蛇游戏的控制。为了让贪吃蛇游动起来，需要启动定时器，周期性地控制其游动。另外，当单击

【开始】按钮、【暂停】按钮以及上下左右按钮时，需要控制贪吃蛇组件，这就需要为贪吃蛇组件编写方法，以方便 Activity 来控制该组件。而当蛇吃到食物时，需要通知 Activity 最新的分数，从而更新 TextView 的分数显示，这种组件内部发生事件需要通知组件外部的机制，本质上就是监听器。

下面介绍定义组件的方法和监听器。

大家都使用过 Button 组件，Button 组件提供了很多方法可以设定它的属性，如 setText 方法可以设定按钮上显示的文本。组件外部（比如 Activity）通过调用组件提供的方法，可以实现对组件内部的控制（如 Button 按钮上显示的文字发生了变化）。

如果 Activity 设定了 Button 按钮的单击监听器，可以在单击监听器 View. OnClickListener 中的 onClick 方法中添加一段代码显示 Toast。每当用户单击 Button 按钮，Button 内部监测到单击事件，就会触发 onClick 方法，Activity 中就弹出了 Toast。这种组件发生了某个事件，从而驱动外部行为的机制称为监听器机制。如图 6-11 所示，方法的调用和监听器触发的机制方向相反，一个由外部控制内部处理，一个由内部触发外部处理。自定义组件也是一样，也需要提供方法给外部调用，同样也需要提供监听器，当组件内部发生某些事件时能够及时通知外部 Activity 做一些处理。

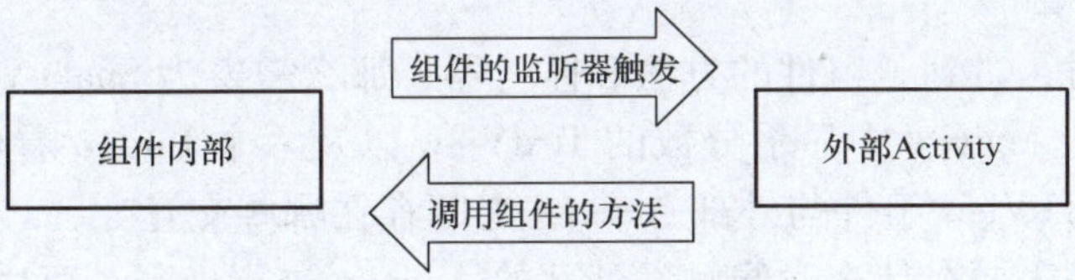

图 6-11　组件的方法和监听器

定义方法比较简单，只需要在自定义组件类中定义 public 的方法即可。而监听器机制的实现相对复杂，需要以下几个步骤：

- 在自定义组件内部定义一个 public 的接口，在该接口内定义抽象方法。
- 在自定义组件内部申明该接口的对象，当发生事件（比如检测到按钮被单击、CheckBox 被勾选）时，调用该对象的抽象方法。
- 在自定义组件内部定义 public 的方法，该方法含有一个接口类型的参数，外部 Activity 可以调用这个方法将创建的监听器传入到组件内部。

任务实施

一、子任务分析

1. 游戏状态

该任务是让贪吃蛇游戏真正能够运行起来，首先需要分析游戏的几种状态：

- 运行状态：蛇开始游动，并且可以接受玩家的控制。
- 暂停状态：蛇暂停游动，此时玩家的方向控制是无效的，玩家仅可以继续游戏。
- 死亡状态：游戏结束状态，玩家仅可以重新开启游戏，不可以进行方向控制。

游戏的状态是动态变化的，发生了某个事件后导致游戏状态的改变，如图 6-12 所示，游戏的初始状态为暂停状态，玩家单击【开始】按钮后进入运行状态，再次单击【暂停】按钮又会回到暂停状态。

当游戏处于运行状态时，如果蛇撞墙，则游戏进入死亡状态。

当游戏处于死亡状态时，玩家单击【开始】按钮，游戏将重新初始化进入运行状态。

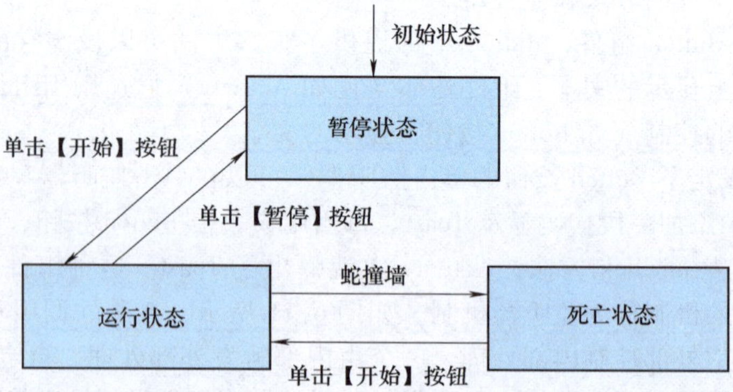

图 6-12 游戏状态切换图

2. 方法和监听器

子任务 2 开始时，讲到了组件的方法和监听器，那么需要为 SnakeView 组件定义什么方法和监听器？可以把 Activity 中显示分数的 TextView 以及六个 Button 看作是 SnakeView 的外部，这便于分析 SnakeView 组件与外部 Activity 之间存在哪些交互。

首先分析贪吃蛇需要在什么时候触发外部的 Activity 进行处理，可以归纳出以下几点：

- 贪吃蛇吃到食物时需要通知外部 Activity 进行分数 TextView 的更新。
- 贪吃蛇撞墙时，需要通知外部 Activity 进行游戏结束的处理，如弹出 Dialog 输入玩家信息等。

这两个事件发生的时间点是不同的，可以创建两个监听器，分别监听蛇吃到食物和蛇死亡的事件，见表 6-3。

表 6-3 贪吃蛇组件的监听器

监 听 器	说 明

public interface OnSnakeEatFoodListener {
void OnSnakeEatFood (int foodcnt);
}
	该监听器会在蛇吃到食物时触发，接口中抽象方法的参数为当前蛇吃到食物的个数

public interface OnSnakeDeadListener {
void OnSnakeDead();
}
	该监听器会在蛇撞墙时触发，接口中抽象方法无需参数

那么外部 Activity 会对 SnakeView 组件进行什么控制？包括以下几种控制方式：

- 对贪吃蛇游戏的开始和暂停。
- 对贪吃蛇方向的控制。
- 设定贪吃蛇的监听器对象，即将 Activity 中创建的监听器传入 SnakeView 中。

考虑到这些情况，可以提供表 6-4 中的 public 方法，以便外部 Activity 调用。

表 6-4　贪吃蛇组件的主要方法

属　性	说　明
public void startGame( )	开始游戏： 如果游戏处于运行状态，调用该方法无效 如果游戏处于死亡状态，将重新初始化运行游戏 如果游戏处于暂停状态，将恢复游戏运行
public void pauseGame( )	暂停游戏： 游戏处于运行状态时，会暂停游戏 其他状态时，调用该方法无效
public void controlGame(int dir)	游戏处于运行状态时，调用该方法可以控制蛇游动的方向，参数为上下左右四个方向 其他状态时，调用该方法无效
void setOnSnakeEatFoodListener (OnSnakeEatFoodListener listener)	该方法可以设定蛇吃到食物的监听器对象
void setOnSnakeDeadListener (OnSnakeDeadListener listener)	该方法可以设定蛇死亡的监听器对象

二、组件功能实现

1. 成员变量

本子任务需要完成贪吃蛇的状态控制、蛇的定时游动。周期性的工作可以交给子线程和 Handler 配合来实施，首先定义了与子线程相关的成员变量，thread 为调度周期性任务的子线程，handler 为主 UI 线程中处理消息的 Handler 对象，MSG_MOVE 是子线程将要向 Handler 发送的消息编号。

```
private Thread thread = null;                //周期性任务的子线程
private Handler handler = null;              //子线程与 UI 线程交互的 Handler
private final int MSG_MOVE = 1;              //蛇周期性游动的消息 ID
```

然后定义游戏状态所对应的成员变量 gameStatus，并定义了三个静态常量分别代表游戏的运行、死亡和暂停状态：

```
private int gameStatus;                      //游戏状态
private final int STATUS_RUN    = 1;         //运行状态
private final int STATUS_DEAD = 2;           //死亡状态
private final int STATUS_PAUSE = 3;          //暂停状态
```

2. 蛇定时游动的实现

（1）创建定时器

SnakeView 类创建时就启动了子线程，子线程是一个死循环，每隔一定的时间会向主 UI 线程发送消息，主 UI 线程判断游戏的状态来决定是否移动蛇。

考虑到游戏从死亡状态重新开始时，需要重新初始化蛇、食物的位置，而不需要再次启动子线程，也不需要重新设定画笔的颜色，可以将 initGame 中初始化蛇和食物的处理独立放在 initSnake 的新方法中，以便复用。

```
private void initSnake()
{
    snakeLen = 4;                  //蛇初始状态有四段身体
    snakeX[0] = 3;
    snakeY[0] = 0;
    snakeX[1] = 2;
    snakeY[1] = 0;
    snakeX[2] = 1;
    snakeY[2] = 0;
    snakeX[3] = 0;
    snakeY[3] = 0;
    foodX = 4;                     //初始化食物的坐标
    foodY = 4;
    foodCnt = 0;                   //蛇吃到的食物数清零
    snakeDir = DIR_RIGHT;          //蛇初始向右游动
}
```

在 initGame 中，调用 initSnake 方法初始化游戏元素的位置，保留画笔初始化代码，并添加初始化游戏状态为暂停、启动子线程和初始化 Handler 的处理。从代码可以清晰地看出，子线程每隔 500ms 发送 MSG_MOVE 消息给 handler，handler 收到消息后会调用 snakeMove 方法控制蛇的定期游动。

snakeMove 是自定义的方法，根据游戏状态和蛇的方向来重绘蛇的位置这将在下一小节中实现。

```
private void initGame()
{
    initSnake();
    ptBackground.setColor(Color.argb(255, 0, 0, 0));
    ptHead.setColor(Color.argb(255, 255, 0, 0));
    ptBody.setColor(Color.argb(255, 255, 211, 55));
    ptFood.setColor(Color.argb(255, 0, 11, 255));

    gameStatus = STATUS_PAUSE;
    handler = new Handler()
    {
        @Override
        public void handleMessage(Message msg)
        {
```

```
                switch (msg.what)
                {
                    case MSG_MOVE:
                        snakeMove();
                        break;
                    default:
                        break;
                }
            }
        };

        thread = new Thread(new Runnable() {
            @Override
            public void run() {
                while(true)
                {
                    try {
                        Thread.sleep(500);
                    } catch (InterruptedException e) {
                        e.printStackTrace();
                    }

                    Message message = new Message();
                    message.what = MSG_MOVE;
                    handler.sendMessage(message);
                }
            }
        });
        thread.start();
    }
```

（2）蛇的游动

蛇游动的规律比较简单，身体的游动是连续的，就是后一段身体跟随前一段身体游动。首先根据蛇的方向计算蛇头的最新位置，然后蛇身体需要依次向前游动形成身体连续挪动的效果。本质上新位置中第 N 段身体的坐标就是旧位置第 N－1 段身体的坐标，如图 6-13 所示。

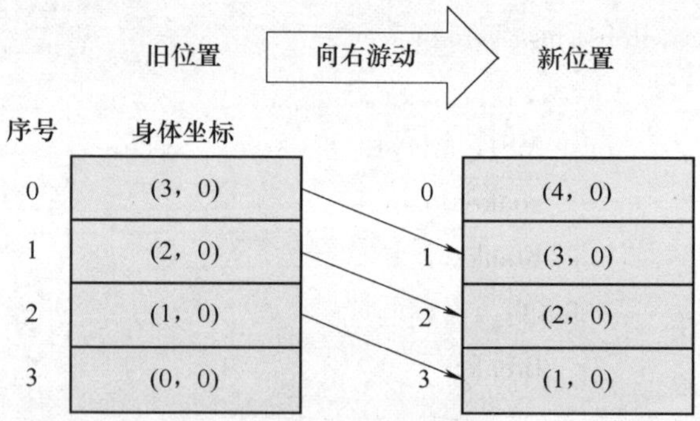

图 6-13　蛇身体游动的规律

```
private void snakeMove( )
{
    //如果游戏处于运行以外的状态，不进行蛇的游动
    if(gameStatus != STATUS_RUN)
        return;
    int newheadx = 0, newheady = 0;
    //计算蛇头新的位置
    switch(snakeDir)
    {
        case DIR_UP:
            newheadx = snakeX[0];
            newheady = snakeY[0] - 1;
            break;
        case DIR_RIGHT:
            newheadx = snakeX[0] + 1;
            newheady = snakeY[0];
            break;
        case DIR_DOWN:
            newheadx = snakeX[0];
            newheady = snakeY[0] + 1;
            break;
        case DIR_LEFT:
            newheadx = snakeX[0] - 1;
            newheady = snakeY[0];
            break;
        default:
            return;
    }
```

```
//判断蛇头是否超过游戏区域,如果超过游戏区域更改游戏状态
if( newheadx  <0 ||newheadx  > = regionWidth ||
        newheady  <0 ||newheady  > = regionHeight)
{
    gameStatus = STATUS_DEAD;
    return;
}

//判断蛇是否吃到食物,如果吃到食物则将身长增加,并随机生成下一个食物
//的位置
if( newheadx == foodX && newheady == foodY)
{
    Random random = new Random( );
    foodX = random. nextInt( regionWidth) ;
    foodY = random. nextInt( regionHeight) ;
    snakeLen ++ ;
    foodCnt ++ ;
}

//挪动蛇身的位置
for( int i = snakeLen - 1; i >0; i -- )
{
    snakeX[ i] = snakeX[ i - 1] ;
    snakeY[ i] = snakeY[ i - 1] ;
}

//设定蛇头的新位置
snakeX[ 0] = newheadx;
snakeY[ 0] = newheady;
//触发 onDraw 进行重绘
invalidate( ) ;
}
```

整个代码虽然有点长，但是基本上可以分为以下几个步骤，如图 6-14 所示，先计算蛇头新的位置，然后判断新的位置是否超过边界，如果超过边界则终止游戏；如果蛇头新的位置与食物重合，则通过随机函数生成下一个食物，并更新蛇身长和吃到的食物个数；最后进行蛇身体和蛇头位置的移动，为了触发 onDraw 重绘蛇，还调用了 invalidate 方法。

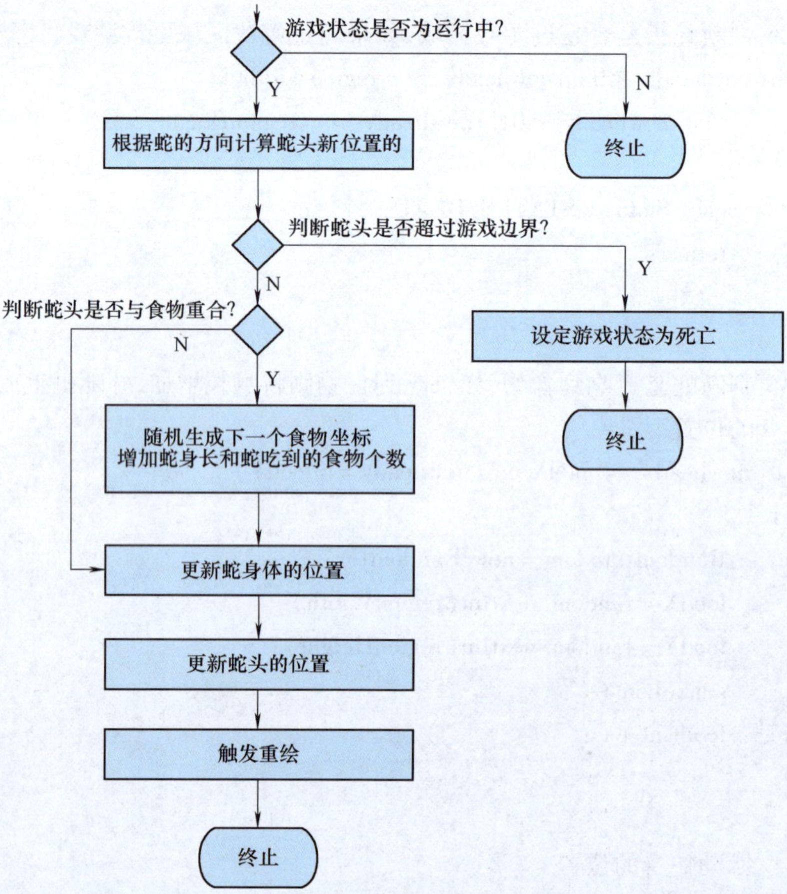

图 6-14　蛇身体游动的流程图

【提示】流程图中几个处理之间的先后顺序是有讲究的，请思考以下几个问题：

- 如果将更新蛇身体和蛇头位置的处理顺序调换，会发生什么情况？
- 如果将更新蛇身体和蛇头位置的处理放到游戏结束判断之前，会发生什么情况？
- 挪动蛇位置的代码循环是递减的，本质上是从蛇尾向蛇头更新蛇身坐标，如果循环修改为递增是否可以？

3. 方法实现

在任务分析中，就已经分析了需要提供多个方法以方便外部 Activity 对 SnakeView 组件的控制。首先是 startGame( ) 和 pauseGame( ) 两个方法，分别实现游戏的开始和暂停。参照表 6-4 startGame( ) 方法需要考虑对游戏的不同状态进行处理，当游戏处于死亡状态时，会将蛇和食物进行初始化重新开始游戏；当游戏处于暂停状态时，会将游戏切换到运行状态。pauseGame( ) 方法只有当游戏处于运行状态时才会将游戏切换到暂停状态。

```
public void startGame( )
{
    switch(gameStatus)
```

```
    {
        case STATUS_DEAD:
            initSnake();
            gameStatus = STATUS_RUN;
            //触发 onDraw 进行重绘
            invalidate();
            break;
        case STATUS_PAUSE:
            gameStatus = STATUS_RUN;
            break;
        default:
            break;
    }
}

public void pauseGame()
{
    if(gameStatus == STATUS_RUN)
    {
        gameStatus = STATUS_PAUSE;
    }
}
```

另外，还提供了 controlGame()方法用于控制蛇游动的方向，只有当游戏处于运行状态时才会改变蛇游动的方向。

```
public void controlGame(int dir)
{
    if(gameStatus != STATUS_RUN)
        return;

    switch(dir)
    {
        case DIR_UP:
        case DIR_RIGHT:
        case DIR_DOWN:
        case DIR_LEFT:
            snakeDir = dir;
```

```
            break;
        default:
            break;
    }
}
```

4. 监听器实现

需要实现两个监听器，首先申明两个监听器的接口如下。由于蛇吃到食物需要传递食物的个数，所以 OnSnakeEatFood 方法中定义了参数 foodcnt。

```
public interface OnSnakeEatFoodListener {
    void OnSnakeEatFood(int foodcnt);
}

public interface OnSnakeDeadListener {
    void OnSnakeDead();
}
```

接着为两个监听器接口申请两个成员变量。

```
private OnSnakeEatFoodListener snakeEatFoodListener; //蛇吃到食物的监听器
private OnSnakeDeadListener snakeDeadListener;        //游戏结束的监听器
```

然后创建了两个 public 的方法，外部 Activity 可以将创建的监听器对象赋值给 SnakeView 组件的监听器成员变量。

```
public void setOnSnakeEatFoodListener(OnSnakeEatFoodListener listener)
{
    snakeEatFoodListener = listener;
}

public void setOnSnakeDeadListener(OnSnakeDeadListener listener)
{
    snakeDeadListener = listener;
}
```

最后需要在合适的时机调用触发监听器的方法，从而通知外部 Activity 进行相关处理。首先是 OnSnakeEatFoodListener 监听器，希望游戏分数发生变化时通知外部 Activity，当蛇吃到食物时游戏分数会增加，需要在 snakeMove() 方法中调用监听器 SnakeDeadListener 的方法。

```
        if(newheadx == foodX && newheady == foodY)
        {
            Random random = new Random();
```

```
            foodX = random.nextInt(regionWidth - 1);
            foodY = random.nextInt(regionHeight - 1);
            snakeLen++;
            foodCnt++;

            if(snakeEatFoodListener != null)
                snakeEatFoodListener.OnSnakeEatFood(foodCnt);
        }
```

另外，当游戏从死亡状态再次开始时游戏分数会清零，也需要通知外部 Activity 更新分数，所以在 startGame()方法中调用该监听器。

```
    public void startGame()
    {
        switch(gameStatus)
        {
            case STATUS_DEAD:
                initSnake();
                gameStatus = STATUS_RUN;
                invalidate();
                if(snakeEatFoodListener != null)
                    snakeEatFoodListener.OnSnakeEatFood(foodCnt);
                break;
          ...
          }
    }
```

蛇超过游戏边界时，需要调用 OnSnakeDeadListener 监听器的方法。

```
        //判断蛇头是否超过游戏区域,如果超过游戏区域更改游戏状态
        if(newheadx < 0 || newheadx >= regionWidth ||
          newheady < 0 || newheady >= regionHeight)
        {
            gameStatus = STATUS_DEAD;
            if(snakeDeadListener != null)
                snakeDeadListener.OnSnakeDead();
            return;
        }
```

【提示】如果仔细观察成熟的贪吃蛇游戏，会发现很多游戏中贪吃蛇的蛇头一旦撞到了身体，游戏就会结束。这是预留的小任务，请思考如何编码实现该功能。

三、Activity 功能实现

实现了 SnakeView 组件的方法和监听器以及周期性游动的处理之后，需要在外部 Activity 中调用 SnakeView 类的方法和监听 SnakeView 组件的事件，实现游戏的开始、暂停、方向控制和分数显示的功能。

1. 成员变量

首先在 MainActivity 类中申明成员变量，从变量的名称就可以判断出这些变量所对应的组件：

```
Button button_start;
Button button_pause;
Button button_up;
Button button_down;
Button button_left;
Button button_right;
TextView textview_score;
SnakeView snakeview;
```

2. 获取组件对象

然后在 MainActivity 类的 onCreate 方法中通过 findViewById 获取各个组件对象，并为多个 Button 对象设定单击事件监听器。考虑到一共有六个按钮，让 MainActivity 实现 View. OnClickListener 单击监听器接口，并在 MainActivity 内部实现 onClick 方法，在该方法中通过 view 参数的 id 来判断是哪个按钮被单击，从而执行不同的处理。

```
public class MainActivity extends AppCompatActivity implements View.OnClickListener {
  @Override
   protected void onCreate(Bundle savedInstanceState) {
        super.onCreate(savedInstanceState);
        setContentView(R.layout.activity_main);

        button_start = (Button)this.findViewById(R.id.buttonStart);
        button_pause = (Button)this.findViewById(R.id.buttonPause);
        button_up = (Button)this.findViewById(R.id.buttonUp);
        button_down = (Button)this.findViewById(R.id.buttonDown);
        button_right = (Button)this.findViewById(R.id.buttonRight);
        button_left = (Button)this.findViewById(R.id.buttonLeft);
        textview_score = (TextView)this.findViewById(R.id.textView_Score);
        snakeview = (SnakeView)this.findViewById(R.id.snakeView);

        button_start.setOnClickListener(this);
        button_pause.setOnClickListener(this);
```

```
        button_up.setOnClickListener(this);
        button_down.setOnClickListener(this);
        button_right.setOnClickListener(this);
        button_left.setOnClickListener(this);
    }

    public void onClick(View view) {
        switch (view.getId())
        {
            case R.id.buttonStart:
                snakeview.startGame();
                break;
            case R.id.buttonPause:
                snakeview.pauseGame();
                break;
            case R.id.buttonUp:
                snakeview.controlGame(SnakeView.DIR_UP);
                break;
            case R.id.buttonDown:
                snakeview.controlGame(SnakeView.DIR_DOWN);
                break;
            case R.id.buttonLeft:
                snakeview.controlGame(SnakeView.DIR_LEFT);
                break;
            case R.id.buttonRight:
                snakeview.controlGame(SnakeView.DIR_RIGHT);
                break;
        }
```

3. 实现 SnakeView 组件的监听器

在 Activity 中实现对 SnakeView 组件的监听，本质上和实现 Button 的单击事件监听器一样简单，只要在 MainActivity 类的 onCreate 方法中，添加如下代码即可。贪吃蛇游戏结束时会触发 OnSnakeDead 方法，该方法会产生一个“Game Over”的 Toast；而当贪吃蛇分数发生变化时会触发 OnSnakeEatFood 方法，该方法会控制 TextView 显示最新的分数。

```
snakeview.setOnSnakeDeadListener(new SnakeView.OnSnakeDeadListener() {
    @Override
    public void OnSnakeDead() {
        // TODO Auto-generated method stub
```

```
                Toast.makeText(MainActivity.this, "Game Over!", Toast.LENGTH_SHORT).
show();
            }
        });

    snakeview.setOnSnakeEatFoodListener(new SnakeView.OnSnakeEatFoodListener() {
            @Override
            public void OnSnakeEatFood(int foodcnt) {
                // TODO Auto-generated method stub
                textview_score.setText("分数:" + foodcnt);
            }
        });
```

子任务 3　Top Ten 积分榜功能

支撑知识

目前贪吃蛇已经能够正常游动了，为了能够显示积分榜前十位的玩家信息（Top Ten 功能）和历史最高分数，需要将玩家的姓名和分数记录到终端的本地文件中。为了实现这个 Top Ten 功能，当然可以使用 SharedPreference 的方式，但是对于结构化的数据读写，数据库无疑是最合适的。

一、SQLite 数据库

1. 简介

SQLite 是一款轻量级的数据库，设计 SQLite 的初衷就是为了满足嵌入式产品存储数据的需求，由于嵌入式产品的内存资源有限，所以要求数据库占用资源非常低。SQLite 做到了这一点，它是目前嵌入式设备中较常见的数据库之一，只需要占用很少的内存，且支持 SQL 语句。

Android 为每个应用程序都安排了固定的数据库存放目录，即应用程序所在目录（/data/data/包名）下的 databases 目录。

2. 实践操作

下面将使用相关命令登录到 Android 内核，然后进入 SQLite 数据库，使用 SQL 语句进行数据库的创建、插入、删除、更新和查询。

（1）登录 Android 内核

可以尝试着手动操作 SQLite 数据库，如图 6-15 所示，首先打开 Android Studio 的 Terminal 窗口，输入 adb shell 命令。

输入该命令后，按回车键，如果出现如下的错误提示，请先运行 Android 虚拟机。

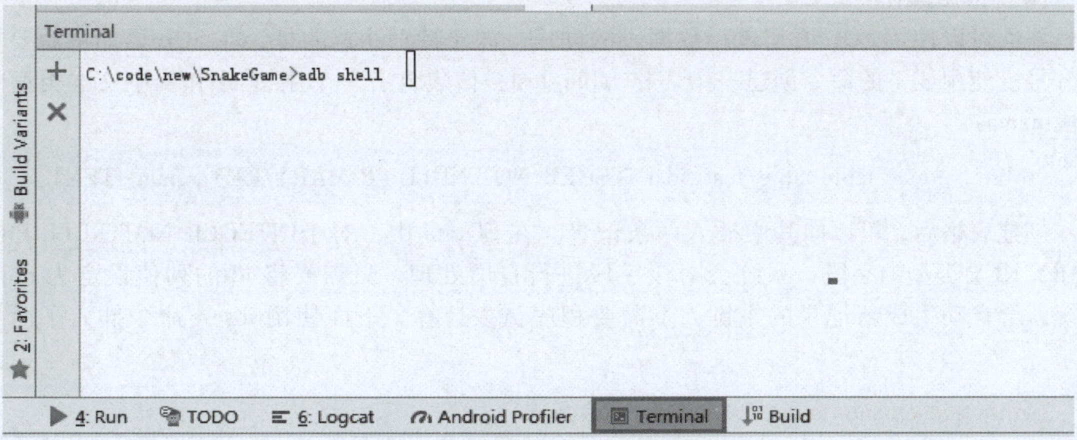

图 6-15　Android Studio 的 Terminal 窗口

```
C:\code\new\SnakeGame >adb shell
error: no devices/emulators found
```

Android 虚拟机运行正常后，再次输入命令会提示成功登录：

```
C:\code\new\SnakeGame >adb shell
generic_x86:/ $
```

（2）进入程序目录

新建一个 Android 项目，项目名为 test，项目的包名为 com.example.administrator.test，然后运行 test 项目至虚拟机。接着手动进入 Android 虚拟机的 Linux 内核，进行 SQLite 的数据库操作。在 Android 操作系统中，每个应用都有其对应的目录（/data/data/包名），可以尝试进入 test 项目的目录。

为了确保有足够的权限，可以先输入 su 命令切换到 root 用户，然后使用 cd 命令切换到对应的目录。

```
2|generic_x86:/ $ su
generic_x86:/ #
generic_x86:/ # cd /data/data/com.example.administrator.test
```

下面将一直在 test 项目目录中，手动进行 SQLite 数据库操作。

（3）创建数据库

在该目录中输入“sqlite3 数据库名”后，就会创建了一个数据库或者登录已有的数据库，进入 SQLite 数据库后，就可以使用 SQL 语句进行数据操作了。

```
generic_x86:/data/data/com.example.administrator.test # sqlite3 testdb
SQLite version 3.22.0 2018-01-22 18:45:57
Enter ".help" for usage hints.
sqlite >
```

(4) 数据操作

下面可以使用 SQL 语句进行数据表的创建，需要特别注意的是，在 SQL 语句最后要加上分号。使用如下的命令创建一个表格 table_test，该表含有一个主键 id 和一个文本类型的字段 name：

```
sqlite > create table table_test(id INTEGER NOT NULL PRIMARY KEY, name TEXT);
```

创建表格后，可以向其中插入两条记录。在 SQLite 中，对于INTEGER NOT NULL PRIMARY KEY 类型的字段，系统会对该字段进行自增处理，只需要将 id 的列值设定为 null，系统就会自动生成新记录的主键，不需要程序员去计算。下面使用 insert 命令插入了两条记录：

```
sqlite > insert into table_test values(null,'tom');
sqlite > insert into table_test values(null,'jack');
```

为了验证数据是否已经插入，使用 select 查询命令，可以看到两条记录已经在数据表中了，而且 id 是自动生成的：

```
sqlite > select * from table_test;
1|tom
2|jack
```

当需要更新数据时，可以使用 update 语句，下方的 SQL 语句是将“jack”的名字修改为“jovi”：

```
sqlite > update table_test set name ='jovi'where name ='jack';
```

当需要删除数据时可以使用 delete 语句，下方的 SQL 语句是将 id 为 1 的记录删除：

```
sqlite > delete from table_test where id = 1;
```

使用 select 语句进行查询会发现数据表中仅存有一条记录：

```
sqlite > select * from table_test;
2|jovi
```

(5) 其他命令

SQLite 还提供了其他命令实现不同的功能，【. tables】可以查看当前数据库中已有的数据表：

```
sqlite >. tables
table_test
```

【. schema 数据表名】可以查看某张表格的创建语句：

```
sqlite >. schema table_test
CREATE TABLE table_test(id INTEGER NOT NULL PRIMARY KEY, name TEXT);
```

如果希望学习更多的 SQLite 命令，可以使用【. help】命令进行深入学习。最后使用【. exit】退出 SQLite 环境，返回 Linux 内核后，输入 ls -1 查看当前目录中有什么内容，可以发现多了一个 testdb 文件，该文件就是刚才创建的 testdb 数据库。

```
sqlite >. exit
generic_x86:/data/data/com.example.administrator.test # ls  -l
total 20
drwxrws--x 2 u0_a86 u0_a86_cache   4096 2018-08-11 14:03 cache
drwxrws--x 2 u0_a86 u0_a86_cache   4096 2018-08-11 14:03 code_cache
-rw------- 1 root      root        12288 2018-08-11 14:22 testdb
```

二、SQLiteOpenHelper 和 SQLiteDatabase

1. 简介

熟悉了 SQL 语句和 Linux 的几个命令后，就可以手动操作 SQLite 数据库了，但是程序员的工作是编写代码来操作数据库的增删改查，Android 为此提供了 SQLiteOpenHelper 类和 SQLiteDatabase 类。

SQLiteOpenHelper 是一个抽象类，来管理数据库的创建和版本的升级，操作数据库首先要继承该类，并实现其中的 onCreate 和 onUpgrade 方法，这两个方法会在数据库需要创建或升级时被触发。每当某个程序尝试操作数据库，SQLiteOpenHelper 会检查该数据库文件是否存在于该程序的 databases 目录中，如果不存在就触发 onCreate 方法。如果 SQLiteOpenHelper 发现数据库文件存在，但是数据库文件的版本低于程序想要使用的数据库版本，则会触发 onUpgrade 方法。

如图 6-16 所示，SQLiteDatabase 类就是用来操作数据库的类，SQLiteOpenHelper 类的 onCreate 和 onUpgrade 方法都含有该类型的参数，通过 SQLiteDatabase 对象可以方便地实现数据库的创建、升级。另外，SQLiteDatabase 类还提供了对数据库进行增删改查的方法。

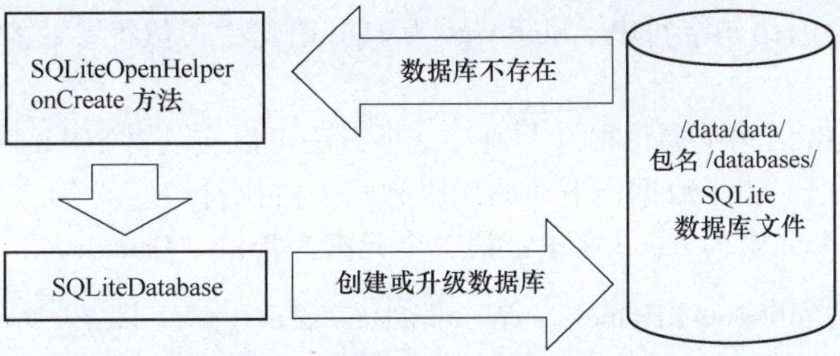

图 6-16　SQLiteOpenHelper 和 SQLiteDatabase 的关系图

2. 重要方法

首先介绍 SQLiteOpenHelper 类的主要方法。

（1）SQLiteOpenHelper 类：public SQLiteOpenHelper(Context context，String name，SQLiteDatabase. CursorFactory factory，int version)

功能：数据库的构造方法。

参数：context 为使用该数据库的上下文环境变量，name 为数据库名，factory 用于创建游标的对象，默认使用 null 即可，version 为数据库的版本号。

返回值：无。

（2）SQLiteOpenHelper 类：public abstract void onCreate(SQLiteDatabase db)

功能：创建 SQLiteOpenHelper 对象时，会通过参数传入数据库名。当程序调用 getWritableDatabase 时，系统检查该数据库文件是否存在，如果不存在就会触发 onCreate 方法，在该方法中一般编写数据库中各个数据表的创建代码。

参数：db 为数据库对象。

返回值：无。

（3）SQLiteOpenHelper 类：public abstract void onUpgrade(SQLiteDatabase db, int oldVersion, int newVersion)

功能：创建 SQLiteOpenHelper 对象时，会通过参数传入希望打开的数据库版本号。当程序调用 getWritableDatabase 方法或 getReadableDatabase 方法时，系统会检查该版本号是否高于数据库文件的当前版本号，如果是则代表数据库文件版本过低，会触发 onUpgrade 方法，在该方法中一般需要编写数据库升级的代码。

参数：db 为数据库对象，oldVersion 为旧版本号，newVersion 为新版本号。

返回值：无。

（4）SQLiteOpenHelper 类：public SQLiteDatabase getWritableDatabase()

功能：获得一个可以读写的数据库对象。如果第一次调用该方法，会打开数据库，如果发现数据库不存在或者版本过旧，会触发 onCreate 或 onUpgrade 方法。

参数：无。

返回值：数据库对象。

获取 SQLiteDatabase 对象后，就可以调用相关方法进行数据表的创建、升级以及数据的增删改查。

（5）SQLiteDatabase 类：public void execSQL(String sql, Object[] bindArgs)

功能：执行 SQL 语句（不包含返回数据的 SQL 语句，如不可以为 SELECT 语句）。

参数：sql 为 SQL 语句字符串，bindArgs 为 SQL 语句中占位符参数的值。

返回值：无。

示例：如果 SQL 语句掌握得很好，通过这个方法可以实现对 SQLite 数据库的表格创建、插入数据、更新数据、删除数据。下面的代码有两个占位符“?”，第二个参数为一个 String 类型的数组，第一个元素为 name 变量，第二个元素为常量“Canada”。

```
SQLiteDatabase db = openHelper.getWritableDatabase();
String name = "Nelson";
//向 table_person 表中插入一条记录(id,"Nelson","Canada"),其中 id 为自增变量
db.execSQL("insert into table_person values(?,?);", new String[]{name, "Canada"});
db.close();
```

（6）SQLiteDatabase 类：public long insert(String table, String nullColumnHack, ContentValues values)

功能：向表格中插入数据。

参数：table 为数据表的名称；

nullColumnHack 是插入空行时指定的列名，建议输入 null 即可；

values 为 ContentValues 类型，通过键值对的形式存储将要插入的数据。

返回值：无。

示例：

```
ContentValues values = new ContentValues();
values.put("name", "Nelson");                 // name 字段的值为 Nelson
values.put("address", "Canada");              //address 字段的值为 Canada
SQLiteDatabase db = openHelper.getWritableDatabase();
db.insert("table_person", null, values);      //向 table_person 表中插入一条记录
db.close();
```

（7）SQLiteDatabase 类：public int delete(String table, String whereClause, String[] whereArgs)

功能：从表格中删除数据。

参数：table 为数据表的名称；

whereClause 为 SQL 语句 DELETE 中的 WHERE 语句；

whereArgs 为 WHERE 语句中占位符参数的值。

返回值：无。

示例：

```
SQLiteDatabase db = openHelper.getWritableDatabase();
//从 table_person 表格中删除 name 为"Nelson"的记录
db.delete("table_person", "name = ?",new String[]{"Nelson"});
db.close();
```

（8）SQLiteDatabase 类：public int update(String table, ContentValues values, String whereClause, String[] whereArgs)

功能：更新表格中某条记录。

参数：table 为数据表的名称；

values 为 ContentValues 类型，通过键值对的形式存储将要更新的数据；

whereClause 为 SQL 语句 UPDATE 中的 WHERE 语句；

whereArgs 为 WHERE 语句中占位符参数的值。

返回值：无。

示例：

```
ContentValues values = new ContentValues();
values.put("address", "China");  //只需要向 ContentValues 放入需要更新的字段值
SQLiteDatabase db = helper.getWritableDatabase();
//将 table_person 表格中"Nelson"的地址更新为"China"
db.update("table_person", values, "name = ?", new String[]{"Nelson"});
db.close();
```

（9）SQLiteDatabase 类：public Cursor rawQuery(String sql, String[ ] selectionArgs)

功能：查询数据。

参数：sql 为 SELECT 语句；

selectionArgs 为 SELECT 语句中占位符参数的值。

返回值：SELECT 语句执行返回的数据集，通过 Cursor 可以访问数据集的每一行以及每列数据。

示例：

```
SQLiteDatabase db = openHelper. getWritableDatabase( ) ;
//从 table_person 表格中查询所有记录,由于没有占位符,第二个参数填写 null 即可
Cursor cursor = db. rawQuery( "select  *  from table_person" , null) ;
db. close( ) ;
```

三、Cursor 游标

1. 简介

对于数据库的查询有时会返回多条记录，这些记录形成一个数据集。如何读取这些数据？就需要用到 Cursor 对象（游标对象）。Cursor 类似于一个指针，指向返回的数据集，可以将数据集想象为一张表，通过 Cursor 的移动可以访问表格中的上一行或者下一行，定位到某一行后可以获取某列的数据。

如图 6-17 所示，从 table_person 表格中查询出 address 字段为“USA”的姓名和地址信息，得到右侧表格的三条记录。此时会返回一个 Cursor 对象指向右侧的数据集，通过调用 Cursor 的方法可以实现对返回数据集的访问，下面将以图 6-17 为例讲解 Cursor 类的方法。

id	name	address
1	Tom	USA
2	Nelson	Canada
3	Jack	USA
4	Chen	China
5	Jovi	USA
6	Kim	South Korea

select name, address from table_person where address="USA"

name	address
Tom	USA
Jack	USA
Jovi	USA

图 6-17　数据查询示意图

2. 重要方法

（1）Cursor 类：public boolean moveToFirst( )

功能：将游标指向数据集的第一行。

参数：无。

返回值：如果数据集为空则返回 false，否则为 true。

示例：

```
SQLiteDatabase db = openHelper.getWritableDatabase();
Cursor cursor = db.rawQuery("select name,address from table_person where address = ?",
                            new String[]{"USA"});
cursor.moveToFirst();
```

调用了该方法后，cursor 将指向查询结果数据集中的（“Tom”，“USA”）那一条记录。

（2）Cursor 类：public boolean moveToLast（）

功能：将游标指向数据集的最后一行。

参数：无。

返回值：如果数据集为空则返回 false，否则为 true。

示例：

```
SQLiteDatabase db = openHelper.getWritableDatabase();
Cursor cursor = db.rawQuery("select name,address from table_person where address = ?",
                            new String[]{"USA"});
cursor.moveToLast();
```

调用了该方法后，cursor 将指向查询结果数据集中的（“Jovi”，“USA”）那一条记录。

（3）Cursor 类：public boolean moveToNext()

功能：将游标指向数据集的下一行。

参数：无。

返回值：如果游标当前指向最后一行，那么调用该方法会返回 false，否则为 true。

示例：

```
SQLiteDatabase db = openHelper.getWritableDatabase();
Cursor cursor = db.rawQuery("select name,address from table_person where address = ?",
                            new String[]{"USA"});
cursor.moveToFirst();
cursor.moveToNext();
```

程序执行完毕后，cursor 将指向数据集中（“Jack”，“USA”）那一条记录。

（4）Cursor 类：public boolean moveToPosition(int position)

功能：将游标指向数据集的某一行。

参数：position 为该行的序号，如果数据集为 N 行，那么序号的范围是 0 ~（N－1）。

返回值：如果 position 超过了范围则返回 false，否则为 true。

示例：

```
SQLiteDatabase db = openHelper.getWritableDatabase();
Cursor cursor = db.rawQuery("select name,address from table_person where address = ?",
                            new String[]{"USA"});
cursor.moveToPosition(2)
```

代码执行完毕后，cursor 将指向数据集中（“Jovi”，“USA”）那一条记录。

(5) Cursor 类：public int getCount( )

功能：获得数据集的总行数。

参数：无。

返回值：总行数。

示例：

```
SQLiteDatabase db = openHelper.getWritableDatabase( );
Cursor cursor = db.rawQuery("select name,address from table_person where address = ?",
                            new String[ ]{"USA"});
int cnt = cursor.getCount( );
```

代码执行完毕后，cnt 的值为 3。

(6) Cursor 类：public int getColumnIndex(String columnName)

功能：根据列名获得该列在数据列中的序号。

参数：columnName 为列名。

返回值：该列的序号，如果返回的数据集共有 M 列，列的序号范围为 0 ~ (M - 1)。如果该列名不存在，则返回 -1。

示例：

```
SQLiteDatabase db = openHelper.getWritableDatabase( );
Cursor cursor = db.rawQuery("select name,address from table_person where address = ?",
                            new String[ ]{"USA"});
int index = cursor.getColumnIndex ("name");        //index 值为 0
index = cursor.getColumnIndex ("address");         //index 值为 1
index = cursor.getColumnIndex ("id");   //由于查询结果中没有 id 列,index 值为 -1
```

(7) Cursor 类：public int getInt (int columnIndex)

功能：返回游标指向当前行中某列的整数值。

参数：columnIndex 为列的序号。

返回值：当前行该列的整数值，如果该列的类型不是整数类型将会抛出异常。

(8) Cursor 类：public float getFloat(int columnIndex)

功能：返回游标指向当前行中某列的浮点值。

参数：columnIndex 为列的序号。

返回值：当前行该列的浮点值，如果该列的类型不是浮点类型将会抛出异常。

(9) Cursor 类：public String getString(int columnIndex)

功能：返回游标指向当前行中某列的字符串值。

参数：columnIndex 为列的序号。

返回值：当前行该列的字符串值。

示例：

```
SQLiteDatabase db = openHelper. getWritableDatabase( ) ;
Cursor cursor = db. rawQuery( " select name,address from table_person where address = ?" ,
                    new String[ ] { " USA" } ) ;
cursor. moveToFirst( ) ;
int index = cursor. getColumnIndex ( " name" ) ;        //index 值为 0
String name = cursor. getString( index) ;               //name 值为" Tom"
```

【提示】Cursor 类还提供了其他方法获得当前行某列的值，如 getShort、getLong、getDouble，使用的方法和 getInt 相似，只是返回的类型不同。在使用这些方法的时候，一定要确保所调用的 get 方法与列的数据类型相一致。

3. 使用范例

下面将创建一个 DatabaseExample 的项目来演示如何进行数据库表格的创建、数据的增删改查，该项目界面简单，包含三个按钮，分别实现学生信息的增加、删除、名字的更改，在下方有一个 ListView，显示当前所有学生的信息。

（1）布局设计

如图 6-18 所示，单击【Add】按钮会弹出一个 Dialog 提示输入学生的姓名，单击 Dialog 中的【确定】按钮后会新增一名学生。单击【Delete】按钮也会弹出同样的 Dialog 提示输入学生的姓名，单击 Dialog 的【确定】按钮后删除该名学生。单击【Update】按钮会弹出另一个 Dialog，提示输入学生旧的名字和新的名字，单击 Dialog 的【确定】按钮后将该名学生的姓名进行修改。当前数据库中所有学生的信息将自动显示在按钮下方的 ListView 组件中。

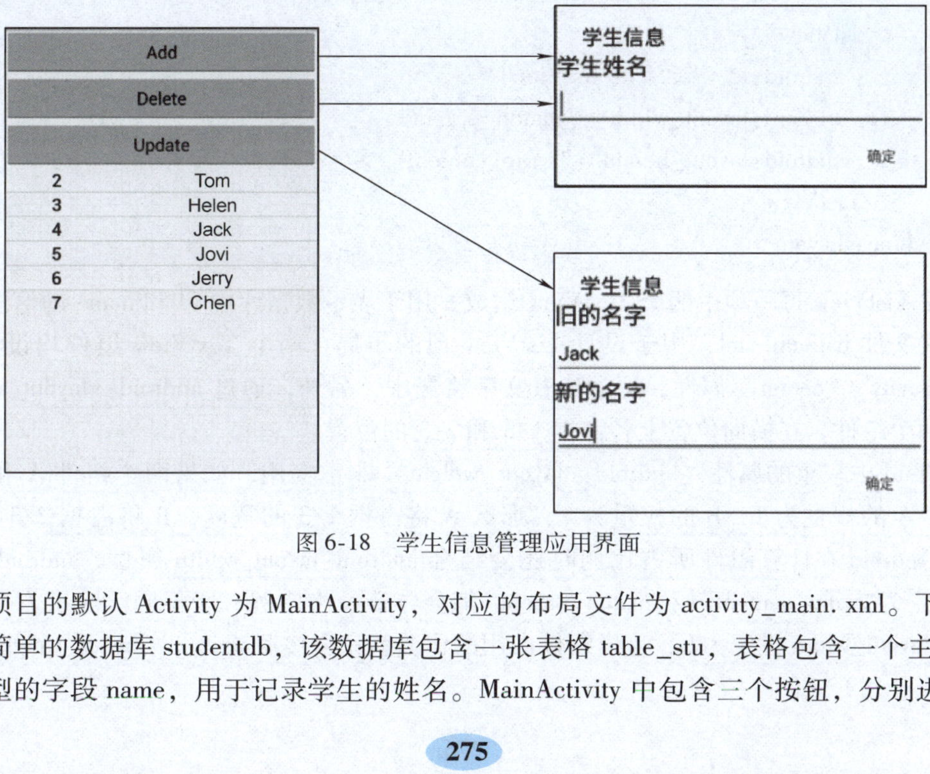

图 6-18　学生信息管理应用界面

该项目的默认 Activity 为 MainActivity，对应的布局文件为 activity_main. xml。下面将创建一个简单的数据库 studentdb，该数据库包含一张表格 table_stu，表格包含一个主键 id 和文本类型的字段 name，用于记录学生的姓名。MainActivity 中包含三个按钮，分别进行学生的增加、删除、名字的更改，最下方有一个 ListView，显示当前所有学生的信息。

```
<LinearLayout xmlns:android = "http://schemas.android.com/apk/res/android"
        xmlns:tools = "http://schemas.android.com/tools"
        android:layout_width = "match_parent"
        android:layout_height = "match_parent"
        android:orientation = "vertical"
        tools:context = ".MainActivity"  >
    <Button
        android:id = "@+id/button_Add"
        android:layout_width = "match_parent"
        android:layout_height = "wrap_content"
        android:text = "Add"  />
    <Button
        android:id = "@+id/button_Delete"
        android:layout_width = "match_parent"
        android:layout_height = "wrap_content"
        android:text = "Delete"  />
    <Button
        android:id = "@+id/button_Update"
        android:layout_width = "match_parent"
        android:layout_height = "wrap_content"
        android:text = "Update"  />
    <ListView
        android:id = "@+id/listView1"
        android:layout_width = "match_parent"
        android:layout_height = "wrap_content"  >
    </ListView>
</LinearLayout>
```

其中 ListView 每一项由两个 TextView 组成，用于表示数据库中 id 和 name 的值。创建了一个布局文件 listitem.xml，用于设计 ListView 项的布局。两个 TextView 组件均设定了 android：gravity = "center" 属性，这意味着文字将居中，另外，通过 android：layout_weight 属性设定两个组件，在横向位置上各占据 1/3 和 2/3 的位置。

Android 中权重的属性（android：layout_weight）非常实用，如果两个组件 A 和 B 位于同一行，A 的权重为 1，B 的权重为 2，那么 A 将占据 1/3 的宽度，B 将占据 2/3 的宽度。实际上 Android 在计算组件所占比例时还会结合 android:layout_width 属性，android:layout_width 设定为"wrap_content"或"match_parent"都会导致最终比例有所不同。为了方便起见将 android:layout_width 设定为 0，这样组件占用的比例就完全按照 android:layout_weight 属性进行分配。

```
<? xml version = "1.0" encoding = "utf-8"? >
<LinearLayout xmlns:android = "http://schemas.android.com/apk/res/android"
        android:layout_width = "match_parent"
        android:layout_height = "match_parent"
        android:orientation = "horizontal" > "
    <TextView
        android:id = "@+id/textView_itemid"
        android:layout_width = "0dip"
        android:layout_weight = "1"
        android:layout_height = "wrap_content"
        android:text = "id"
        android:gravity = "center"
    <TextView
        android:id = "@+id/textView_itemname"
        android:layout_width = "0dip"
        android:layout_weight = "2"
        android:layout_height = "wrap_content"
        android:text = "name"
        android:gravity = "center"
</LinearLayout>
```

单击增加和删除按钮将弹出一个 Dialog，该 Dialog 中包含一个 EditText，用于输入学生姓名，因此需要创建一个 dialoglayout. xml 布局文件定义该 Dialog 的布局。

```
<? xml version = "1.0" encoding = "utf-8"? >
<LinearLayout xmlns:android = "http://schemas.android.com/apk/res/android"
        android:layout_width = "match_parent"
        android:layout_height = "match_parent"
        android:orientation = "vertical" >
    <TextView
        android:id = "@+id/textView1"
        android:layout_width = "wrap_content"
        android:layout_height = "wrap_content"
        android:text = "学生姓名"
        android:textAppearance = "? android:attr/textAppearanceLarge" />
    <EditText
        android:id = "@+id/editText_Name"
        android:layout_width = "match_parent"
        android:layout_height = "wrap_content"
```

```
        android:ems="10" >
        <requestFocus />
    </EditText>
</LinearLayout>
```

单击更新按钮将弹出一个 Dialog，该 Dialog 中包含两个 EditText，用于输入旧的名字和新的名字，因此创建 dialoglayout_update.xml 布局文件定义该 Dialog 的布局。

```
<?xml version="1.0" encoding="utf-8"?>
<LinearLayout xmlns:android="http://schemas.android.com/apk/res/android"
        android:layout_width="match_parent"
        android:layout_height="match_parent"
        android:orientation="vertical" >
    <TextView
        android:id="@+id/textView1"
        android:layout_width="wrap_content"
        android:layout_height="wrap_content"
        android:text="旧的名字"
        android:textAppearance="?android:attr/textAppearanceLarge" />
    <EditText
        android:id="@+id/editText_OldName"
        android:layout_width="match_parent"
        android:layout_height="wrap_content"
        android:ems="10" >
        <requestFocus />
    </EditText>
    <TextView
        android:layout_width="wrap_content"
        android:layout_height="wrap_content"
        android:text="新的名字"
        android:textAppearance="?android:attr/textAppearanceLarge" />
    <EditText
        android:id="@+id/editText_NewName"
        android:layout_width="match_parent"
        android:layout_height="wrap_content"
        android:ems="10" />
</LinearLayout>
```

（2）创建 SQLiteOpenHelper 类

设计好布局后，创建一个类 StudentOpenHelper，该类继承自 SQLiteOpenHelper，并增加该类的构造方法 StudentOpenHelper，重写 onCreate 和 onUpgrade 方法，由于是简单的程序测试，不涉及数据库更新，因此仅在 onCreate 方法中完成数据表格的创建，onUpgrade 方法中不做任何处理。

```
public class StudentOpenHelper extends SQLiteOpenHelper {
    public StudentOpenHelper(Context context, String name,
            CursorFactory factory, int version) {
        super(context, name, factory, version);
        // TODO Auto-generated constructor stub
    }
    @Override
    public void onCreate(SQLiteDatabase sqLiteDatabase) {
        // TODO Auto-generated method stub
        sqLiteDatabase.execSQL("create table table_stu (id INTEGER NOT NULL PRI-
MARY KEY, name TEXT);");
    }
    @Override
    public void onUpgrade(SQLiteDatabase sqLiteDatabase, int, int i1) {
        // TODO Auto-generated method stub
    }
}
```

（3）创建成员变量

下面需要设计 Activity 类，该类中申明了多个成员变量，三个 Button 对象是 MainActivity 中的三个按钮对象，三个 EditText 对象将与 Dialog 中三个 EditText 相对应。

```
Button btn_add;                //MainActivity 的【Add】按钮
Button btn_delete;             //MainActivity 的【Delete】按钮
Button btn_update;             //MainActivity 的【Update】按钮

EditText input_name;           //新增、删除 Dialog 中的 EditText
EditText input_oldname;        //更新 Dialog 中的旧名字 EditText
EditText input_newname;        //更新 Dialog 中的新名字 EditText
```

另外，再申明一个 StudentOpenHelper 对象进行数据库的访问。ArrayList < HashMap < String, String > >类型的对象用于记录学生信息，最终通过 SimpleAdapter 适配器与 ListView 组件绑定，显示学生信息。

```
StudentOpenHelper openHelper;
ArrayList<HashMap<String, String>> listdata = new ArrayList<HashMap<String, String
>>();
```

(4) 实现数据库的查询和显示

在 MainActivity 类中设计一个 updateList 方法，该方法将查询数据表获得所有数据，通过 cursor 对象遍历所有数据将学生信息存放到 listdata 中，最后通过 SimpleAdapter 绑定并显示到 ListView 组件上。该方法在学生信息发生变化时将被调用，用来显示最新的学生信息。

```
private void updateList()
{
    ListView listview = (ListView)this.findViewById(R.id.listView);
    SQLiteDatabase db = openHelper.getWritableDatabase();
    Cursor cursor = db.rawQuery("select * from table_stu", null);
    if(cursor == null)
        return;

    listdata.clear();                                //将数据清除
    while(cursor.moveToNext());                      //遍历每行数据
    {
        HashMap<String, String> map = new HashMap<String, String>();
        map.put("id", cursor.getString(0));
        map.put("name", cursor.getString(1));
        listdata.add(map);
    }

    SimpleAdapter adapter = new SimpleAdapter(MainActivity.this, listdata, R.layout.listitem,
        new String[]{"id", "name"}, new int[]{R.id.textView_itemid, R.id.textView_itemname});
    listview.setAdapter(adapter);
    db.close();
}
```

在 MainActivity 类的 onCreate 方法中，获取三个 Button 对象，然后创建 StudentOpenHelper 对象。调用 updateList 方法进行数据显示，这意味着程序一运行就能够在 ListView 组件上看到所有数据库中的数据。

```
@Override
protected void onCreate(Bundle savedInstanceState) {
    super.onCreate(savedInstanceState);
    setContentView(R.layout.activity_main);

    btn_add = (Button)this.findViewById(R.id.button_Add);
    btn_delete = (Button)this.findViewById(R.id.button_Delete);
```

```
        btn_update = (Button)this.findViewById(R.id.button_Update);

        openHelper = new StudentOpenHelper(MainActivity.this, "studentdb", null, 1);
        updateListView();
    }
```

(5) 实现数据的插入

在 onCreate 方法中为【Add】按钮设定单击监听器，该监听器中将弹出 Dialog，当输入学生姓名并单击【确定】按钮后，将向数据表 table_stu 中插入一条学生信息，最后调用 updateListView 方法显示最新的学生信息。

```
    btn_add.setOnClickListener(new View.OnClickListener() {
        @Override
        public void onClick(View v) {
            // TODO Auto-generated method stub
            LayoutInflater inflater = LayoutInflater.from(MainActivity.this);
            View textEntryView = inflater.inflate(R.layout.dialoglayout, null);
            input_name = (EditText)textEntryView.findViewById(R.id.editText_Name);

            AlertDialog.Builder builder = new AlertDialog.Builder(MainActivity.this);
            builder.setTitle("学生信息");
            builder.setView(textEntryView);
            builder.setPositiveButton("确定", new DialogInterface.OnClickListener() {
                public void onClick(DialogInterface dialog, int whichButton) {
                    String name = input_name.getText().toString();
                    SQLiteDatabase db = openHelper.getWritableDatabase();
                    db.execSQL("insert into table_stu values(null,?);",new String[]{name});
                    db.close();
                    updateListView();
                }});
            builder.show();
        }
    });
```

(6) 实现数据的删除

与插入数据处理非常类似，继续为【Delete】按钮设定单击监听器，该监听器中将显示 Dialog，当输入学生姓名并单击【确定】按钮后，将从数据表 table_stu 中删除该名学生的信息，最后调用 updateListView 方法。

```
btn_delete.setOnClickListener(new View.OnClickListener() {
    @Override
    public void onClick(View v) {
        // TODO Auto-generated method stub
        LayoutInflater inflater = LayoutInflater.from(MainActivity.this);
        View textEntryView = inflater.inflate(R.layout.dialoglayout, null);
        input_name = (EditText)textEntryView.findViewById(R.id.editText_Name);
        AlertDialog.Builder builder = new AlertDialog.Builder(MainActivity.this);
        builder.setTitle("学生信息");
        builder.setView(textEntryView);
        builder.setPositiveButton("确定", new DialogInterface.OnClickListener() {
            public void onClick(DialogInterface dialog, int whichButton) {
                    String name = input_name.getText().toString();
                    SQLiteDatabase db = openHelper.getWritableDatabase();
                    db.execSQL("delete from table_stu where name = ?;",new String[]
                    {name});
                    db.close();
                    updateListView();
                }});
        builder.show();
    }
});
```

(7) 实现数据的更新

为【Update】按钮设定单击监听器，该监听器中将显示更新 Dialog，当输入学生旧的名字和新的名字，并单击【确定】按钮后，执行 update 语句，将学生的姓名进行更新，然后调用 updateListView 方法显示最新的数据。

```
btn_update.setOnClickListener(new View.OnClickListener() {
    @Override
    public void onClick(View v) {
        // TODO Auto-generated method stub
        LayoutInflater inflater = LayoutInflater.from(MainActivity.this);
        View textEntryView = inflater.inflate(R.layout.dialoglayout_update, null);
        input_oldname = (EditText)textEntryView.findViewById(R.id.editText_OldName);
        input_newname = (EditText)textEntryView.findViewById(R.id.editText_NewName);

        AlertDialog.Builder builder = new AlertDialog.Builder(MainActivity.this);
        builder.setTitle("学生信息");
```

```
            builder.setView(textEntryView);
            builder.setPositiveButton("确定", new DialogInterface.OnClickListener() {
                public void onClick(DialogInterface dialog, int whichButton) {
                    String oldname = input_oldname.getText().toString();
                    String newname = input_newname.getText().toString();
                    SQLiteDatabase db = openHelper.getWritableDatabase();
                    db.execSQL("update table_stu set name = ? where name = ?;",
                    new String[]{newname, oldname});
                db.close();
                updateListView();
                }});
            builder.show();
        }
    });
```

任务实施

一、子任务分析

Top Ten 功能本质是要记录分数前十的玩家信息并进行显示，要完成这个功能，需要思考以下几个问题：

- 数据库如何设计？
- 什么时候需要从数据库中读取数据？
- 什么时候需要向数据库中写入数据？

数据库如何设计实际上就是思考需要存储哪些数据、如何存储最为合理。该应用程序非常简单，只需要显示玩家的姓名和分数。将数据库命名为 snakedb，该数据库仅包含一张表 table_score，数据表的结构也比较简单，见表 6-5。

表 6-5　贪吃蛇数据表 table_score 的结构

字　段	类　型	含　义
id	Integer 主键	唯一标识
name	Text	玩家姓名
score	Integer	玩家分数

什么时候需要操作数据库？实际上只要从游戏操作的角度就可以分析出来。

- 当贪吃蛇游戏结束时，需要弹出玩家信息输入框，输入完姓名后，需要向表格 table_score 中插入玩家的分数和姓名。
- 当玩家单击【Top Ten】菜单项后，将要跳转到积分榜 Activity，显示排名前十的玩家姓名和分数，此时需要读取数据库获取信息。

- 还有一点很容易忘记，游戏的主界面除了显示玩家分数外还需要显示最高分数，这就意味着 MainActivity 创建时，需要从数据库中取得最高分数并进行显示。

二、界面布局

需要添加多个布局，用于对应不同的功能：

- 自定义对话框的布局 dialoglayout. xml：用于输入玩家姓名。
- 积分榜 Activity 布局 activity_score. xml：用于显示 TopTen 信息，TopTen 上方包括一个表头，下方是一个 ListView。
- ListView 的 Item 布局 listitemlayout. xml：ListView 的每项需要显示排名、分数、姓名，需要创建一个 ListView 的 Item 布局，为了显示美观，使用 android:layout_weight 属性使布局中三个 TextView 宽度相同，同时该布局可以复用为积分榜的表头。

1. 对话框自定义布局

当游戏结束时，需要弹出一个对话框让玩家输入姓名，单击【确认】按钮后会进行数据库的更新，所以创建了一个 dialoglayout. xml 文件，其中含有一个 EditText 组件让用户输入姓名。

```
<?xml version="1.0" encoding="utf-8"?>
<LinearLayout xmlns:android="http://schemas.android.com/apk/res/android"
    android:layout_width="match_parent"
    android:layout_height="match_parent"
    android:orientation="vertical" >
    <EditText
        android:id="@+id/editText_Name"
        android:layout_width="match_parent"
        android:layout_height="wrap_content"
        android:ems="10" >
        android:inputType="textPersonName"
        android:hint="请输入玩家姓名" >
        <requestFocus />
    </EditText>
</LinearLayout>
```

2. Top Ten 界面布局

当用户单击了主界面的【Top Ten】菜单项，将跳转到 Top Ten 界面，显示历史分数前十的玩家信息。该 Activity 由三列组成，最上方是表头，分别为排名、分数、姓名，下方是玩家的列表信息。最上方的表头是由三个 TextView 组成的，而下方是 ListView。ListView 的每一项又由三个 TextView 组成，这需要创建一个布局 listitemlayout. xml。为了让三项数据排列整齐，使用 android:layout_weight 属性控制三个 TextView 各占据 1/3 的宽度，以及使用 android:gravity 属性设定文字居中显示。

```
<?xml version="1.0" encoding="utf-8"?>
<LinearLayout xmlns:android="http://schemas.android.com/apk/res/android"
    android:orientation="horizontal"
    android:layout_width="match_parent"
    android:layout_height="wrap_content" >
    <TextView
        android:id="@+id/textView_itemrank"
        android:layout_width="0dp"
        android:layout_height="wrap_content"
        android:layout_weight="1"
        android:text="排名"
        android:gravity="center"
        android:textAppearance="?android:attr/textAppearanceMedium" />
    <TextView
        android:id="@+id/textView_itemname"
        android:layout_width="0dp"
        android:layout_height="wrap_content"
        android:layout_weight="1"
        android:text="玩家姓名"
        android:gravity="center"
        android:textAppearance="?android:attr/textAppearanceMedium" />
    <TextView
        android:id="@+id/textView_itemscore"
        android:layout_width="0dp"
        android:layout_height="wrap_content"
        android:layout_weight="1"
        android:text="玩家分数"
        android:gravity="center"
        android:textAppearance="?android:attr/textAppearanceMedium" />
</LinearLayout>
```

然后创建 TopTen 界面所对应的 Activity，类名为 ScoreActivity，与其绑定的 Layout 布局为 activity_score. xml。如图 6-19 所示，该布局整体是一个垂直的线性布局，上方是表头，下方是 ListView 组件。上方的表头含有三个横向的 TextView，占据的空间比例正好为 1/3，最方便的方法是使用 include 将 listitemlayout. xml 包含进来。

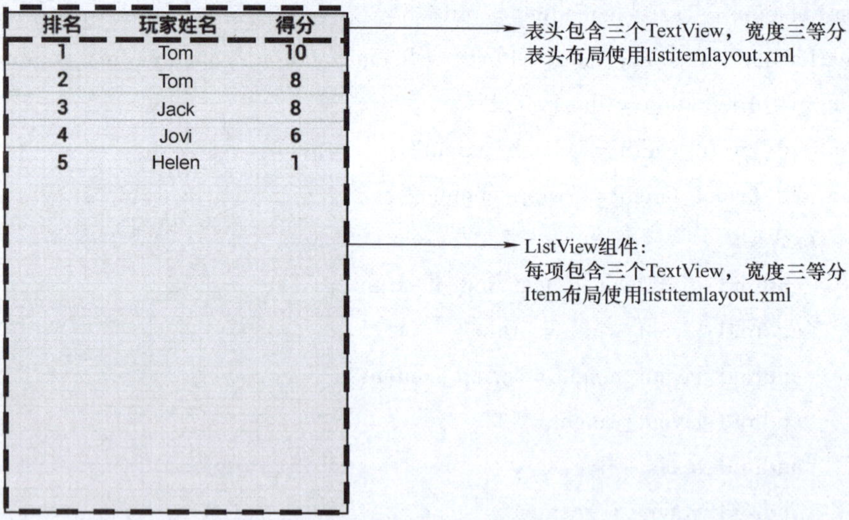

图 6-19　ScoreActivity 的布局

```
<?xml version="1.0" encoding="utf-8"?>
<LinearLayout xmlns:android="http://schemas.android.com/apk/res/android"
    xmlns:tools="http://schemas.android.com/tools"
    android:layout_width="match_parent"
    android:layout_height="match_parent"
    android:orientation="vertical"
    tools:context=".ScoreActivity" >
    <include
        layout="@layout/listitemlayout"
        android:layout_width="match_parent"
        android:layout_height="wrap_content" ></include>
    <ListView
        android:id="@+id/listview"
        android:layout_width="match_parent"
        android:layout_height="match_parent" />
</LinearLayout>
```

三、功能实现

1. 数据库类创建

要实现数据库存储首先需要创建一个数据库类且继承自 SQLiteOpenHelper 类，生成该类的构造方法 SnakeDBOpenHelper，重写该类的 onCreate 和 onUpgrade 方法。在 onCreate 方法中通过 execSQL 方法创建数据表 table_score，而 onUpgrade 升级处理中进行简化处理，即将旧数据表丢弃，然后调用 onCreate 重新创建数据表。

```
    public SnakeDBOpenHelper(Context context, String name, SQLiteDatabase.CursorFactory factory, int version) {
        super(context, name, factory, version);
    }

    @Override
    public void onCreate(SQLiteDatabase sqLiteDatabase) {
        sqLiteDatabase.execSQL("create table table_score(id INTEGER NOT NULL PRIMARY KEY, name TEXT, score INTEGER);");
    }

    @Override
    public void onUpgrade(SQLiteDatabase sqLiteDatabase, int i, int i1) {
        sqLiteDatabase.execSQL("DROP TABLE IF EXISTS table_score;");
        onCreate(sqLiteDatabase);
    }
}
```

2. 最高分数功能实现

进入 MainActivity 时，玩家可以看到历史游戏的最高分，最高分可以从数据库中通过查询语句获得，然后显示到 TextView 上。首先在 MainActivity 类中申明成员变量，score 用来记录当前游戏分数，topScore 用来记录最高分，openHelper 为 SnakeDBOpenHelper 类型的对象，用于操作数据库，input_name 为游戏结束时弹出的 Dialog 中用于输入玩家姓名的 EditText 组件对象。

```
int score = 0;                       //当前分数
int topScore = 0;                    //最高分数
SnakeDBOpenHelper openHelper;        //SQLiteOpenHelper 对象
EditText input_name;                 //对话框中的 EditText 对象
```

在 onCreate 方法中通过执行 SQL 语句“select * from table_score order by score desc limit 1”可以获取最高分数（该 SQL 语句的含义为将 table_score 表格的所有记录按照分数降序排列，并返回第一条记录）。当数据库中没有任何数据时，cursor.getCount()的值为 0，此时最高分数 TextView 将显示初始值 0。

```
@Override
protected void onCreate(Bundle savedInstanceState) {
    super.onCreate(savedInstanceState);
    setContentView(R.layout.activity_main);

    //此处省略已经完成的代码
```

```
        openHelper = new SnakeDBOpenHelper(MainActivity.this, "snakedb", null, 1);
        SQLiteDatabase db = openHelper.getWritableDatabase();
        Cursor cursor = db.rawQuery("select * from table_score order by score desc limit
1", null);
        if(cursor != null && cursor.getCount() >= 1)
        {
            cursor.moveToFirst();
            topScore = cursor.getInt(2);
        }
        db.close();
        textview_score.setText("分数:" + score + "        最高分数:" + topScore);
    }
```

除了游戏启动时显示最高分数，最高分数什么时候可能发生变化？当贪吃蛇吃到食物时，玩家分数会增加，可能会超过最高分，这就意味着最高的分数需要实时更新。需要在 OnSnakeEatFoodListener 监听器中添加更新最高分数的处理，需要说明的是将 foodcnt 赋值给 score 成员变量，是为了游戏结束保存玩家信息时，读取 score 存入数据库。

```
    snakeview.setOnSnakeEatFoodListener(new SnakeView.OnSnakeEatFoodListener() {
        @Override
    public void OnSnakeEatFood(int foodcnt) {
            // TODO Auto-generated method stub
            score = foodcnt;
            if(score > topScore)
                topScore = score;
            textview_score.setText("分数:" + score + "        最高分数:" + topScore);
        }
    });
```

3. 玩家信息功能的实现

当游戏结束时，需要将玩家的最终分数和输入的玩家姓名保存到数据库中。在 MainActivity 中设定的 OnSnakeDeadListener 监听器中，首先弹出一个 Dialog，提示用户输入玩家姓名，玩家单击了 Dialog 的【OK】按钮后，在【OK】按钮的监听器中，程序获取 Dialog 中的 EditText 对象，从中得到玩家的姓名，然后将姓名和分数插入数据库。

```
    snakeview.setOnSnakeDeadListener(new SnakeView.OnSnakeDeadListener() {
        @Override
        public void OnSnakeDead() {
            // TODO Auto-generated method stub
            View dialogView = getLayoutInflater().inflate(R.layout.dialoglayout, null);
            input_name = (EditText)dialogView.findViewById(R.id.editText_Name);
```

```
                    AlertDialog.Builder builder = new AlertDialog.Builder(MainActivity.this);
                    builder.setTitle("游戏结束");
                    builder.setView(dialogView);
                    builder.setPositiveButton("OK", new DialogInterface.OnClickListener() {
                        public void onClick(DialogInterface dialog, int whichButton) {
                            String name = input_name.getText().toString();
                            SQLiteDatabase db = openHelper.getWritableDatabase();
                            db.execSQL("insert into table_score values(null, ?, ?);",
new String[]{name, Integer.toString(score)});
                            db.close();
                        }});
                    builder.show();
                }
            });
```

4. Top Ten 信息的显示

最后来完成 Top Ten 的显示功能，首先需要在 MainActivity 中创建一个 Option Menu 菜单项，该菜单项显示为【Top Ten】，当单击该菜单项后会跳转到 ScoreActivity，显示历史分数。

首先在工程的 res 目录下面创建 menu 目录，并添加 main.xml 菜单资源，在该菜单资源文件中添加一个菜单项：

```
<?xml version="1.0" encoding="utf-8"?>
<menu xmlns:android="http://schemas.android.com/apk/res/android">
    <item android:title="Top Ten" android:id="@+id/menuitem_score" />
</menu>
```

然后在 MainActivity 类中重写创建菜单的方法 onCreateOptionsMenu，加载 main.xml 菜单，以及重写菜单项被选择的方法 onOptionsItemSelected，当单击【Top Ten】菜单项后，启动 ScoreActivity。

```
    @Override
    public boolean onCreateOptionsMenu(Menu menu) {
        getMenuInflater().inflate(R.menu.main, menu);
        return super.onCreateOptionsMenu(menu);
    }

    @Override
    public boolean onOptionsItemSelected(MenuItem item) {
        switch (item.getItemId())
        {
            case R.id.menuitem_score:
```

```
                Intent intent = new Intent(MainActivity.this, ScoreActivity.class);
                startActivity(intent);
                break;
            default:
                break;
        }
        return super.onOptionsItemSelected(item);
    }
```

启动 ScoreActivity 之后，就需要读取数据库显示历史分数中最高的十位玩家的信息。在 ScoreActivity 的 onCreate 方法中，通过 SQL 语句“select * from table_score order by score desc limit 10”实现该功能，SQL 语句首先根据 score 字段进行降序排列，然后提取前十条记录（如果数据库中的记录不足十条，则返回所有的记录）。由于返回的数据集中有 id、name、score 三个字段，而 ListView 显示时还需要显示排名信息，利用 Cursor 对返回的结果集进行遍历，将数据转存到 ArrayList < HashMap < String, String > >类型的结构中，最后通过 SimpleAdapter 与 ListView 绑定。其中 i 用于计算选手的分数排名。

```
public class ScoreActivity extends AppCompatActivity {
    @Override
    protected void onCreate(Bundle savedInstanceState) {
        super.onCreate(savedInstanceState);
        setContentView(R.layout.activity_score);

        SnakeDBOpenHelper openHelper = new SnakeDBOpenHelper(ScoreActivity.this,
                                                "snakedb", null, 1);
        SQLiteDatabase db = openHelper.getWritableDatabase();
        Cursor cursor = db.rawQuery("select * from table_score order by score desc limit
10", null);
        if (cursor == null)
            return;

        ArrayList<HashMap<String, String>> listData = new ArrayList<HashMap
<String, String>>();
        int i = 1;
        while (cursor.moveToNext())
        {
            HashMap<String, String> map = new HashMap<String, String>();
        //结果集的第 0 列是 id,与排名没有直接关系,所以需要自行计算
            map.put("rank", Integer.toString(i++));
```

```
                map.put("name", cursor.getString(1));//name 字段是结果集的第 1 列
                map.put("score", cursor.getString(2));//score 字段是结果集的第 2 列
                listData.add(map);
            }

            SimpleAdapter adapter = new SimpleAdapter(ScoreActivity.this, listData, R.layout.
listitemlayout,
                    new String[]{"rank", "name", "score"},
                    new int[]{R.id.textView_itemrank, R.id.textView_itemname, R.id.text-
View_itemscore});
            ListView listview = findViewById(R.id.listview);
            listview.setAdapter(adapter);
        }
    }
```

任务评价

完成任务六之后，可以根据表 6-6 的任务评价表对完成情况进行评价，并根据评价表创新能力中提到的指标对 APP 进一步改进。最后鼓励大家继续完成后面的拓展任务，进一步巩固和练习任务中学习的知识点和技能点，并将任务实现中的不足之处进行改进。

表 6-6　任务评价表

评价内容	具体指标		完成情况（打分）
基础素养	资料搜索、筛选和整合能力（3 分）		
	信息技术应用与数字化素养（2 分）		
专业知识	基础知识点的预学习情况（5 分）		
	知识点案例的掌握情况（15 分）		
	课后习题的完成情况（10 分）		
技术技能	分析问题、解构问题、技术选择、将问题图形化表达的能力（15 分）		
	代码编写能力（20 分）		
	程序调试技术（10 分）		
综合能力	任务报告编制能力（10 分）		
	沟通表达与团队协作（5 分）		
创新能力	改进或重设计 UI（3 分）		
	更新或改进实现方法、程序结构重构或代码优化（2 分）		
目标完成	完成★★	基本完成★☆	未完成☆☆
学习收获			
学习反思			

任务小结

一个简单的贪吃蛇游戏在许多游戏爱好者眼里只能算是一个入门级的游戏，但是通过自己努力编写出这样的游戏感觉还是不一样的。特别是经历了三个子任务的开发，不但完成了游戏的功能，还学习到了更多的 Android 知识。

首先是自定义组件，一个看似简单的贪吃蛇组件，原来蕴含了这么多内容。通过继承 View 类，实现构造方法，重写 onDraw、onSizeChanged 等方法，可以实现自定义组件。而其中涉及图形绘制的 onDraw 方法，通过结合 Canvas 和 Paint 对象，体验了画家（程序员）用画笔（Paint 类）在油画布（Canvas 类）上画画（通过 Canvas 类的方法实现）的感觉。

另外，为了让组件能够与外部代码进行很好的交互，还需要在自定义组件的类中添加 public 方法，以方便外部控制组件内部。而通过监听器机制，又可以让外部的 Activity 能够监听组件内部发生的事件。

结合 Thread 和 Handler 能够实现周期性的任务，实现简单的动画效果。在开启周期性任务时，一定要有子线程和主 UI 线程的概念，子线程进行耗时或者休眠的操作，而与界面相关的操作必须通过 Message 和 Handler 交给主 UI 线程来处理，否则程序会崩溃。

而通过多个项目的学习，我们已经掌握了将数据保存到本地的多种方法，有 SharedPreferences、SQLite 数据库，SharedPreferences 操作方便简单，特别适用于记录配置数据，而 SQLite 数据库则更适合于存储结构化数据，利用 SQL 语句还能够方便地进行查询和统计，减少了程序员的工作量。

课后习题

第一部分　知识回顾与思考

1. 回顾操作 SQLite 数据库几个类（SQLiteOpenHelper、SQLiteDatabase、Cursor）的作用和它们之间的关系。

2. 回顾自定义组件的方法和监听器的作用。

第二部分　职业能力训练

一、单项选择题（下列答案中有一项是正确的，将正确答案填入括号内）

1. Android 中有许多组件，这些组件无一例外都继承自（　　）类。

A. Control　　B. Window

C. TextView　　D. View

2. Android 中有许多布局，它们均是用来容纳子组件和子布局的，这些布局均继承自（　　）。

A. Layout　　B. ViewGroup

C. Container　　D. LinerLayout

3. 自定义组件时需要重写 View 类的很多方法，以下哪个方法是与焦点相关的？(　　)

A. onTouchEvent　　B. onFocusChanged

C. onAttachedToWindow　　D. onDraw

4. 以下哪个方法会在组件尺寸发生变化时被调用？(　　)。

A. onFinishInflate　　B. onMeasure

C. onSizeChanged　　D. onLayout

5. 在 onDraw 方法中，进行图形绘制可以调用 Canvas 类的方法，以下哪个方法可以用来绘制三角形的三条边？(　　)

A. drawPoint　　B. drawLine

C. drawCircle　　D. drawRect

6. Paint 类用来描述画笔，以下哪个属性 Paint 不能设定？(　　)

A. 文字大小　　B. 坐标位置

C. 抗锯齿效果　　D. 文字对齐方式

7. 通过命令的方式进入 Android 内核的数据库后，哪个命令可以查看数据表的创建语句？(　　)

A. . databases　　B. . tables

C. . create　　D. . schema

8. 以下哪个方法能够实现数据库的数据插入？(　　)

A. onCreate　　B. update

C. execSQL　　D. rawQuery

9. Cursor 类的哪个方法能够将游标指向数据集的第一行？(　　)

A. moveToLast　　B. moveToPosition

C. getCount　　D. moveToNext

10. 以下哪种数据库操作不能使用 execSQL 方法执行？(　　)

A. 插入记录　　B. 删除记录

C. 查询记录　　D. 创建数据表

二、填空题（请在括号内填空）

1. 通过调用 View 类的（　　）方法可以手动触发组件的重绘。

2. 一种颜色是由哪四个颜色元素决定的？(　　)、(　　)、(　　)、(　　)

3. 通过 Android Studio 的 Terminal 窗口，登录进入 Android 虚拟机的内核后，通过（　　）命令可以打开数据库 testdb。

4. 通过调用（　　）类的（　　）方法可以实现对数据库表格的查询。

三、简答题

1. 简述几种 Android 数据存储的方法和特点。

2. 如果让你自定义一个温度曲线组件，能够根据几个时间点的温度绘制出温度变化折线图，你会如何去实现？

拓展训练

考虑到本任务的贪吃蛇是通过绘制矩形来实现的，实现方式简单，所以界面谈不上美观。如果能够把矩形换成图片，让游戏有一个漂亮的背景、逼真的蛇头和蛇身、美味的食物，这个游戏肯定更有吸引力。其实完成这些并不困难，利用 Canvas 类中的位图绘制方法，是肯定能够实现的。

【提示】先找到背景图片、蛇头图片、身体图片、食物图片，然后修改 SnakeView 类的 onDraw 方法，利用 Canvas 类的 drawBitmap 方法就可以绘制位图，相信你能做出画面生动的贪吃蛇游戏。

参 考 文 献

[1] 李刚. 疯狂 Android 讲义［M］. 4 版. 北京：电子工业出版社，2019.

[2] 盖索林. Google Android 开发入门指南［M］. 2 版. 北京：人民邮电出版社，2014.

[3] 郭宏志. Android 应用开发详解［M］. 北京：电子工业出版社，2010.

[4] 明日科技. Android 开发详解［M］. 长春：吉林大学出版社，2018.

[5] 郭霖. 第一行代码 Android［M］. 2 版. 北京：人民邮电出版社，2016.